普通高等教育“十二五”规划教材

经济数学基础丛书

线性代数与线性规划

邹庭荣　胡动刚　李　燕　主　编

科学出版社

北　京

内容提要

本书是教育部"高等理工教育数学基础课程教学改革与实践立项课题(2007—143)"之"新世纪农林院校大学数学教学规范(教学基本要求)的研究与实践"项目的研究成果，该书根据新的教学基本要求，结合作者多年教学经验并按照继承、发展与改革的精神编写而成，是集体智慧的结晶.

本书内容共分八章，包括：行列式；矩阵及其应用；线性空间与线性变换；线性方程组；相似矩阵与二次型的化简；线性规划问题；线性规划问题的进一步讨论；线性代数应用举例等.

与现行同类教材相比，本书的特点是：突出矩阵方法；侧重线性代数的应用，并从实际例子出发，引出线性代数的一些基本概念、基本理论和方法；注重与中学知识的衔接，许多知识用附录呈现，使其自成体系，结果严谨；例题丰富，通俗易懂，难点分散，便于自学；尤其注重数学思想与数学文化的渗透；也适当参考了近年来考研数学大纲.

本书可供工科和经济管理类专业学生使用，也可供其他相关专业的师生选用和参考.

图书在版编目(CIP)数据

线性代数与线性规划/邹庭荣，胡动刚，李燕主编. —北京：科学出版社，2015.6

(经济数学基础丛书)

普通高等教育"十二五"规划教材

ISBN 978-7-03-044641-1

Ⅰ.①线… Ⅱ.①邹… ②胡… ③李… Ⅲ.①线性代数—高等学校—教材 ②线性规划—高等学校—教材 Ⅳ.①O151.2 ②O221.1

中国版本图书馆 CIP 数据核字(2015)第 124547 号

责任编辑：王雨舸 / 责任校对：董艳辉

责任印制：彭 超 / 封面设计：蓝 正

科学出版社 出版

北京东黄城根北街 16 号

邮政编码：100717

http://www.sciencep.com

武汉市首壹印务有限公司印刷

科学出版社发行 各地新华书店经销

*

开本：16(787 * 1092)

2015 年 8 月第 一 版 印张：13 1/2

2017 年 12 月第三次印刷 字数：303 000

定价：32.50 元

(如有印装质量问题，我社负责调换)

普通高等教育“十二五”规划教材

经济数学基础丛书

《线性代数与线性规划》编委会

主　编　邹庭荣　胡动刚　李　燕

副主编　任兴龙　沈婧芳　文凤春　孙玲琍

编　委　（按姓氏笔画排序）

文凤春　孙玲琍　任兴龙　李　燕　李淑华　邹庭荣

沈婧芳　张英豪　胡动刚　曹春云　谢　戟　谭劲英

前言

线性代数是一门将理论、应用和计算融合起来的完美课程，随着计算机的普遍使用以及计算机功能的不断增加，线性代数在实际应用中的重要性也在不断提高，在现代社会中，线性代数是实际应用最广泛的大学数学基础课程，线性规划问题是许多高等学校经济管理专业的必学内容之一，但由于教学时数的原因，线性规划又难以独立开设，尤其是一直以来也没有一本适当介绍线性规划问题的教材，所以，许多学校干脆就不开设. 因此，为了弥补这些不足，我们结合教育部"高等理工教育数学基础课程教学改革与实践"课题对这一问题进行了深入研究，并在许多同行建议下，编写了《线性代数与线性规划》，所以，本书是教育部"高等理工教育数学基础课程教学改革与实践"课题的成果之一，可作为高等学校经济管理专业本科生教材，也可供工科各相关专业的师生选用和参考.

本书的特点是将线性代数、线性规划融为一体，以线性代数为主题，适当介绍线性规划问题，方便相关专业选用和扩充. 本书内容共分八章，包括行列式、矩阵及其应用、线性空间与线性变换、线性方程组、相似矩阵与二次型、线性规划问题、线性规划问题的进一步讨论、线性代数的应用举例等. 内容的编排上力求概念的自然导入，内容循序渐进、由浅入深，选学内容以 * 号标记；在体现线性代数、线性规划完美性的基础上，该教材具有以下特点.

1. 以"三用"为原则

(1) 够用　删去了传统教材中实用性不强和较深的一些内容，保留经济管理学科各专业必须作为基础的内容，达到满足其需要的最大限度，够用即可.

(2) 管用　增添必须的以往传统教材中没有的知识内容，尤其注重大学数学在经济管理科学中的应用的内容，达到管用的效果.

(3) 会用　淡化传统教材偏重理论的思想，强调数学知识的应用，力求学以致用，学后会用，增强学生学习数学的信心与兴趣.

2. 以"两凸显"为特色

(1) **凸显数学文化思想**　将数学文化贯穿教材的全过程，在每一章结束时，都以阅读与思考的形式有机地介绍一些有趣的数学故事及有影响力的数学家轶事，让学生在寓教于乐中学习数学知识，同时培养学生崇尚数学、崇尚科学的意志品质.

(2) **凸显数学的应用**　全过程体现了不仅教会学生学习数学知识，更注重教会学生使用数学的能力. 突出矩阵方法，注重基本概念的实际背景，引出线性代数的一些基本概念、基本理论和方法；尤其注重理论知识的实际应用，特别是将"线性代数的应用"单独成章，供学生阅读之用，这是本书的一个重要特色.

在内容叙述上，注重与中学知识的衔接；在计算方面，突出了矩阵初等变换的作用；全书结构严谨，例题丰富，通俗易懂，难点分散，层次分明，取材合理，深度适宜，份量得当. 尤其结合近年来，许多中学数学知识并未在中学讲解，给大学数学的教学带来衔接上的困难，为了弥补这些不足和分层次学习的需要以及为了使其自成体系、方便读者阅读，将这些知识作为附录给出.这些附录包括:线性方程组的加减消元法;数学归纳法;连加号与连乘号;多项式理论初步;数的扩充等.这也是本书的一个特色.

学习线性代数、线性规划的关键是理解和掌握它的基本理论和方法,并在理论指导下通过分析去完成或解决实际问题,因此,本书各章末都配有适量的习题,其中补充题是供学有余力的同学提高用的,希望读者通过这些系统的训练,巩固和掌握所学的知识.同时提醒读者,不要过分依赖书后的习题参考答案,做题时不要轻易放过独立思考的机会.

本书第1—3章由邹庭荣、沈婧芳、谢戟、谭劲英编写;第4—5章由李燕、孙玲琍、文凤春、曹春云编写;第6—7章由胡动刚、任兴龙编写;第8章由邹庭荣、李淑华、张英豪编写;阅读材料、习题及答案、附录由邹庭荣、胡动刚编写。

本书的编写得到华中农业大学教务处肖湘平副处长和理学院吴承春副院长的关心和支持。在此一并表示忠心感谢!

虽然各位编者十分努力,但由于我们水平所限,成书时间又较仓促,书中的缺点、错误与不妥之处在所难免,恳请广大师生和读者批评指正.

编　者

2015年5月

目　录

第一章　行　列　式

行列式是在对线性方程组的研究中开发出来的一种重要的工具.正是这个工具,使得由 n 个方程组成的 n 元线性方程组的解以其完美的形式展现于读者面前,行列式还有超越线性方程组的更为广泛的应用.本章首先引进二阶、三阶行列式的概念,在此基础上通过对 n 元排列的研究给出 n 阶行列式的一般概念,进而介绍行列式的性质、计算以及用行列式求解线性方程组的克拉默(Cramer)法则.

第一节　行列式的概念

一、二阶与三阶行列式

解方程是代数中一个基本问题,在中学我们学过一元、二元、三元以至四元一次线性方程组.在解线性方程组时,我们曾用代入消元法和加减消元法来解线性方程组.例如,对二元一次方程组

$$\begin{cases}a_{11}x_1+a_{12}x_2=b_1\\a_{21}x_1+a_{22}x_2=b_2\end{cases}\tag{1}$$

其中 x_1,x_2 是未知量,下面用中学学过的消元法求它的解.

利用加减消元法,为消去 x_2,用 $a_{22},-a_{12}$ 分别乘第一、二个方程的两边,然后相加,就得到消去 x_2 后的方程

$$(a_{11}a_{22}-a_{12}a_{21})x_1=b_1a_{22}-a_{12}b_2\tag{2}$$

用类似的方法可得到消去 x_1 后的方程

$$(a_{11}a_{22}-a_{12}a_{21})x_2=a_{11}b_2-a_{21}b_1\tag{3}$$

当 $a_{11}a_{22}-a_{12}a_{21}\neq0$ 时,由(2)、(3)可得方程组的解

$$x_1=\frac{a_{22}b_1-a_{12}b_2}{a_{11}a_{22}-a_{12}a_{21}},\quad x_2=\frac{a_{11}b_2-a_{21}b_1}{a_{11}a_{22}-a_{12}a_{21}}\tag{4}$$

为了找出解的表达式(4)的规律,便于推广,引进下述记号

$$\begin{vmatrix}a_{11}&a_{12}\\a_{21}&a_{22}\end{vmatrix}\tag{5}$$

表示 $a_{11}a_{22}-a_{12}a_{21}$,称这个记号为**二阶行列式**.构成二阶行列式的 4 个数 $a_{11},a_{12},a_{21},a_{22}$ 称为行列式的**元素**,横的各排称为**行**,纵的各排称为**列**.元素 a_{ij} 的下标 i 表示它在行列式的第 i 行,称为元素 a_{ij} 的**行下标**(或**行标**);下标 j 表示 a_{ij} 在行列式的第 j 列,称为**列下标**(或**列标**).行列式通常用大写字母 D 表示.

线性方程组(1)的系数构成的行列式

$$D=\begin{vmatrix}a_{11}&a_{12}\\a_{21}&a_{22}\end{vmatrix}=a_{11}a_{22}-a_{12}a_{21}\tag{6}$$

也称为方程组(1)的**系数行列式**.

根据二阶行列式的定义,方程组(1)的解(4)中,x_1,x_2 的表达式的分子可分别写成下面的行列式

$$D_1=\begin{vmatrix} b_1 & a_{12} \\ b_2 & a_{22} \end{vmatrix}=a_{22}b_1-a_{12}b_2 \tag{7}$$

$$D_2=\begin{vmatrix} a_{11} & b_1 \\ a_{21} & b_2 \end{vmatrix}=a_{11}b_2-a_{21}b_1 \tag{8}$$

因而当方程组(1)的系数行列式 $D\neq 0$ 时,它的解可以写成两个行列式的商的形式

$$x_1=\frac{D_1}{D},\quad x_2=\frac{D_2}{D} \tag{9}$$

用行列式表示方程组(1)的解,我们很容易发现其规律性:分母都是方程组的系数行列式;x_1 的分子是将系数行列式 D 中 x_1 对应的列换成常数项后得到的行列式,x_2 的分子是将系数行列式 D 中 x_2 对应的列换成常数项后得到的行列式.

对于三元线性方程组有相仿的结论.设有三元线性方程组

$$\begin{cases} a_{11}x_1+a_{12}x_2+a_{13}x_3=b_1 \\ a_{21}x_1+a_{22}x_2+a_{23}x_3=b_2 \\ a_{31}x_1+a_{32}x_2+a_{33}x_3=b_3 \end{cases}$$

称符号

$$D=\begin{vmatrix} a_{11} & a_{12} & a_{13} \\ a_{21} & a_{22} & a_{23} \\ a_{31} & a_{32} & a_{33} \end{vmatrix} \tag{10}$$

为三阶行列式,它定义为其元素的下列代数和

$$a_{11}a_{22}a_{33}+a_{12}a_{23}a_{31}+a_{13}a_{21}a_{32}-a_{11}a_{23}a_{32}-a_{12}a_{21}a_{33}-a_{13}a_{22}a_{31} \tag{*}$$

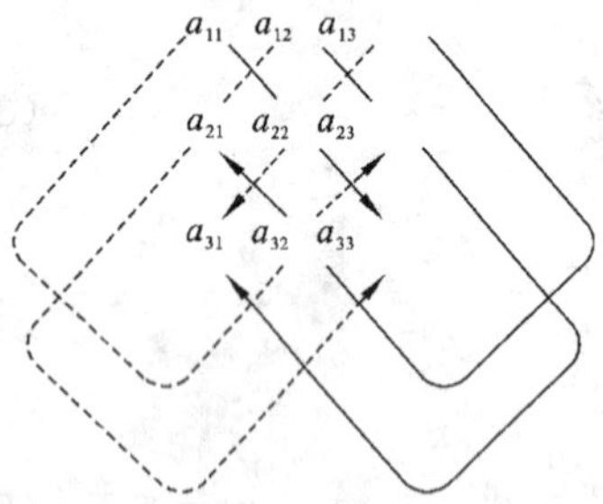

图 1-1

三阶行列式的值可由**对角线法则**来记忆.以 D 为例.由式(*)可见,D 由 6 项构成,每一项均为行列式 D 的不同行不同列的 3 个元素的乘积再冠以正负号,其规律如图 1-1 所示.图中的 3 条实线平行于主对角线,实线上 3 个元素之积冠以正号;3 条虚线平行于副对角线,虚线上三元素之积冠以负号.

例 1 计算行列式 $D=\begin{vmatrix} 1 & -3 & 7 \\ 2 & 4 & -3 \\ -3 & 7 & 2 \end{vmatrix}$.

解

$$\begin{aligned} D&=\begin{vmatrix} 1 & -3 & 7 \\ 2 & 4 & -3 \\ -3 & 7 & 2 \end{vmatrix} \\ &=1\times4\times2+(-3)\times(-3)\times(-3)+7\times7\times2-7\times4\times(-3)-(-3)\times2\times2-1\times7\times(-3) \\ &=196 \end{aligned}$$

当三阶行列式

$$D=\begin{vmatrix} a_{11} & a_{12} & a_{13} \\ a_{21} & a_{22} & a_{23} \\ a_{31} & a_{32} & a_{33} \end{vmatrix}\neq 0$$

时，上述三元线性方程组有唯一解，解为

$$x_1=\frac{D_1}{D},\quad x_2=\frac{D_2}{D},\quad x_3=\frac{D_3}{D}$$

其中

$$D_1=\begin{vmatrix} b_1 & a_{12} & a_{13} \\ b_2 & a_{22} & a_{23} \\ b_3 & a_{32} & a_{33} \end{vmatrix},\quad D_2=\begin{vmatrix} a_{11} & b_1 & a_{13} \\ a_{21} & b_2 & a_{23} \\ a_{31} & b_3 & a_{33} \end{vmatrix},\quad D_3=\begin{vmatrix} a_{11} & a_{12} & b_1 \\ a_{21} & a_{22} & b_2 \\ a_{31} & a_{32} & b_3 \end{vmatrix}$$

此为求解三元线性方程组的克拉默法则.

前面我们利用二、三阶行列式给出了求解二元、三元线性方程组的克拉默法则. 克拉默法则同样适用于 n 个未知量 n 个方程的线性方程组，此时，需要计算 n 阶行列式. 而用于计算二、三阶行列式的对角线法，对于高于三阶的行列式就不再适用了. 为此，我们给出 n 阶行列式的一般算法.

由式(＊)可见：

(1) 三阶行列式展开式的每一项都是其位于不同行不同列的 3 个元素之积；

(2) 展开式共有 6 项，每一项的 3 个元素的行下标按自然顺序排列时，其列下标都是 1,2,3 的某个排列. 1,2,3 的全排列共有 6 种，每一排列分别对应着展开式的一个项；

(3) 展开式 6 个项的符号各有三正三负. 带正号的 3 项列下标的排列分别为(123)，(312)，(231)，它们都是自然排列 123 中的任意两个数经零次或二次(偶数次)对换得到的；而带负号的 3 项的列下标是自然排列 123 中的任意两个数经一次(奇数次)对换得到的. 也就是说，行列式展开式的每一项的符号与排列的对换次数(奇数次或偶数次)有关.

为了阐明 n 阶行列式展开项的符号规律，下面引入逆序数的概念.

二、排列及其逆序数

1. 排列及其逆序数

定义 1 由 n 个数 $1,2,\cdots,n$ 组成的一个无重复的有序数组称为这 n 个数码的一个排列，简称为 n 元排列.

例如，312 是一个 3 元排列，2341 是一个 4 元排列，45321 是一个 5 元排列等.

显然 $1\ 2\ \cdots\ n$ 也是一个 n 级排列，这个排列具有自然顺序，就是按递增的顺序排起来的；其他的排列或多或少地已改变了自然顺序.

定义 2 在一个 n 元排列中，如果有一个较大的数码排在一个较小的数码前面，则称这两个数码在这个排列中构成一个逆(反)序，一个 n 元排列中所有逆(反)序的总和称为这个排列的逆(反)序数，记为 $\tau(j_1j_2\cdots j_n)$ 或 $\pi(j_1j_2\cdots j_n)$.

设在一个 n 级排列 $j_1j_2\cdots j_n$ 中，比 $j_k\ (k=1,2,\cdots,n)$ 大的且排在 j_k 前面的数有 t_k 个，

则这个排列的逆序数为 $t_1+t_2+\cdots+t_n=\sum_{k=1}^{n}t_k$.

例如　$\tau(321)=2+1=3$

$\tau(3241)=3+1=4$

$\tau(45321)=4+3+2=9$

$\tau(634521)=5+4+1+1+1=12$

$\tau(1726354)=0+1+2+3+2+1=9$

这是计算一个 n 元排列的反序数的一般方法.

2. 排列的奇偶性

定义 3　逆序数为偶数的排列称为**偶排列**;逆序数为奇数的排列称为**奇排列**.

例 2　求下列排列的逆序数,并确定它们的奇偶性.

(1) 35214　　(2) $n(n-1)\cdots 21$

解　由逆序数的定义,任一排列 $i_1i_2\cdots i_n$ 的逆序数为

$\tau(i_1i_2\cdots i_n)=i_1$ 后面比 i_1 小的数的个数 $+\,i_2$ 后面比 i_2 小的数的个数 $+\cdots+i_{n-1}$ 后面比 i_{n-1} 小的数的个数

(1) $\tau(35214)=2+3+1+0=6$,35214 为偶排列;

(2) $\tau(n(n-1)\cdots 21)=(n-1)+(n-2)+\cdots+2+1=\dfrac{n(n-1)}{2}$

而$\dfrac{n(n-1)}{2}$的奇偶性需由 n 而定,讨论如下:

当 $n=4k$ 时,$\dfrac{n(n-1)}{2}=2k(4k-1)$ 是偶数;

当 $n=4k+1$ 时,$\dfrac{n(n-1)}{2}=2k(4k+1)$ 是偶数;

当 $n=4k+2$ 时,$\dfrac{n(n-1)}{2}=(2k+1)(4k+1)$ 是奇数;

当 $n=4k+3$ 时,$\dfrac{n(n-1)}{2}=(2k+1)(4k+3)$ 是奇数.

所以,当 $n=4k,n=4k+1$ 时,此排列为偶排列;当 $n=4k+2,n=4k+3$ 时,此排列为奇排列.

在一个 n 级排列 $j_1j_2\cdots j_n$ 中,仅将其中两个数字 j_i,j_k 对调而其余数字不动,这样一次对调称为一个**对换**,记为(j_i,j_k).当 $k=i\pm1$,即排列中两个相邻的数字的对换称为相邻对换.

例如,$341625\xrightarrow{(1,5)}345621$.

问题 1　任意两个 n 元排列是否可经一系列对换而互变?

引理 1　任意一个 n 元排列 可经一系列对换变为 自然排列 $12\cdots n$.

证　(用归纳法)

1. 当 $n=2$ 时,结论显然成立.

2. 假设结论对 $n-1$ 元排列成立,

(1) 对任一个 n 元排列 $j_1j_2\cdots j_n$，假如 $j_n=n$，则由归纳假设知 $j_1j_2\cdots j_{n-1}$ 可经一系列对换变为 $12\cdots(n-1)$. 于是经同样一系列的对换，$j_1j_2\cdots j_{n-1}n$ 变为 $12\cdots(n-1)n$；

(2) 假如 $j_n\neq n$，设 $j_k=n\ (1\leqslant k\leqslant n-1)$，于是经一次对换 (j_k,j_n)，得

$$j_1\cdots j_k\cdots j_n\xrightarrow{(j_k,j_n)}j_1\cdots j_n\cdots n$$

由(1)知，经一系列对换可把 $j_1\cdots j_n\cdots n$ 变为 $12\cdots n$. 因而 $j_1\cdots j_k\cdots j_n$ 可经一系列变换变为 $12\cdots n$.

由于对换是可逆的，因此有：

推论 1 自然排列 $12\cdots n$ 可经一系列对换变到任意一个 n 元排列 $j_1j_2\cdots j_n$.

由引理 1 和推论 1，我们圆满地解决了上面提出的问题 1，这就是：

推论 2 任意两个 n 元排列可经一系列对换互化.

定理 1 对换改变排列的奇偶性. 也就是说，经过一次对换，奇排列变成偶排列，偶排列变成奇排列.

证 先看对换的两个数码 j,k 在排列中是相邻位置的情形. 设此排列为

$$\cdots jk\cdots$$

经对换 (j,k) 变为

$$\cdots kj\cdots$$

这里"…"表示那些不动的数码. 于是，若 $k<j$，则 $\tau(\cdots kj\cdots)=\tau(\cdots jk\cdots)-1$；若 $k>j$，则

$$\tau(\cdots kj\cdots)=\tau(\cdots jk\cdots)+1$$

因此，这种特殊情况下定理 1 成立.

一般情形，设排列为

$$\cdots ji_1i_2\cdots i_tk\cdots \tag{11}$$

经对换 (j,k) 变为

$$\cdots ki_1i_2\cdots i_tj\cdots \tag{12}$$

为将(11)变为(12)，可先对(11)施行相邻位置的 j 与 i_1 对换，然后 j 与 i_2 对换，…，j 与 k 对换，共经过 $t+1$ 次对换后变为

$$\cdots i_1i_2\cdots i_tkj\ \cdots \tag{13}$$

再对(13)施行相邻位置的 k 与 i_t 对换，k 与 i_{t-1} 对换，…，k 与 i_1 对换，共 t 次对换后便变为(12). 由上所述，由于每次这样的对换都改变排列的奇偶性，因而 $2t+1$ 次对换将(11)变为(12)，它们有互异的奇偶性. 定理成立.

问题 2 在全体 n 元排列中，究竟是奇排列多还是偶排列多？

一般说来，在 n 个数码的全排列中，奇偶排列各占一半，这就是下面的

推论 3 在全部 n 级排列中，奇、偶排列的个数相等，各有 $\frac{n!}{2}$ 个.

证 设奇排列个数为 k，偶排列个数为 m，则 $k+m=n!$. 又调换每个奇排列的前两个元素的位置，则由定理 1 知道它们都变为偶排列，且易知不同的奇排列经一次相同位置的对换后变为不同的偶排列，因此 $k\leqslant m$. 同理可证 $m\leqslant k$，故 $k=m=n!/2$.

结合推论 2，类似地，还可以证明：

定理 2 任意一个 n 级排列与排列 $12\cdots n$ 都可以经过一系列对换互变，并且所作对换

的个数与这个排列有相同的奇偶性.

三、n 阶行列式

在给出 n 阶行列式的定义之前，再来看一下二阶和三阶行列式的定义. 以三阶行列式为例(二阶同样) 由前面式(10) 知

$$\begin{vmatrix} a_{11} & a_{12} & a_{13} \\ a_{21} & a_{22} & a_{23} \\ a_{31} & a_{32} & a_{33} \end{vmatrix} = a_{11}a_{22}a_{33} + a_{12}a_{23}a_{31} + a_{13}a_{21}a_{32} - a_{11}a_{23}a_{32} - a_{12}a_{21}a_{33} - a_{13}a_{22}a_{31}$$

$$= \sum_{i_1 i_2 i_3} (-1)^{\tau(i_1 i_2 i_3)} a_{1i_1} a_{2i_2} a_{3i_3}$$

从三阶行列式的定义可以看出，它们是一些乘积的代数和，而每一项乘积都是由行列式中位于不同行不同列的元素构成，这种可能的乘积共有 $n!$ 项. 另一方面，每一项乘积都带有符号. 该符号是按什么原则确定的呢?在三阶行列式(10) 中，项的一般形式可以写成

$$a_{1j_1} a_{2j_2} a_{3j_3} \tag{14}$$

其中 $j_1 j_2 j_3$ 是 1,2,3 的一个排列. 可以看出，当 $j_1 j_2 j_3$ 是偶排列时. 对应的项在三阶行列式的定义中带有正号，当 $j_1 j_2 j_3$ 是奇排列时带有负号.

定义 4

$$\begin{vmatrix} a_{11} & a_{12} & \cdots & a_{1n} \\ a_{21} & a_{22} & \cdots & a_{2n} \\ \vdots & \vdots & & \vdots \\ a_{n1} & a_{n2} & \cdots & a_{nn} \end{vmatrix} \tag{15}$$

称为 **n 阶行列式**，它表示代数和 $\sum\limits_{j_1 j_2 \cdots j_n} (-1)^{\tau(j_1 j_2 \cdots j_n)} a_{1j_1} a_{2j_2} \cdots a_{nj_n}$，即

$$\begin{vmatrix} a_{11} & a_{12} & \cdots & a_{1n} \\ a_{21} & a_{22} & \cdots & a_{2n} \\ \vdots & \vdots & & \vdots \\ a_{n1} & a_{n2} & \cdots & a_{nn} \end{vmatrix} = \sum_{j_1 j_2 \cdots j_n} (-1)^{\tau(j_1 j_2 \cdots j_n)} a_{1j_1} a_{2j_2} \cdots a_{nj_n} \tag{16}$$

这里 $\sum\limits_{j_1 j_2 \cdots j_n}$ 表示对所有 n 级排列求和.

显然，行列式的项

$$a_{1j_1} a_{2j_2} \cdots a_{nj_n} \tag{17}$$

为取自不同行不同列的 n 个元素的乘积；每一项都按下面规则带有符号：当 $j_1 j_2 \cdots j_n$ 是偶排列时，带正号，当 $j_1 j_2 \cdots j_n$ 是奇排列时，带负号；对于 $1,2,\cdots,n$ 的每一个排列 $j_1 j_2 \cdots j_n$，都对应一项，所以式(16) 共有 $n!$项.

定义 4 实际上是按乘积中元素的行标为自然排列来定义行列式，同样地，可以按列标为自然排列定义行列式.

定义 4′

$$\begin{vmatrix} a_{11} & a_{12} & \cdots & a_{1n} \\ a_{21} & a_{22} & \cdots & a_{2n} \\ \vdots & \vdots & & \vdots \\ a_{n1} & a_{n2} & \cdots & a_{nn} \end{vmatrix} = \sum_{i_1 i_2 \cdots i_n} (-1)^{\tau(i_1 i_2 \cdots i_n)} a_{i_1 1} a_{i_2 2} \cdots a_{i_n n} \tag{18}$$

可以证明，这两个定义是等价的.

特别地，当 $n=1$ 时，规定一阶行列式 $|a|=a$.

例 3 计算 n 阶行列式

$$D=\begin{vmatrix} a_{11} & 0 & \cdots & 0 \\ a_{21} & a_{22} & \cdots & 0 \\ \vdots & \vdots & & \vdots \\ a_{n1} & a_{n2} & \cdots & a_{nn} \end{vmatrix} \tag{19}$$

解 在 n 阶行列式 D 的 $n!$ 个项中，考虑行列式可能的非零项. 由于行列式的每一项皆为行列式中位于不同行不同列的 n 个元素之积，因此行列式中的非零项必为 n 个非零元素的乘积. 在行列式的第一行中，仅有 a_{11} 可能不为零，所以在式(16) 中，a_{1j_1} 只能取 a_{11}，而 a_{2j_2} 只能取 a_{22}，不能取 a_{21}，这是因为 a_{21} 与 a_{11} 同列. 同理 a_{3j_3} 也只能取 a_{33}，…，依次推理，最后一行只能选 a_{nn}，从而

$$D=(-1)^{\tau(12\cdots n)}a_{11}a_{22}\cdots a_{nn}=a_{11}a_{22}\cdots a_{nn}$$

同理可得

$$D=\begin{vmatrix} a_{11} & a_{12} & \cdots & a_{1n} \\ 0 & a_{22} & \cdots & a_{2n} \\ \vdots & \vdots & & \vdots \\ 0 & 0 & \cdots & a_{nn} \end{vmatrix}=a_{11}a_{22}\cdots a_{nn}$$

若行列式主对角线上方的元素全为零，则称之为**下三角行列式**(主对角线下方的元素全为零的行列式，称为**上三角行列式**). 由上述讨论知，上、下三角行列式的值都等于对角线元素的乘积.

特别地，主对角线以外元素全为零的行列式(称为**对角行列式**)

$$D=\begin{vmatrix} a_{11} & & & \\ & a_{22} & & \\ & & \ddots & \\ & & & a_{nn} \end{vmatrix}=a_{11}a_{22}\cdots a_{nn}$$

例 4 计算行列式 $\begin{vmatrix} 0 & 0 & 0 & 1 \\ 0 & 0 & 2 & 0 \\ 0 & 3 & 0 & 0 \\ 4 & 0 & 0 & 0 \end{vmatrix}$.

解 由于行列式中 4 个不同行不同列的非零数之积只有 $1\times2\times3\times4$，而这作为行列式的项，元素已经按照行下标自然顺序排好，它的列下标排列是(4321)，这是一个偶排列，故这一项带正号. 所以，此行列式的值为 $1\times2\times3\times4=24$.

第二节 行列式的性质

对于一般的行列式，若用行列式的定义计算 n 阶行列式，需要计算 $n!$ 个乘积项，这显然比较麻烦. 为此，下面研究行列式的性质，利用这些性质可以简化行列式的计算.

建议读者用二阶行列式验证一下这些性质，以加深对它们的理解和体会.

把行列式 D 的行与列互换后得到的行列式，称为 D 的**转置行列式**，记为 D^{T}（或 D'）. 即

$$D^{\mathrm{T}}=\begin{vmatrix} a_{11} & a_{21} & \cdots & a_{n1} \\ a_{12} & a_{22} & \cdots & a_{n2} \\ \vdots & \vdots & & \vdots \\ a_{1n} & a_{2n} & \cdots & a_{nn} \end{vmatrix}$$

显然，$(D^{\mathrm{T}})^{\mathrm{T}}=D$.

例如，设 $D=\begin{vmatrix} 1 & 2 & -4 \\ -2 & 2 & 1 \\ -3 & 4 & -2 \end{vmatrix}$，则 $D^{\mathrm{T}}=\begin{vmatrix} 1 & -2 & -3 \\ 2 & 2 & 4 \\ -4 & 1 & -2 \end{vmatrix}$. 易求得 $D=-14, D^{\mathrm{T}}=-14$，即 $D=D^{\mathrm{T}}$. 一般地，我们有：

性质 1　行列式与它的转置行列式相等，即 $D=D^{\mathrm{T}}$.

证　设 $D^{\mathrm{T}}=|b_{ij}|_{n\times n}$，则 $b_{ij}=a_{ji}\ (i,j=1,2,\cdots,n)$. 于是，由定义 4 和定义 4′，有

$$\begin{aligned} D^{\mathrm{T}} &= \sum_{j_1 j_2 \cdots j_n}(-1)^{\tau(j_1 j_2 \cdots j_n)} b_{1j_1} b_{2j_2} \cdots b_{nj_n} \\ &= \sum_{j_1 j_2 \cdots j_n}(-1)^{\tau(j_1 j_2 \cdots j_n)} a_{j_1 1} a_{j_2 2} \cdots a_{j_n n}=D \end{aligned}$$

由性质 1 可知，行列式的行和列具有同等的地位. 因此，行列式的性质凡是对行成立的，对列同样成立，反之亦然.

性质 2　交换行列式的两行，行列式改变符号. 即

$$\begin{vmatrix} \cdots & \cdots & \cdots & \cdots \\ a_{i1} & a_{i2} & \cdots & a_{in} \\ \vdots & \vdots & & \vdots \\ a_{j1} & a_{j2} & \cdots & a_{jn} \\ \cdots & \cdots & \cdots & \cdots \end{vmatrix}=-\begin{vmatrix} \cdots & \cdots & \cdots & \cdots \\ a_{j1} & a_{j2} & \cdots & a_{jn} \\ \vdots & \vdots & & \vdots \\ a_{i1} & a_{i2} & \cdots & a_{in} \\ \cdots & \cdots & \cdots & \cdots \end{vmatrix} \tag{20}$$

证　记原行列式为 $D=|a_{ij}|$，交换其 i,j 两行后的行列式为 $D_1=|b_{ij}|$，则 $b_{jk}=a_{ik}\ (k=1,2,\cdots,n)$；$b_{sk}=a_{sk}\ (s\neq i,j)$. 不妨设 $i<j$，于是

$$\begin{aligned} D_1 &= \sum_{k_1 k_2 \cdots k_n}(-1)^{\tau(k_1 k_2 \cdots k_n)} b_{1k_1} b_{2k_2} \cdots b_{nk_n} \\ &= \sum_{k_1 k_2 \cdots k_n}(-1)^{\tau(k_1 \cdots k_i \cdots k_j \cdots k_n)} a_{1k_1} \cdots a_{jk_i} \cdots a_{ik_j} \cdots a_{nk_n} \\ &= \sum_{k_1 \cdots k_j \cdots k_i \cdots k_n}(-1)^{\tau(k_1 \cdots k_j \cdots k_i \cdots k_n)+1} a_{1k_1} \cdots a_{ik_j} \cdots a_{jk_i} \cdots a_{nk_n} \\ &= -\sum_{k_1 \cdots k_i \cdots k_i \cdots k_n}(-1)^{\tau(k_1 \cdots k_j \cdots k_i \cdots k_n)} a_{1k_1} \cdots a_{ik_j} \cdots a_{jk_i} \cdots a_{nk_n} \\ &= -D \end{aligned}$$

推论 1　如果行列式有两行元素对应相等，则该行列式的值为零.

由行列式的定义，易得

性质 3

$$\begin{vmatrix} a_{11} & a_{12} & \cdots & a_{1n} \\ \vdots & \vdots & & \vdots \\ ka_{i1} & ka_{i2} & \cdots & ka_{in} \\ \vdots & \vdots & & \vdots \\ a_{n1} & a_{n2} & \cdots & a_{nn} \end{vmatrix} = k \begin{vmatrix} a_{11} & a_{12} & \cdots & a_{1n} \\ \vdots & \vdots & & \vdots \\ a_{i1} & a_{i2} & \cdots & a_{in} \\ \vdots & \vdots & & \vdots \\ a_{n1} & a_{n2} & \cdots & a_{nn} \end{vmatrix} \tag{21}$$

这就是说,行列式某一行的公因子可以提出去,或者说一个数乘行列式的某一行,相当于这个数乘这个行列式.

推论 2 如果行列式有一行元素全为零,则该行列式的值等于零.

推论 3 如果行列式的两行对应元素成比例,则行列式的值为零.

性质 4

$$\begin{vmatrix} a_{11} & a_{12} & \cdots & a_{1n} \\ \vdots & \vdots & & \vdots \\ a_{s1}+b_{s1} & a_{s2}+b_{s2} & \cdots & a_{sn}+b_{sn} \\ \vdots & \vdots & & \vdots \\ a_{n1} & a_{n2} & \cdots & a_{nn} \end{vmatrix} = \begin{vmatrix} a_{11} & a_{12} & \cdots & a_{1n} \\ \vdots & \vdots & & \vdots \\ a_{s1} & a_{s2} & \cdots & a_{sn} \\ \vdots & \vdots & & \vdots \\ a_{n1} & a_{n2} & \cdots & a_{nn} \end{vmatrix} + \begin{vmatrix} a_{11} & a_{12} & \cdots & a_{1n} \\ \vdots & \vdots & & \vdots \\ b_{s1} & b_{s2} & \cdots & b_{sn} \\ \vdots & \vdots & & \vdots \\ a_{n1} & a_{n2} & \cdots & a_{nn} \end{vmatrix} \tag{22}$$

即,如果某一行是两组数的和,则此行列式就等于两个行列式的和,而这两个行列式除这一行以外全与原来行列式的对应的行一样.

证

$$\begin{aligned} \text{左} &= \sum_{j_1j_2\cdots j_n} (-1)^{\tau(j_1j_2\cdots j_n)} c_{1j_1}\cdots c_{sj_s}\cdots c_{nj_n} \\ &= \sum_{j_1j_2\cdots j_n} (-1)^{\tau(j_1j_2\cdots j_n)} a_{1j_1}\cdots(a_{sj_s}+b_{sj_s})\cdots a_{nj_n} \\ &= \sum_{j_1j_2\cdots j_n} (-1)^{\tau(j_1j_2\cdots j_n)} a_{1j_1}\cdots a_{sj_s}\cdots a_{nj_n} \\ &\quad + \sum_{j_1j_2\cdots j_n} (-1)^{\tau(j_1j_2\cdots j_n)} a_{1j_1}\cdots b_{sj_s}\cdots a_{nj_n} = \text{右} \end{aligned}$$

性质 5 把行列式某一行的倍数加到另一行上,行列式的值不变. 即

$$\begin{vmatrix} a_{11} & a_{12} & \cdots & a_{1n} \\ \vdots & \vdots & & \vdots \\ a_{s1} & a_{s2} & \cdots & a_{sn} \\ \vdots & \vdots & & \vdots \\ a_{t1} & a_{t2} & \cdots & a_{tn} \\ \vdots & \vdots & & \vdots \\ a_{n1} & a_{n2} & \cdots & a_{nn} \end{vmatrix} = \begin{vmatrix} a_{11} & a_{12} & \cdots & a_{1n} \\ \vdots & \vdots & & \vdots \\ a_{s1}+ka_{t1} & a_{s2}+ka_{t2} & \cdots & a_{sn}+ka_{tn} \\ \vdots & \vdots & & \vdots \\ a_{t1} & a_{t2} & \cdots & a_{tn} \\ \vdots & \vdots & & \vdots \\ a_{n1} & a_{n2} & \cdots & a_{nn} \end{vmatrix} \tag{23}$$

证 由性质 4,上式右边的行列式可以拆分为两个行列式的和. 对于这两个行列式,运用性质 3 的推论 2.3,可得结论.

根据性质 1,行列式的所有上述性质对列也成立.

为表述方便,引入下列记号:

(i) 交换行列式的第 i 行(列) 与第 j 行(列),用 $r_i \leftrightarrow r_j (c_i \leftrightarrow c_j)$ 表示;

(ii) 以数 k 乘以行列式的第 i 行(列),用 $kr_i(kc_i)$ 表示;

(iii) 把第 j 行(列) 的 k 倍加到第 i 行(列),用 $r_i + kr_j (c_i + kc_j)$ 表示.

例 5 计算 $D = \begin{vmatrix} 2 & 1 & -3 & -1 \\ 3 & 1 & 0 & 7 \\ -1 & 2 & 4 & -2 \\ 1 & 0 & -1 & 5 \end{vmatrix}$.

解

$$D \xlongequal{r_1 \leftrightarrow r_4} -\begin{vmatrix} 1 & 0 & -1 & 5 \\ 3 & 1 & 0 & 7 \\ -1 & 2 & 4 & -2 \\ 2 & 1 & -3 & -1 \end{vmatrix} \xlongequal[r_4 - 2r_1]{r_2 - 3r_1,\ r_3 + r_1} -\begin{vmatrix} 1 & 0 & -1 & 5 \\ 0 & 1 & 3 & -8 \\ 0 & 2 & 3 & 3 \\ 0 & 1 & -1 & -11 \end{vmatrix}$$

$$\xlongequal[r_4 - r_2]{r_3 - 2r_2} -\begin{vmatrix} 1 & 0 & -1 & 5 \\ 0 & 1 & 3 & -8 \\ 0 & 0 & -3 & 19 \\ 0 & 0 & -4 & -3 \end{vmatrix} \xlongequal{r_3 - r_4} -\begin{vmatrix} 1 & 0 & -1 & 5 \\ 0 & 1 & 3 & -8 \\ 0 & 0 & 1 & 22 \\ 0 & 0 & -4 & -3 \end{vmatrix}$$

$$\xlongequal{r_4 + 4r_3} -\begin{vmatrix} 1 & 0 & -1 & 5 \\ 0 & 1 & 3 & -8 \\ 0 & 0 & 1 & 22 \\ 0 & 0 & 0 & 85 \end{vmatrix} = -85$$

例 6 计算 $D = \begin{vmatrix} 0 & a & b & a \\ a & 0 & a & b \\ b & a & 0 & a \\ a & b & a & 0 \end{vmatrix}$.

解

$$D \xlongequal{r_1 + r_2 + r_3 + r_4} \begin{vmatrix} 2a+b & 2a+b & 2a+b & 2a+b \\ a & 0 & a & b \\ b & a & 0 & a \\ a & b & a & 0 \end{vmatrix}$$

$$= (2a+b)\begin{vmatrix} 1 & 1 & 1 & 1 \\ a & 0 & a & b \\ b & a & 0 & a \\ a & b & a & 0 \end{vmatrix} \xlongequal[c_4 - c_1]{c_2 - c_1,\ c_3 - c_1} (2a+b)\begin{vmatrix} 1 & 0 & 0 & 0 \\ a & -a & 0 & b-a \\ b & a-b & -b & a-b \\ a & b-a & 0 & -a \end{vmatrix}$$

$$\xlongequal{c_4 - c_2} (2a+b)\begin{vmatrix} 1 & 0 & 0 & 0 \\ a & -a & 0 & b \\ b & a-b & -b & 0 \\ a & b-a & 0 & -b \end{vmatrix} \xlongequal{r_2 + r_4} (2a+b)\begin{vmatrix} 1 & 0 & 0 & 0 \\ 2a & b-2a & 0 & 0 \\ b & a-b & -b & 0 \\ a & b-a & 0 & -b \end{vmatrix}$$

$$= (2a+b)(b-2a)(-b)(-b) = b^2(b^2 - 4a^2)$$

例 7 计算 n 阶行列式

$$D=\begin{vmatrix} x & a & \cdots & a \\ a & x & \cdots & a \\ \vdots & \vdots & & \vdots \\ a & a & \cdots & x \end{vmatrix}$$

解 分别将第 2 行,第 3 行,…,第 n 行的 1 倍加到第 1 行,得

$$D=\begin{vmatrix} x+(n-1)a & x+(n-1)a & \cdots & x+(n-1)a \\ a & x & \cdots & a \\ \vdots & \vdots & & \vdots \\ a & a & \cdots & x \end{vmatrix}$$

$$=[x+(n-1)a]\begin{vmatrix} 1 & 1 & \cdots & 1 \\ a & x & \cdots & a \\ \vdots & \vdots & & \vdots \\ a & a & \cdots & x \end{vmatrix}$$

再把第 1 列的(−1) 倍加到其余各列上去,得

$$D=[x+(n-1)a]\begin{vmatrix} 1 & 0 & \cdots & 0 \\ a & x-a & \cdots & 0 \\ \vdots & \vdots & & \vdots \\ a & 0 & \cdots & x-a \end{vmatrix}$$

$$=[x+(n-1)a](x-a)^{n-1}$$

注:上述各例都用到把几个运算写在一起的省略写法,要注意各个运算次序一般不能颠倒,因为后一次运算是作用在前一次运算结果上.

第三节 行列式按行(列)展开法则

上面我们利用行列式的性质把一个行列式化为上三角或下三角行列式,然后根据定义算出行列式的值,或者把一个行列式化成其中含有尽量多个零的行列式,然后算出行列式的值.本节我们沿着另一条思路来计算行列式的值,即通过把高阶行列式转化为低阶行列式来计算行列式的值.

例如

$$\begin{vmatrix} a_{11} & a_{12} & a_{13} \\ a_{21} & a_{22} & a_{23} \\ a_{31} & a_{32} & a_{33} \end{vmatrix}=a_{31}(a_{12}a_{23}-a_{13}a_{22})-a_{32}(a_{11}a_{23}-a_{13}a_{21})+a_{33}(a_{11}a_{22}-a_{12}a_{21})$$

$$=a_{31}\begin{vmatrix} a_{12} & a_{13} \\ a_{22} & a_{23} \end{vmatrix}-a_{32}\begin{vmatrix} a_{11} & a_{13} \\ a_{21} & a_{23} \end{vmatrix}+a_{33}\begin{vmatrix} a_{11} & a_{12} \\ a_{21} & a_{22} \end{vmatrix}$$

$$=a_{11}a_{22}a_{33}-a_{11}a_{23}a_{32}-a_{12}a_{21}a_{33}+a_{12}a_{23}a_{31}+a_{13}a_{21}a_{32}-a_{13}a_{22}a_{31}$$

$$=a_{11}\begin{vmatrix} a_{22} & a_{23} \\ a_{32} & a_{33} \end{vmatrix}-a_{12}\begin{vmatrix} a_{21} & a_{23} \\ a_{31} & a_{33} \end{vmatrix}+a_{13}\begin{vmatrix} a_{21} & a_{22} \\ a_{31} & a_{32} \end{vmatrix}$$

这样，三阶行列式的计算可以归结为二阶行列式的计算.

一般来说，计算低阶行列式要比计算高阶行列式简单. 如果我们能把 n 阶行列式转化为 $n-1$ 阶行列式，把 $n-1$ 阶行列式转化为 $n-2$ 阶，…，而行列式的阶数越小越容易计算，我们就可以化繁为简，化难为易，从而尽快算出行列式的值.

下面证明，n 阶行列式的计算总可以化为阶数较低的行列式的计算. 为此，首先引入子式和代数余子式的概念.

定义 5 在行列式

$$\begin{vmatrix} a_{11} & \cdots & a_{1j} & \cdots & a_{1n} \\ \vdots & & \vdots & & \vdots \\ a_{i1} & \cdots & a_{ij} & \cdots & a_{in} \\ \vdots & & \vdots & & \vdots \\ a_{n1} & \cdots & a_{nj} & \cdots & a_{nn} \end{vmatrix}$$

中划去元素 a_{ij} 所在的第 i 行与第 j 列，剩下的 $(n-1)^2$ 个元素，在不改变它们的相对位置的情况下所构成的 $n-1$ 阶行列式

$$\begin{vmatrix} a_{11} & \cdots & a_{1,j-1} & a_{1,j+1} & \cdots & a_{1n} \\ \vdots & & \vdots & \vdots & & \vdots \\ a_{i-1,1} & \cdots & a_{i-1,j-1} & a_{i-1,j+1} & \cdots & a_{i-1,n} \\ a_{i+1,1} & \cdots & a_{i+1,j-1} & a_{i+1,j+1} & \cdots & a_{i+1,n} \\ \vdots & & \vdots & \vdots & & \vdots \\ a_{n1} & \cdots & a_{n,j-1} & a_{n,j+1} & \cdots & a_{nn} \end{vmatrix}$$

称为元素 a_{ij} 的**余子式**，记为 M_{ij}，$A_{ij} = (-1)^{i+j}M_{ij}$ 称为元素 a_{ij} 的**代数余子式**.

例如四阶行列式

$$D = \begin{vmatrix} 2 & 1 & -1 & 1 \\ -1 & 2 & 3 & 4 \\ 0 & 3 & 0 & 1 \\ 3 & 1 & -3 & 0 \end{vmatrix}$$

中元素 $a_{43} = -3$ 的余子式和代数余子式分别为

$$M_{43} = \begin{vmatrix} 2 & 1 & 1 \\ -1 & 2 & 4 \\ 0 & 3 & 1 \end{vmatrix} = -22, \quad A_{43} = (-1)^{4+3}M_{43} = 22$$

定理 3 一个 n 阶行列式 D，如果其第 i 行(或第 j 列)的元素除 a_{ij} 外都为 0，则行列式 D 等于 a_{ij} 与它的代数余子式的乘积，即 $D = a_{ij}A_{ij}$.

证 只证明行的情形.

(i) 先假定第一行的元素除 a_{11} 外都是 0，这时

$$D = \begin{vmatrix} a_{11} & 0 & \cdots & 0 \\ a_{21} & a_{22} & \cdots & a_{2n} \\ \vdots & \vdots & & \vdots \\ a_{n1} & a_{n2} & \cdots & a_{nn} \end{vmatrix}$$

根据行列式的定义，

$$D = a_{11}\sum_{i_2\cdots i_n}(-1)^{\tau(i_2\cdots i_n)}a_{2i_2}a_{3i_3}\cdots a_{ni_n} = a_{11}M_{11} = a_{11}A_{11}$$

(ii) 再看一般情形.设

$$D = \begin{vmatrix} a_{11} & a_{12} & \cdots & a_{1j} & \cdots & a_{1n} \\ \vdots & \vdots & & \vdots & & \vdots \\ 0 & 0 & \cdots & a_{ij} & \cdots & 0 \\ \vdots & \vdots & & \vdots & & \vdots \\ a_{n1} & a_{n2} & \cdots & a_{nj} & \cdots & a_{nn} \end{vmatrix}$$

D 中第 i 行除 a_{ij} 外其他元素都是0.为利用(i)的结论，将行列进行对换，把 a_{ij} 调换至行列式的第一行第一列的位置.

首先，将第 i 行依次与第 $i-1$ 行，第 $i-2$ 行，…，第1行交换，这样，第 i 行换到第1行，交换的次数为 $i-1$；再将第 j 列依次与第 $j-1$ 列，第 $j-2$ 列，…，第1列交换，这样，a_{ij} 就交换到左上角，交换的次数为 $j-1$. 总之，经过 $i+j-2$ 次交换，将 a_{ij} 交换到了左上角，所得的行列式记为 D_1.

显然 $D=(-1)^{i+j-2}D_1=(-1)^{i+j}D_1$，而元素 a_{ij} 在 D_1 中的余子式仍然是 a_{ij} 在 D 中的余子式 M_{ij}. 由于 a_{ij} 位于 D_1 的左上角，由(i)可得，$D_1=a_{ij}M_{ij}$，于是

$$D = (-1)^{i+j}D_1 = (-1)^{i+j}a_{ij}M_{ij} = a_{ij}A_{ij}$$

定理4 行列式等于它的任一行(列)的所有元素与它们对应的代数余子式乘积之和. 即

$$D = a_{i1}A_{i1} + a_{i2}A_{i2} + \cdots + a_{in}A_{in} = \sum_{k=1}^{n}a_{ik}A_{ik} \quad (i = 1,2,\cdots,n) \tag{24}$$

或

$$D = a_{1j}A_{1j} + a_{2j}A_{2j} + \cdots + a_{nj}A_{nj} = \sum_{k=1}^{n}a_{kj}A_{kj} \quad (j = 1,2,\cdots,n) \tag{25}$$

证
$$D = \begin{vmatrix} a_{11} & a_{12} & \cdots & a_{1n} \\ \vdots & \vdots & & \vdots \\ a_{i1} & a_{i2} & \cdots & a_{in} \\ \vdots & \vdots & \vdots & \vdots \\ a_{n1} & a_{n2} & \cdots & a_{nn} \end{vmatrix}$$

$$= \begin{vmatrix} a_{11} & a_{12} & \cdots & a_{1n} \\ \vdots & \vdots & & \vdots \\ a_{i1}+0+\cdots+0 & 0+a_{i2}+\cdots+0 & \cdots & 0+\cdots+0+a_{in} \\ \vdots & \vdots & & \vdots \\ a_{n1} & a_{n2} & \cdots & a_{nn} \end{vmatrix}$$

$$= \begin{vmatrix} a_{11} & a_{12} & \cdots & a_{1n} \\ \vdots & \vdots & & \vdots \\ a_{i1} & 0 & \cdots & 0 \\ \vdots & \vdots & & \vdots \\ a_{n1} & a_{n2} & \cdots & a_{nn} \end{vmatrix} + \begin{vmatrix} a_{11} & a_{12} & \cdots & a_{1n} \\ \vdots & \vdots & & \vdots \\ 0 & a_{i2} & \cdots & 0 \\ \vdots & \vdots & & \vdots \\ a_{n1} & a_{n2} & \cdots & a_{nn} \end{vmatrix} + \cdots + \begin{vmatrix} a_{11} & a_{12} & \cdots & a_{1n} \\ \vdots & \vdots & & \vdots \\ 0 & 0 & \cdots & a_{in} \\ \vdots & \vdots & & \vdots \\ a_{n1} & a_{n2} & \cdots & a_{nn} \end{vmatrix}$$

由定理 3 得

$$D = a_{i1}A_{i1} + a_{i2}A_{i2} + \cdots + a_{in}A_{in} \quad (i = 1,2,\cdots,n)$$

类似地,若按列证明,可得

$$D = a_{1j}A_{1j} + a_{2j}A_{2j} + \cdots + a_{nj}A_{nj} \quad (j = 1,2,\cdots,n)$$

由行列式性质 2 的推论易得:

定理 5 行列式的某一行(列)的元素与另外一行(列)对应元素的代数余子式的乘积之和等于零.即

$$a_{i1}A_{j1} + a_{i2}A_{j2} + \cdots + a_{in}A_{jn} = 0 \quad (i \neq j) \tag{26}$$

或

$$a_{1s}A_{1t} + a_{2s}A_{2t} + \cdots + a_{ns}A_{nt} = 0 \quad (s \neq t) \tag{27}$$

综合定理 4 和 5,有

$$\sum_{k=1}^{n} a_{ik}A_{jk} = \begin{cases} D, & i = j \\ 0, & i \neq j \end{cases} \tag{28}$$

或

$$\sum_{k=1}^{n} a_{ki}A_{kj} = \begin{cases} D, & i = j \\ 0, & i \neq j \end{cases} \tag{29}$$

定理 4 称为**行列式按行(列)展开法则**.利用该定理并结合行列式的性质,可以简化行列式的运算.

例 8 计算行列式 $D = \begin{vmatrix} 1 & 0 & -2 & -1 \\ 2 & 1 & -1 & 0 \\ 0 & 2 & 1 & -1 \\ 1 & -1 & 0 & -2 \end{vmatrix}$

解 首先,按照行列式的性质 5,分别将第一行的 -2, -1 倍加到第二和第四行,将第一列的元素除 $a_{11} = 1$ 以外,都变为 0,得到

$$D = \begin{vmatrix} 1 & 0 & -2 & -1 \\ 0 & 1 & 3 & 2 \\ 0 & 2 & 1 & -1 \\ 0 & -1 & 2 & -1 \end{vmatrix}$$

由定理 4,按第一列展开,有

$$D = (-1)^{1+1} \cdot 1 \cdot \begin{vmatrix} 1 & 3 & 2 \\ 2 & 1 & -1 \\ -1 & 2 & -1 \end{vmatrix} = 20$$

例 9 用行列式按行(列)展开式,计算下述行列式的值.

$$D=\begin{vmatrix} x & -1 & 0 & 0 & 0 \\ 0 & x & -1 & 0 & 0 \\ 0 & 0 & x & -1 & 0 \\ 0 & 0 & 0 & x & -1 \\ a_5 & a_4 & a_3 & a_2 & x+a_1 \end{vmatrix}$$

解 将行列式按第1列展开,得

$$D_5=x\begin{vmatrix} x & -1 & 0 & 0 \\ 0 & x & -1 & 0 \\ 0 & 0 & x & -1 \\ a_4 & a_3 & a_2 & x+a_1 \end{vmatrix}+(-1)^{5+1}a_5\begin{vmatrix} -1 & 0 & 0 & 0 \\ x & -1 & 0 & 0 \\ 0 & x & -1 & 0 \\ 0 & 0 & x & -1 \end{vmatrix}$$

$$=xD_4+a_5$$

即

$$D_5=xD_4+a_5$$

同理可得,$D_4=xD_3+a_4$,$D_3=xD_2+a_3$,而

$$D_2=\begin{vmatrix} x & -1 \\ a_2 & x+a_1 \end{vmatrix}=x^2+a_1x+a_2$$

所以

$$\begin{aligned} D_5&=xD_4+a_5 \\ &=x(xD_3+a_4)+a_5 \\ &=x[x(xD_2+a_3)+a_4]+a_5 \\ &=x\{x[x(x^2+a_1x+a_2)+a_3]+a_4\}+a_5 \\ &=x^5+a_1x^4+a_2x^3+a_3x^2+a_4x+a_5 \end{aligned}$$

例 10 证明范德蒙德(Vandermonde)行列式

$$\begin{vmatrix} 1 & 1 & 1 & \cdots & 1 \\ a_1 & a_2 & a_3 & & a_n \\ a_1^2 & a_2^2 & a_3^2 & \cdots & a_n^2 \\ \vdots & \vdots & \vdots & & \vdots \\ a_1^{n-1} & a_2^{n-1} & a_3^{n-1} & \cdots & a_n^{n-1} \end{vmatrix}=\prod_{1\leqslant j<i\leqslant n}(a_i-a_j)$$

其中 $\prod\limits_{1\leqslant j<i\leqslant n}(a_i-a_j)$ 表示 $a_1,a_2,\cdots,a_n$ 所有可能的差 a_i-a_j $(1\leqslant j<i\leqslant n)$ 的乘积.

证 用数学归纳法. 当 $n=2$ 时,

$$\begin{vmatrix} 1 & 1 \\ a_1 & a_2 \end{vmatrix}=a_2-a_1$$

上式说明 $n=2$ 时结论成立.

假设对于 $n-1$ 阶范德蒙德行列式成立,下面证明对于 n 阶的情形也成立. 为此,从第 n 行开始,后一行加上前一行的 $(-a_1)$ 倍,得

$$\begin{vmatrix} 1 & 1 & \cdots & 1 \\ 0 & a_2-a_1 & \cdots & a_n-a_1 \\ 0 & a_2(a_2-a_1) & \cdots & a_n(a_n-a_1) \\ 0 & a_2^2(a_2-a_1) & \cdots & a_n^2(a_n-a_1) \\ \vdots & \vdots & & \vdots \\ 0 & a_2^{n-2}(a_2-a_1) & \cdots & a_n^{n-2}(a_n-a_1) \end{vmatrix}$$

$$= \begin{vmatrix} a_2-a_1 & \cdots & a_n-a_1 \\ a_2(a_2-a_1) & \cdots & a_n(a_n-a_1) \\ a_2^2(a_2-a_1) & \cdots & a_n^2(a_n-a_1) \\ \vdots & & \vdots \\ a_2^{n-2}(a_2-a_1) & \cdots & a_n^{n-2}(a_n-a_1) \end{vmatrix}$$

$$= (a_2-a_1)\cdots(a_n-a_1)\begin{vmatrix} 1 & 1 & \cdots & 1 \\ a_2 & a_3 & \cdots & a_n \\ a_2^2 & a_3^2 & \cdots & a_n^2 \\ \vdots & \vdots & & \vdots \\ a_2^{n-2} & a_3^{n-2} & \cdots & a_n^{n-2} \end{vmatrix}$$

上面的最后一个行列式是 $n-1$ 阶范德蒙德行列式，由归纳假设，它等于

$$\prod_{2\leqslant j<i\leqslant n}(a_i-a_j)$$

因此 n 阶范德蒙德行列式

$$\begin{aligned} D &= (a_2-a_1)(a_3-a_1)\cdots(a_n-a_1)\prod_{2\leqslant j<i\leqslant n}(a_i-a_j) \\ &= \prod_{1\leqslant j<i\leqslant n}(a_i-a_j) \end{aligned}$$

从上述结果可以看出：**n 阶范德蒙德行列式等于零的充分必要条件是 $a_1,a_2,\cdots,a_n$ 这 n 个数中至少有两个相等.**

*第四节　拉普拉斯定理·行列式乘法规则（简介）

拉普拉斯(Laplace,1749—1827)：法国数学家，物理学家，16 岁入开恩大学学习数学，后为巴黎军事学院教授. 曾任拿破仑的内政部长，后被拿破仑革职. 也曾担任过法兰西学院院长. 写了《天体力学》(共 5 卷)，《关于几率的分析理论》的不朽著作，赢得“法兰西的牛顿”的美誉. 拉普拉斯的成就巨大，现在数学中有所谓的拉普拉斯变换、拉普拉斯方程、拉普拉斯展开式等. 他正好死于牛顿死亡的第 100 年，他的最后一句话是‘我们知之甚少，不知道的却甚多’.

拉普拉斯展开定理

定义 6　在 n 阶行列式 D 中，任取 k 行 k 列，位于这 k 行 k 列交叉位置的元素按原行列式 D 中的相对位置排成的 k 阶行列式 N 称为行列式 D 的一个 **k 阶子式**.

在 D 中，划去 k 阶子式 N 所在的 k 行 k 列，剩余元素按原行列式 D 中的相对位置排成的 $n-k$ 阶行列式 M 称为 k 阶子式 N 的**余子式**.

如果子式 N 的 k 行 k 列在 D 中的行标与列标分别为 $i_1,i_2,\cdots,i_k$ 和 $j_1,j_2,\cdots,j_k$，则称

$$A=(-1)^{(i_1+i_2+\cdots+i_k)+(j_1+j_2+\cdots+j_k)}M \tag{30}$$

为 N 的代数余子式.

例如，在五阶行列式 $D=|a_{ij}|_5$ 中，取第 2,4 行和第 1,4 列，$N=\begin{vmatrix}a_{21}&a_{24}\\a_{41}&a_{44}\end{vmatrix}$ 是 D 的一个二阶子式，$M=\begin{vmatrix}a_{12}&a_{13}&a_{15}\\a_{32}&a_{33}&a_{35}\\a_{52}&a_{53}&a_{55}\end{vmatrix}$ 是 N 的余子式；

$$A=(-1)^{(2+4)+(1+4)}M=-M$$

为 N 的代数余子式.

定理 6(Laplace 定理) 设在 n 阶行列式 D 中，取某 k 行，则位于这 k 行的所有 k 阶子式与它们各自对应的代数余子式 A_i 的乘积之和等于行列式 D，即

$$D=\sum_{i=1}^{t}N_iA_i \quad (\text{其中 } t=C_n^k) \tag{31}$$

证明略.

例 11 计算五阶行列式 $D=\begin{vmatrix}1&2&0&0&1\\0&1&2&3&0\\1&3&0&0&0\\0&2&2&1&0\\0&3&4&1&3\end{vmatrix}$.

解 对 D 的第 1,3 行用 Laplace 定理，在第 1,3 行中不为零的二阶子式分别是

$$N_1=\begin{vmatrix}1&2\\1&3\end{vmatrix}=1,\quad N_2=\begin{vmatrix}1&1\\1&0\end{vmatrix}=-1,\quad N_3=\begin{vmatrix}2&1\\3&0\end{vmatrix}=-3$$

它们各自对应的代数余子式是

$$A_1=-\begin{vmatrix}2&3&0\\2&1&0\\4&1&3\end{vmatrix}=12,\quad A_2=\begin{vmatrix}1&2&3\\2&2&1\\3&4&1\end{vmatrix}=6,\quad A_3=0$$

所以 $D=12-6=6$

定理 7(行列式乘法法则)

$$D=\begin{vmatrix}D_1&O\\C&D_2\end{vmatrix}=\begin{vmatrix}a_{11}&\cdots&a_{1m}&0&\cdots&0\\ \vdots&&\vdots&\vdots&&\vdots\\ a_{m1}&\cdots&a_{mm}&c_{m1}&\cdots&c_{mn}\\ c_{11}&\cdots&c_{1m}&b_{11}&\cdots&b_{1m}\\ \vdots&&\vdots&\vdots&&\vdots\\ 0&\cdots&0&b_{n1}&\cdots&b_{nn}\end{vmatrix}=\begin{vmatrix}a_{11}&\cdots&a_{1m}\\ \vdots&&\vdots\\ a_{m1}&\cdots&a_{mn}\end{vmatrix}\cdot\begin{vmatrix}b_{11}&\cdots&b_{1n}\\ \vdots&&\vdots\\ b_{n1}&\cdots&b_{nn}\end{vmatrix}$$

事实上

$$D=\begin{vmatrix}a_{11}&\cdots&a_{1m}\\ \vdots&&\vdots\\ a_{m1}&\cdots&a_{mn}\end{vmatrix}(-1)^{(1+2+\cdots+m)+(1+2+\cdots+m)}\begin{vmatrix}b_{11}&\cdots&b_{1n}\\ \cdots&\cdots&\cdots\\ b_{n1}&\cdots&b_{nn}\end{vmatrix}$$

$$= \begin{vmatrix} a_{11} & \cdots & a_{1m} \\ \vdots & & \vdots \\ a_{m1} & \cdots & a_{mn} \end{vmatrix} \cdot \begin{vmatrix} b_{11} & \cdots & b_{1n} \\ \vdots & & \vdots \\ b_{n1} & \cdots & b_{nn} \end{vmatrix}$$

推论 4.1 若 $D = \begin{vmatrix} D_1 & O \\ O & D_2 \end{vmatrix}$,则 $D = D_1 D_2$.

例 12 计算行列式 $D = \begin{vmatrix} 1 & 3 & 0 & 0 & 0 & 0 \\ 2 & 4 & 0 & 0 & 0 & 0 \\ a & t & 1 & 2 & 1 & 3 \\ s & g & 1 & 2 & 2 & 1 \\ d & h & 1 & 5 & 3 & 5 \\ f & j & 3 & 5 & 6 & 7 \end{vmatrix}$.

解 $D = \begin{vmatrix} 1 & 3 & 0 & 0 & 0 & 0 \\ 2 & 4 & 0 & 0 & 0 & 0 \\ a & t & 1 & 2 & 1 & 3 \\ s & g & 1 & 2 & 2 & 1 \\ d & h & 1 & 5 & 3 & 5 \\ f & j & 3 & 5 & 6 & 7 \end{vmatrix} = \begin{vmatrix} 1 & 3 \\ 2 & 4 \end{vmatrix} \begin{vmatrix} 1 & 2 & 1 & 3 \\ 1 & 2 & 2 & 1 \\ 1 & 5 & 3 & 5 \\ 3 & 5 & 6 & 7 \end{vmatrix} = 36$

第五节　克拉默法则

一、克拉默法则

对于含有 n 个未知量 n 个方程的线性方程组

$$\begin{cases} a_{11}x_1 + a_{12}x_2 + \cdots + a_{1n}x_n = b_1 \\ a_{21}x_1 + a_{22}x_2 + \cdots + a_{2n}x_n = b_2 \\ \cdots\cdots \\ a_{n1}x_1 + a_{n2}x_2 + \cdots + a_{nn}x_n = b_n \end{cases} \tag{32}$$

当系数行列式 $D \neq 0$ 时,方程组(30)有唯一解,而且这个唯一解可以用行列式表示出来.这就是克拉默法则.

定理 8(克拉默法则)　若方程组(30)的系数行列式 $D \neq 0$,则方程组有唯一解

$$x_1 = \frac{D_1}{D},\ x_2 = \frac{D_2}{D},\ \cdots,\ x_n = \frac{D_n}{D} \tag{33}$$

其中 $D_j\ (j = 1,2,\cdots,n)$ 是将行列式 D 的第 j 列用方程组(32)的常数项 $b_1, b_2, \cdots, b_n$ 取代后所得到的 n 阶行列式,即

$$D_j = \begin{vmatrix} a_{11} & \cdots & a_{1,j-1} & b_1 & a_{1,j+1} & \cdots & a_{1n} \\ a_{21} & \cdots & a_{2,j-1} & b_2 & a_{2,j+1} & \cdots & a_{2n} \\ \vdots & & \vdots & \vdots & \vdots & & \vdots \\ a_{n1} & \cdots & a_{n,j-1} & b_n & a_{n,j+1} & \cdots & a_{nn} \end{vmatrix}$$

$$= b_1 A_{1j} + b_2 A_{2j} + \cdots + b_n A_{nj} = \sum_{s=1}^{n} b_s A_{sj}$$

证 (i) 先验证(33) 为方程组(32) 的解. 方程组(32) 可写成

$$\sum_{j=1}^{n} a_{ij}x_j = b_i \quad (i = 1,2,\cdots,n)$$

把 $x_j = \dfrac{D_j}{D}$ 代入(33) 的第 i 个方程

$$\begin{aligned}
\text{左端} &= \sum_{j=1}^{n} a_{ij}\frac{D_j}{D} = \frac{1}{D}\sum_{j=1}^{n} a_{ij}D_j = \frac{1}{D}\sum_{j=1}^{n} a_{ij}\sum_{s=1}^{n} b_sA_{sj} \\
&= \frac{1}{D}\sum_{j=1}^{n}\sum_{s=1}^{n} a_{ij}b_sA_{sj} = \frac{1}{D}\sum_{s=1}^{n} b_s\sum_{i=1}^{n} a_{ij}A_{sj}
\end{aligned}$$

又由式(28)：$\sum\limits_{i=1}^{n} a_{ij}A_{sj} = \begin{cases} D, & i = s, \\ 0, & i \neq s \end{cases}$ 可知

$$\text{左端} = \frac{1}{D}\sum_{s=1}^{n} b_s\sum_{i=1}^{n} a_{ij}A_{sj} = \frac{1}{D}\cdot Db_i = b_i = \text{右端}$$

所以(33) 为方程组(32) 的解.

(ii) 再验证解唯一. 设 $x_j = c_j$ 为(32) 的一个解，于是有

$$\sum_{j=1}^{n} a_{ij}c_j = b_i \quad (i = 1,2,\cdots,n) \tag{34}$$

用系数行列式 D 中第 j 列元素的代数余子式 $A_{1j}, A_{2j}, \cdots, A_{nj}$ 依次乘以式(34) 中 n 个等式再把它们相加，得

$$\Big(\sum_{s=1}^{n} a_{s1}A_{sj}\Big)c_1 + \cdots + \Big(\sum_{s=1}^{n} a_{sj}A_{sj}\Big)c_j + \cdots + \Big(\sum_{s=1}^{n} a_{sn}A_{sj}\Big)c_n = \sum_{s=1}^{n} b_sA_{sj}$$

即 $Dc_j = D_j$. 所以(33) 为(32) 的唯一解.

例 13 解线性方程组 $\begin{cases} x_1 - x_2 \quad\quad + 2x_4 = -5, \\ 3x_1 + 2x_2 - x_3 - 2x_4 = 6, \\ 4x_1 + 3x_2 - x_3 - x_4 = 0, \\ 2x_1 \quad\quad - x_3 \quad\quad = 0. \end{cases}$

解 方程组的系数行列式

$$D = \begin{vmatrix} 1 & -1 & 0 & 2 \\ 3 & 2 & -1 & -2 \\ 4 & 3 & -1 & -1 \\ 2 & 0 & -1 & 0 \end{vmatrix} = 5 \neq 0$$

故方程组有唯一解. 而

$$D_1 = \begin{vmatrix} -5 & -1 & 0 & 2 \\ 6 & 2 & -1 & -2 \\ 0 & 3 & -1 & -1 \\ 0 & 0 & -1 & 0 \end{vmatrix} = 10, \quad D_2 = \begin{vmatrix} 1 & -5 & 0 & 2 \\ 3 & 6 & -1 & -2 \\ 4 & 0 & -1 & -1 \\ 2 & 0 & -1 & 0 \end{vmatrix} = -15$$

$$D_3 = \begin{vmatrix} 1 & -1 & -5 & 2 \\ 3 & 2 & 6 & -2 \\ 4 & 3 & 0 & -1 \\ 2 & 0 & 0 & 0 \end{vmatrix} = 20, \quad D_4 = \begin{vmatrix} 1 & -1 & 0 & -5 \\ 3 & 2 & -1 & 6 \\ 4 & 3 & -1 & 0 \\ 2 & 0 & -1 & 0 \end{vmatrix} = -25$$

所以方程组的解为

$$x_1=\frac{D_1}{D}=2,\quad x_2=\frac{D_2}{D}=-3,\quad x_3=\frac{D_3}{D}=4,\quad x_4=\frac{D_4}{D}=-5$$

克拉默法则只能在 $D\neq 0$ 时应用. $D=0$ 的情况将在后面讨论.

二、齐次线性方程组

如果式(32)中所有的常数项 b_i 都为零,即形如

$$\begin{cases}a_{11}x_1+a_{12}x_2+\cdots+a_{1n}x_n=0\\ a_{21}x_1+a_{22}x_2+\cdots+a_{2n}x_n=0\\ \cdots\cdots\\ a_{n1}x_1+a_{n2}x_2+\cdots+a_{nn}x_n=0\end{cases}\tag{35}$$

则称之为**齐次线性方程组**.

关于齐次方程组,要注意到:

(i) 齐次线性方程组总有解;

(ii) $x_1=x_2=\cdots=x_n=0$ 必为方程组(35)的一个解,称之为**零解**;

(iii) 除零解外的解(若还有的话)称为**非零解**.

由克拉默法则,容易得到:

定理 9 若齐次线性方程组(35)的系数行列式 $D\neq 0$,则方程组(35)只有零解.

推论 若齐次线性方程组(35)有非零解,则必有系数行列式 $D=0$.

例 14 问 λ 取何值时,齐次线性方程组

$$\begin{cases}(5-\lambda)x_1+2x_2+2x_3=0\\ 2x_1+(6-\lambda)x_2=0\\ 2x_1+(4-\lambda)x_3=0\end{cases}$$

有非零解?

解 方程组的系数行列式

$$D=\begin{vmatrix}5-\lambda & 2 & 2\\ 2 & 6-\lambda & 0\\ 2 & 0 & 4-\lambda\end{vmatrix}=(5-\lambda)(2-\lambda)(8-\lambda)$$

当 $\lambda=2$ 或 $\lambda=5$ 或 $\lambda=8$ 时, $D=0$,方程组有非零解.

应该注意:

(1) 撇开求解公式 $x_j=\dfrac{D_j}{D}$,克拉默法则可叙述如下:

对于

$$\begin{cases}a_{11}x_1+a_{12}x_2+\cdots+a_{1n}x_n=b_1\\ a_{21}x_1+a_{22}x_2+\cdots+a_{2n}x_n=b_2\\ \cdots\cdots\\ a_{n1}x_1+a_{n2}x_2+\cdots+a_{nn}x_n=b_n\end{cases}\tag{$*$}$$

如果线性方程组($*$)的系数行列式 $D\neq 0$ 则($*$)一定有解,且解是唯一的.

如果线性方程组($*$)无解或有两个不同的解,则它的系数行列式必为零.

如果齐次线性方程组的系数行列式 $D \neq 0$,则齐次线性方程组没有非零解.

如果齐次线性方程组有非零解,则它的系数行列式必为 0.

(2) 只有当方程组中未知量的个数与方程个数相等并且其系数行列式 $D \neq 0$ 时,才能用克拉默法则求解方程组.另外,在解未知量较多的线性方程组时,此方法的计算量是很大的,后面我们会学习更简便有效的解法.但是,克拉默法则在理论上具有相当重要的作用.

阅读与思考 行列式及其应用

行列式分别由德国数学家莱布尼茨和日本数学家关孝和提出.1693 年 4 月,莱布尼茨在写给洛比达的一封信中使用并给出了行列式,并给出方程组的系数行列式为零的条件.同时代的日本数学家关孝和在其著作《解伏题元法》中也提出了行列式的概念与算法.

在行列式的发展史上,第一个对行列式理论做出连贯的逻辑的阐述,即把行列式理论与线性方程组求解相分离的人,是法国数学家范德蒙德 (1735—1796).范德蒙德自幼在父亲的指导下学习音乐,但对数学有浓厚的兴趣,后来终于成为法兰西科学院院士.特别地,他给出了用二阶子式和它们的余子式来展开行列式的法则.就对行列式本身这一点来说,他是这门理论的奠基人.1772 年,拉普拉斯在一篇论文中证明了范德蒙德提出的一些规则,推广了展开行列式的方法.

继范德蒙德之后,在行列式的理论方面,又一位做出突出贡献的就是另一位法国大数学家柯西.1815 年,柯西在一篇论文中给出了行列式的第一个系统的、几乎是近代的处理.其中主要结果之一是行列式的乘法定理.另外,柯西第一个把行列式的元素排成方阵,采用双足标记法;引进了行列式特征方程的术语;给出了相似行列式概念;改进了拉普拉斯的行列式展开定理并给出了一个证明.之后,在行列式理论方面最多产的是德国数学家雅可比 (J. Jacobi,1804—1851).

在行列式应用方面作出重要贡献的是瑞士数学家克拉默,1750 年,克拉默 (1704—1752) 在其著作《线性代数分析导引》中,对行列式的定义和展开法则给出了比较完整、明确的阐述,并给出了现在我们所称的解线性方程组的克拉默法则.

克拉默,1704 年 7 月 31 日生于日内瓦.1752 年 1 月 4 日卒於法国塞兹河畔巴尼奥勒.早年在日内瓦读书,1724 年起在日内瓦加尔文学院任教,1734 年成为几何学教授,1750 年任哲学教授.他自 1727 年进行为期两年的旅行访学.在巴塞尔与约翰.伯努利、欧拉等人学习交流,结为挚友.后又到英国、荷兰、法国等地拜见许多数学名家,回国后在与他们的长期通信中,加强了数学家之间的联系,为数学宝库也留下大量有价值的文献.他一生未婚,专心治学,平易近人且德高望重,先后当选为伦敦皇家学会、柏林研究院和法国、意大利等学会的成员.

克拉默主要著作是《代数曲线的分析引论》(1750),首先定义了正则、非正则、超越曲线和无理曲线等概念,第一 次正式引入坐标系的纵轴(Y 轴),然后讨论曲线变换,并依据曲线方程的阶数将曲线进行分类.为了确定经过 5 个点的一般二次曲线的系数,应用了著名的克拉默法则,即由线性方程组的系数确定方程组解的表达式.该法则于 1729 年由英国数学家麦克劳林得到,1748 年发表,但克拉默的优越符号使之流传.

习 题 一

1. 计算下列行列式.

(1) $\begin{vmatrix} 3 & 6 & 1 \\ 1 & 0 & 5 \\ 3 & 1 & 7 \end{vmatrix}$　　(2) $\begin{vmatrix} 2 & 0 & 1 \\ 1 & -4 & -1 \\ -1 & 8 & 3 \end{vmatrix}$

(3) $\begin{vmatrix} 1+a & b & c \\ a & 1+b & c \\ a & b & 1+c \end{vmatrix}$　　(4) $\begin{vmatrix} 1 & 2 & 0 & 1 \\ 1 & 3 & 5 & 0 \\ 0 & 1 & 5 & 6 \\ 1 & 2 & 3 & 4 \end{vmatrix}$

(5) $\begin{vmatrix} a & 1 & 0 & 0 \\ -1 & b & 1 & 0 \\ 0 & -1 & c & 1 \\ 0 & 0 & -1 & d \end{vmatrix}$　　(6) $\begin{vmatrix} 1 & 1 & 1 & 1 \\ 1 & 2 & 3 & 4 \\ 1 & 3 & 6 & 10 \\ 1 & 4 & 10 & 20 \end{vmatrix}$

(7) $\begin{vmatrix} 1 & 4 & 9 & 16 \\ 4 & 9 & 16 & 25 \\ 9 & 16 & 25 & 36 \\ 16 & 25 & 36 & 49 \end{vmatrix}$　　(8) $\begin{vmatrix} 1 & 1 & 1 \\ a & b & c \\ a^2 & b^2 & c^2 \end{vmatrix}$

2. 计算行列式.

(1) $\begin{vmatrix} a & b & a+b \\ b & a+b & a \\ a+b & a & b \end{vmatrix}$　　(2) $\begin{vmatrix} a & b & c & d \\ b & a & d & c \\ c & d & a & b \\ d & c & b & a \end{vmatrix}$

3. 当 λ,μ 取何值时,行列式 $\begin{vmatrix} \lambda & 1 & 1 \\ 1 & \mu & 1 \\ 1 & 2\mu & 1 \end{vmatrix}=0$.

4. 计算 n 阶行列式.

(1) $\begin{vmatrix} 1 & 1 & 1 & \cdots & 1 \\ 1 & 2 & 2 & \cdots & 2 \\ 1 & 2 & 3 & \cdots & 3 \\ \vdots & \vdots & \vdots & & \vdots \\ 1 & 2 & 3 & \cdots & n \end{vmatrix}$　　(2) $\begin{vmatrix} 1 & 2 & 3 & \cdots & n-1 & n \\ 2 & 1 & 3 & \cdots & n-1 & n \\ 2 & 3 & 1 & \cdots & n-1 & n \\ \vdots & \vdots & \vdots & & \vdots & \vdots \\ 2 & 3 & 4 & \cdots & 1 & n \\ 2 & 3 & 4 & \cdots & n & 1 \end{vmatrix}$

(3) $\begin{vmatrix} 2 & 1 & 1 & \cdots & 1 \\ -1 & 2 & 1 & \cdots & 1 \\ -1 & -1 & 2 & \cdots & 1 \\ \vdots & \vdots & \vdots & & 1 \\ -1 & -1 & -1 & \cdots & 2 \end{vmatrix}$　　(4) $\begin{vmatrix} x-a & a & a & \cdots & a \\ a & x-a & a & \cdots & a \\ a & a & x-a & \cdots & a \\ \vdots & \vdots & \vdots & & \vdots \\ a & a & a & \cdots & x-a \end{vmatrix}$

4. 证明:

(1) $\begin{vmatrix} a^2 & ab & b^2 \\ 2a & a+b & 2b \\ 1 & 1 & 1 \end{vmatrix} = (a-b)^3$

(2) $\begin{vmatrix} b+c & c+a & a+b \\ b_1+c_1 & c_1+a_1 & a_1+b_1 \\ b_2+c_2 & c_2+a_2 & a_2+b_2 \end{vmatrix} = 2\begin{vmatrix} a & b & c \\ a_1 & b_1 & c_1 \\ a_2 & b_2 & c_2 \end{vmatrix}$

(3) $\begin{vmatrix} a_1+ka_2+la_3 & a_2+ma_3 & a_3 \\ b_1+kb_2+lb_3 & b_2+mb_3 & b_3 \\ c_1+kc_2+lc_3 & c_2+mc_3 & c_3 \end{vmatrix} = \begin{vmatrix} a_1 & a_2 & a_3 \\ b_1 & b_2 & b_3 \\ c_1 & c_2 & c_3 \end{vmatrix}$

(4) $\begin{vmatrix} 1 & 1 & 1 & 1 \\ a & b & c & d \\ a^2 & b^2 & c^2 & d^2 \\ a^4 & b^4 & c^4 & d^4 \end{vmatrix} = (a-b)(a-c)(a-d)(b-c)(b-d)(c-d)(a+b+c+d)$

5. 计算行列式 $\begin{vmatrix} x & y & 0 & \cdots & 0 & 0 \\ 0 & x & y & \cdots & 0 & 0 \\ \vdots & \vdots & \vdots & & \vdots & \vdots \\ 0 & 0 & 0 & \cdots & x & y \\ y & 0 & 0 & \cdots & 0 & x \end{vmatrix}$.

6. 计算四阶行列式.

(1) $\begin{vmatrix} a^2 & (a+1)^2 & (a+2)^2 & (a+3)^2 \\ b^2 & (b+1)^2 & (b+2)^2 & (b+3)^2 \\ c^2 & (c+1)^2 & (c+2)^2 & (c+3)^2 \\ d^2 & (d+1)^2 & (d+2)^2 & (d+3)^2 \end{vmatrix}$　　(2) $\begin{vmatrix} a_1 & 0 & 0 & b_1 \\ 0 & a_2 & b_2 & 0 \\ 0 & b_3 & a_3 & 0 \\ b_4 & 0 & 0 & a_4 \end{vmatrix}$

7. 如果行列式 $\begin{vmatrix} a_{11} & a_{12} & \cdots & a_{1n} \\ a_{21} & a_{22} & \cdots & a_{2n} \\ \vdots & \vdots & & \vdots \\ a_{n1} & a_{n2} & \cdots & a_{nn} \end{vmatrix} = \Delta$,试用 Δ 表示行列式

$$\begin{vmatrix} a_{21} & a_{22} & \cdots & a_{2n} \\ a_{31} & a_{32} & \cdots & a_{3n} \\ \vdots & \vdots & & \vdots \\ a_{n1} & a_{n2} & \cdots & a_{nn} \\ a_{11} & a_{12} & \cdots & a_{1n} \end{vmatrix}$$

的值.

8. 证明:$\begin{vmatrix} 0 & \cdots & 0 & a_1 \\ 0 & \cdots & a_2 & 0 \\ \vdots & & \vdots & \vdots \\ a_n & \cdots & 0 & 0 \end{vmatrix} = (-1)^{\frac{n(n-1)}{2}} a_1 a_2 \cdots a_n$.

9. 利用克拉默法则解线性方程组.

(1) $\begin{cases} 2x_1 + x_2 - 5x_3 + x_4 = 8 \\ x_1 - 3x_2 - 6x_4 = 9 \\ 2x_2 - x_3 + 2x_4 = -5 \\ x_1 + 4x_2 - 7x_3 + 6x_4 = 0 \end{cases}$　　(2) $\begin{cases} x_1 + 2x_2 + 3x_3 = 1 \\ 2x_1 + 2x_2 + x_3 = 1 \\ 3x_1 + 4x_2 + 3x_3 = 1 \end{cases}$

10. 问 λ 取何值时,齐次线性方程组 $\begin{cases} \lambda x_1 + x_2 = 0, \\ x_1 + \lambda x_2 = 0 \end{cases}$ 有非零解.

补　充　题

1. 计算 $n+1$ 阶行列式 $D_{n+1} = \begin{vmatrix} a_0 & 1 & 1 & \cdots & 1 \\ 1 & a_1 & 0 & \cdots & 0 \\ 1 & 0 & a_2 & \cdots & 0 \\ \vdots & \vdots & \vdots & & \vdots \\ 1 & 0 & 0 & \cdots & a_n \end{vmatrix}$,其中 $a_i \neq 0\ (i = 1,2,\cdots,n)$.

2. 计算行列式

$$\begin{vmatrix} x & a_1 & a_2 & \cdots & a_{n-1} & 1 \\ a_1 & x & a_2 & \cdots & a_{n-1} & 1 \\ \vdots & \vdots & \vdots & & \vdots & \vdots \\ a_1 & a_2 & a_3 & \cdots & x & 1 \\ a_1 & a_2 & a_3 & \cdots & a_n & 1 \end{vmatrix}$$

3. 计算行列式

$$\begin{vmatrix} 1 & \cdots & 1 & 1 & 1 \\ a_1 & \cdots & a_1 & a_1 - b_1 & a_1 \\ a_2 & \cdots & a_2 - b_2 & a_2 & a_2 \\ \vdots & & \vdots & \vdots & \vdots \\ a_n - b_n & \cdots & a_n & a_n & a_n \end{vmatrix}$$

4. 计算行列式 $\begin{vmatrix} a_0 & a_1 & a_2 & \cdots & a_n \\ a_0 & x & a_2 & \cdots & a_n \\ \vdots & \vdots & \vdots & & \vdots \\ a_0 & a_1 & a_2 & \cdots & x \end{vmatrix}$.

5. 计算行列式 $\begin{vmatrix} x-a & a & a & \cdots & a \\ a & x-a & a & \cdots & a \\ a & a & x-a & \cdots & a \\ \vdots & \vdots & \vdots & & a \\ a & a & a & \cdots & x-a \end{vmatrix}$.

6. 计算行列式 $\begin{vmatrix} 1 & 2 & 3 & \cdots & n-1 & n \\ 1 & -1 & 0 & \cdots & 0 & 0 \\ 0 & 2 & -2 & \cdots & 0 & 0 \\ \vdots & \vdots & \vdots & & \vdots & \vdots \\ 0 & 0 & 0 & \cdots & n-1 & 1-n \end{vmatrix}$.

7. 证明：
$$\begin{vmatrix} a_0 & 1 & 1 & \cdots & 1 \\ 1 & a_1 & 0 & \cdots & 0 \\ 1 & 0 & a_2 & \cdots & 0 \\ \vdots & \vdots & \vdots & & \vdots \\ 1 & 0 & 0 & \cdots & a_n \end{vmatrix} = a_1a_2\cdots a_n\left(a_0 - \sum_{i=1}^{n}\frac{1}{a_i}\right).$$

8. 证明：
$$\begin{vmatrix} a_0 & -1 & 0 & \cdots & 0 & 0 \\ a_1 & x & -1 & \cdots & 0 & 0 \\ \vdots & \vdots & \vdots & & \vdots & \vdots \\ a_{n-2} & 0 & 0 & \cdots & x & -1 \\ a_{n-1} & 0 & 0 & \cdots & 0 & x \end{vmatrix} = a_0x^{n-1} + a_1x^{n-2} + \cdots + a_{n-1}$$

第二章　矩阵及其应用

矩阵是线性代数最重要的概念之一，它在理论和实践中有着广泛的应用. 矩阵可以看成是由若干个向量组成，因而向量及向量组的有关理论就成为线性代数这门课程的重要理论基础. 本章讨论向量和矩阵的基本理论.

第一节　n 维向量的基本概念和线性运算

一、n 维向量的概念

在平面解析几何里，我们通常用一对有序数组 (x,y) 表示平面上的点，而在空间解析几何里用三元数组 (x,y,z) 表示空间中的点，这样的有序数组也表示从坐标原点到该点的向量.

在许多实际问题中，只用二、三维几何向量是远远不够的. 例如，在气象观测中，我们不仅要了解在某个时刻云团所处的位置，还希望知道温度、压强等物理参数. 因此，有必要将这一概念进行推广，引入 n 元数组构成的 n 维向量的概念. $n>3$ 时，n 维向量没有直观的几何形象.

所以，线性代数研究的向量并不局限在解析几何中的平面上或空间中，而是抛弃了向量的几何意义，从纯代数的角度来研究它，因而具有更广泛的意义.

定义 1　由 n 个数 $a_1,a_2,\cdots,a_n$ 组成的 n 元有序数组

$$(a_1,a_2,\cdots,a_n)$$

称为一个 n 维向量，记为 $\boldsymbol{\alpha}$，其中 a_i 称为 $\boldsymbol{\alpha}$ 的第 i 个分量.

n 维向量写成行矩阵的形式，称为**行向量**，记为

$$\boldsymbol{\alpha}=(a_1,a_2,\cdots,a_n)$$

写成列矩阵的形式，称为**列向量**，记为

$$\boldsymbol{\alpha}=\begin{pmatrix}a_1\\a_2\\\vdots\\a_n\end{pmatrix}\quad 或\quad \boldsymbol{\alpha}=(a_1,a_2,\cdots,a_n)^{\mathrm{T}}$$

所有分量为零的向量 $\boldsymbol{O}=(0,0,\cdots,0)$ 称为零向量，用大写字母 O 表示.

分量全为实数的向量称为实向量，分量含有虚数的向量称为复向量.

例如，$(1,2,3,\cdots,n)$ 为 n 维实向量，$(1+2i,2+3i,\cdots,n+(n+1)i)$ 为 n 维复向量(本书只讨论实向量).

上述向量的定义是解析几何中向量概念的推广. 当向量的维数 $n>3$ 时，向量是没有几何图像的.

引进向量的一般概念给我们描述问题带来了方便. 例如，n 元一次方程(在线性代数里，称之为线性方程，因为当 $n=2$ 时，它在几何上表示一条直线)

$$a_1x_1+a_2x_2+\cdots+a_nx_n=b$$

就可以用 $n+1$ 维向量 $(a_1,a_2,\cdots,a_n,b)$ 来表示. 实际上，有了这个向量之后，除了代表未知量的文字外，方程已经确定了，至于用什么文字来代表未知量，对于我们解决的问题是无关紧要的.

上面，我们把向量写成一行，通常称之为**行向量**. 为了研究问题的方便，有时也把向量写成列的形式

$$\begin{pmatrix} a_1 \\ a_2 \\ \vdots \\ a_n \end{pmatrix}$$

称为 n 维**列向量**. 此向量也称为行向量 $\boldsymbol{\alpha}=(a_1,a_2,\cdots,a_n)$ 的转置向量，通常记为 $\boldsymbol{\alpha}^{\mathrm{T}}$.

同为行向量(或同为列向量) 且维数相同的向量称为**同型向量**.

本书约定用希腊字母 α,β,γ 等(有时也用大写英文字母 A,B,C 等) 表示列向量，而用 $\boldsymbol{\alpha}^{\mathrm{T}},\boldsymbol{\beta}^{\mathrm{T}},\boldsymbol{\gamma}^{\mathrm{T}}$ 等表示相应的行向量，即

$$\boldsymbol{\alpha}=\begin{pmatrix} a_1 \\ a_2 \\ \vdots \\ a_n \end{pmatrix} \quad 或 \quad \boldsymbol{\alpha}=(a_1,a_2,\cdots,a_n)^{\mathrm{T}}$$

例 1　(1) 一批种子发送到 7 个地区的数量分别为 $x_1,x_2,\cdots,x_7$，即为一个七维向量

$$\boldsymbol{\alpha}=(x_1,x_2,\cdots,x_7)$$

(2) 某有机复合肥内含有 9 种作物必需的营养元素：氮、磷、钾、硫、钙、硅、镁、铁、锌等，该有机复合肥的营养元素可表示为一个九维向量 $\boldsymbol{\beta}=(b_1,b_2,\cdots,b_9)$；

(3) 描述运载火箭在空中的飞行状态至少要用到 10 个指标，即飞行位置坐标 x,y,z，飞行分速度 v_x,v_y,v_z，飞行加速度的分量 a_x,a_y,a_z，火箭的质量 m 等，记为一个十维向量

$$\boldsymbol{\gamma}=(x,y,z,v_x,v_y,v_z,a_x,a_y,a_z,m)$$

定义 2　向量 $(-a_1,-a_2,\cdots,-a_n)^{\mathrm{T}}$ 称为 $\boldsymbol{\alpha}=(a_1,a_2,\cdots,a_n)^{\mathrm{T}}$ 的负向量，记为 $-\boldsymbol{\alpha}$.

定义 3　称向量 $\boldsymbol{\alpha}=(a_1,a_2,\cdots,a_n)^{\mathrm{T}}$ 与向量 $\boldsymbol{\beta}=(b_1,b_2,\cdots,b_n)^{\mathrm{T}}$ 相等，如果它们的对应分量都相等. 即 $a_i=b_i\ (i=1,2,\cdots,n)$.

由定义，两个向量只有在维数相同的情况下才可能相等. 由此可见，维数不同的零向量是不同的向量，尽管它们都称为零向量.

由定义，行向量和列向量总被称为两个不同的向量.

二、n 维向量的线性运算

1. n 维向量的加法

定义 4　设有两个 n 维向量 $\boldsymbol{\alpha}=(a_1,a_2,\cdots,a_n)^{\mathrm{T}}$ 和 $\boldsymbol{\beta}=(b_1,b_2,\cdots,b_n)^{\mathrm{T}}$，它们的和

$\boldsymbol{\alpha}+\boldsymbol{\beta}$ 定义为

$$\boldsymbol{\alpha}+\boldsymbol{\beta}=(a_1+b_1,a_2+b_2,\cdots,a_n+b_n)^{\mathrm{T}}$$

利用负向量,可以定义向量的减法

$$\boldsymbol{\alpha}-\boldsymbol{\beta}=\boldsymbol{\alpha}+(-\boldsymbol{\beta})$$

2. 数与 n 维向量的乘法

定义 5 设 $\boldsymbol{\alpha}=(a_1,a_2,\cdots,a_n)^{\mathrm{T}}$ 是一个向量,k 是一个实数,向量 $(ka_1,ka_2,\cdots,ka_n)^{\mathrm{T}}$ 称为数 k 与向量 $\boldsymbol{\alpha}$ 的数量乘积,记为 $k\boldsymbol{\alpha}$.

向量的加法和数乘统称为向量的线性运算. 按定义,容易验证向量的线性运算满足下面的运算律(其中 $\boldsymbol{\alpha},\boldsymbol{\beta},\boldsymbol{\gamma}$ 为向量,k,l 为实数)

(1) $\boldsymbol{\alpha}+\boldsymbol{\beta}=\boldsymbol{\beta}+\boldsymbol{\alpha}$ (加法交换律)

(2) $(\boldsymbol{\alpha}+\boldsymbol{\beta})+\boldsymbol{\gamma}=\boldsymbol{\alpha}+(\boldsymbol{\beta}+\boldsymbol{\gamma})$ (加法结合律)

(3) $\boldsymbol{\alpha}+\mathbf{0}=\mathbf{0}+\boldsymbol{\alpha}=\boldsymbol{\alpha}$

(4) $\boldsymbol{\alpha}+(-\boldsymbol{\alpha})=\mathbf{0}$

(5) $1\cdot\boldsymbol{\alpha}=\boldsymbol{\alpha}$

(6) $(kl)\boldsymbol{\alpha}=k(l\boldsymbol{\alpha})=l(k\boldsymbol{\alpha})$

(7) $(k+l)\boldsymbol{\alpha}=k\boldsymbol{\alpha}+l\boldsymbol{\alpha}$

(8) $k(\boldsymbol{\alpha}+\boldsymbol{\beta})=k\boldsymbol{\alpha}+k\boldsymbol{\beta}$

例 2 设向量 $\boldsymbol{\alpha}=(1,1,0),\boldsymbol{\beta}=(-2,0,1)$ 及 $\boldsymbol{\gamma}$ 满足等式 $2\boldsymbol{\alpha}+\boldsymbol{\beta}+3\boldsymbol{\gamma}=\mathbf{0}$,求 $\boldsymbol{\gamma}$.

解 $3\boldsymbol{\gamma}=-2\boldsymbol{\alpha}-\boldsymbol{\beta}$

$$\boldsymbol{\gamma}=-\frac{2}{3}\boldsymbol{\alpha}-\frac{1}{3}\boldsymbol{\beta}=\left(-\frac{2}{3},-\frac{2}{3},0\right)+\left(\frac{2}{3},0,-\frac{1}{3}\right)$$

$$=\left(0,-\frac{2}{3},-\frac{1}{3}\right)$$

3. n 维向量的内积

定义 6 设有两个 n 维向量 $\boldsymbol{\alpha}=(a_1,a_2,\cdots,a_n)^{\mathrm{T}}$ 和 $\boldsymbol{\beta}=(b_1,b_2,\cdots,b_n)^{\mathrm{T}}$,它们的内积定义为 $a_1b_1+a_2b_2+\cdots+a_nb_n$,记为 $(\boldsymbol{\alpha},\boldsymbol{\beta})$(或 $\boldsymbol{\alpha}^{\mathrm{T}}\boldsymbol{\beta}$),即

$$(\boldsymbol{\alpha},\boldsymbol{\beta})=\boldsymbol{\alpha}^{\mathrm{T}}\boldsymbol{\beta}=(a_1,a_2,\cdots,a_n)\begin{pmatrix}b_1\\b_2\\\vdots\\b_n\end{pmatrix}$$

$$=a_1b_1+a_2b_2+\cdots+a_nb_n$$

向量的内积是向量乘法的一种,其结果是一个实数,因此也称为向量的**数量积**. 向量的内积具有下面的性质(其中 $\boldsymbol{\alpha},\boldsymbol{\beta},\boldsymbol{\gamma}$ 为 n 维列向量,k 为常数):

(i) $(\boldsymbol{\alpha},\boldsymbol{\beta})=(\boldsymbol{\beta},\boldsymbol{\alpha})$

(ii) $(k\boldsymbol{\alpha},\boldsymbol{\beta})=k(\boldsymbol{\alpha},\boldsymbol{\beta})$

(iii) $(\boldsymbol{\alpha}+\boldsymbol{\beta},\boldsymbol{\gamma})=(\boldsymbol{\alpha},\boldsymbol{\gamma})+(\boldsymbol{\beta},\boldsymbol{\gamma})$

(iv) $(\boldsymbol{\alpha},\boldsymbol{\alpha}) \geqslant 0$,当且仅当 $\boldsymbol{\alpha}=\boldsymbol{O}$ 时 $(\boldsymbol{\alpha},\boldsymbol{\alpha})=0$.

由对称性又有：

(1) $(\boldsymbol{\alpha},k\boldsymbol{\beta})=k(\boldsymbol{\alpha},\boldsymbol{\beta})$, $(k\boldsymbol{\alpha},k\boldsymbol{\beta})=k^2(\boldsymbol{\alpha},\boldsymbol{\beta})$

(2) $(\boldsymbol{\alpha},\boldsymbol{\beta}+\boldsymbol{\gamma})=(\boldsymbol{\alpha},\boldsymbol{\beta})+(\boldsymbol{\alpha},\boldsymbol{\gamma})$

(3) 推广　$\left(\boldsymbol{\alpha},\sum_{i=1}^{s}\boldsymbol{\beta}_i\right)=\sum_{i=1}^{s}(\boldsymbol{\alpha},\boldsymbol{\beta}_i)$

(4) $(\boldsymbol{0},\boldsymbol{\beta})=0$

有了内积的概念,可以将解析几何中二维向量和三维向量的长度和夹角的概念推广到 n 维向量.

定义 7　数 $\sqrt{(\boldsymbol{\alpha},\boldsymbol{\alpha})}$ 称为向量 $\boldsymbol{\alpha}$ 的**模**(或**长度**),记为 $\|\boldsymbol{\alpha}\|$. 即

$$\|\boldsymbol{\alpha}\|=\sqrt{a_1^2+a_2^2+\cdots+a_n^2}=\sqrt{(\boldsymbol{\alpha},\boldsymbol{\alpha})}$$

特别地,模为 1 的向量称为单位向量.

对任意的非零向量 $\boldsymbol{\alpha}$, $\dfrac{1}{\|\boldsymbol{\alpha}\|}\boldsymbol{\alpha}$ 为单位向量,因为

$$\left\|\frac{1}{\|\boldsymbol{\alpha}\|}\boldsymbol{\alpha}\right\|=\frac{1}{\|\boldsymbol{\alpha}\|}\|\boldsymbol{\alpha}\|=1$$

把由非零向量 $\boldsymbol{\alpha}$ 化为单位向量的这一过程,称为对向量 $\boldsymbol{\alpha}$ 的单位化.

向量的模具有下述性质：

(i) 非负性：当 $\boldsymbol{\alpha}\neq\boldsymbol{O}$ 时, $\|\boldsymbol{\alpha}\|>0$;当 $\boldsymbol{\alpha}=\boldsymbol{O}$ 时, $\|\boldsymbol{\alpha}\|=0$;

(ii) 齐次性：$\|k\boldsymbol{\alpha}\|=|k|\,\|\boldsymbol{\alpha}\|$;

(iii) 施瓦茨(Schwarz)不等式：$|\boldsymbol{\alpha}^{\mathrm{T}}\boldsymbol{\beta}|\leqslant\|\boldsymbol{\alpha}\|\,\|\boldsymbol{\beta}\|$;

(iv) 三角不等式：$\|\boldsymbol{\alpha}+\boldsymbol{\beta}\|\leqslant\|\boldsymbol{\alpha}\|+\|\boldsymbol{\beta}\|$.

性质(i)、(ii)可由读者按定义直接验证,下面证明性质(iii)和(iv).

证　(iii) 当 $\boldsymbol{\beta}=\boldsymbol{O}$ 时,结论显然成立,以下设 $\boldsymbol{\beta}\neq\boldsymbol{O}$. 令 t 是一个实变数,作向量

$$\boldsymbol{\gamma}=\boldsymbol{\alpha}+t\boldsymbol{\beta}$$

由内积的性质(iv)可知,不论 t 取何值,一定有

$$\boldsymbol{\gamma}^{\mathrm{T}}\boldsymbol{\gamma}=(\boldsymbol{\alpha}+t\boldsymbol{\beta})^{\mathrm{T}}(\boldsymbol{\alpha}+t\boldsymbol{\beta})\geqslant 0$$

即

$$\boldsymbol{\alpha}^{\mathrm{T}}\boldsymbol{\alpha}+2\boldsymbol{\alpha}^{\mathrm{T}}\boldsymbol{\beta}t+\boldsymbol{\beta}^{\mathrm{T}}\boldsymbol{\beta}t^2\geqslant 0$$

由判别式小于零可得：$\boldsymbol{\alpha}^{\mathrm{T}}\boldsymbol{\alpha}-\dfrac{(\boldsymbol{\alpha}^{\mathrm{T}}\boldsymbol{\beta})^2}{\boldsymbol{\beta}^{\mathrm{T}}\boldsymbol{\beta}}\geqslant 0$,即

$$(\boldsymbol{\alpha}^{\mathrm{T}}\boldsymbol{\beta})^2\leqslant(\boldsymbol{\alpha}^{\mathrm{T}}\boldsymbol{\alpha})(\boldsymbol{\beta}^{\mathrm{T}}\boldsymbol{\beta})$$

两边开方得 $|\boldsymbol{\alpha}^{\mathrm{T}}\boldsymbol{\beta}|\leqslant\|\boldsymbol{\alpha}\|\,\|\boldsymbol{\beta}\|$.

(iv) 由施瓦茨不等式：$|\boldsymbol{\alpha}^{\mathrm{T}}\boldsymbol{\beta}|\leqslant\|\boldsymbol{\alpha}\|\,\|\boldsymbol{\beta}\|$,可得

$$\begin{aligned}\|\boldsymbol{\alpha}+\boldsymbol{\beta}\|^2&=(\boldsymbol{\alpha}+\boldsymbol{\beta})^{\mathrm{T}}(\boldsymbol{\alpha}+\boldsymbol{\beta})=\boldsymbol{\alpha}^{\mathrm{T}}\boldsymbol{\alpha}+2\boldsymbol{\alpha}^{\mathrm{T}}\boldsymbol{\beta}+\boldsymbol{\beta}^{\mathrm{T}}\boldsymbol{\beta}\\&\leqslant\|\boldsymbol{\alpha}\|^2+2\|\boldsymbol{\alpha}\|\,\|\boldsymbol{\beta}\|+\|\boldsymbol{\beta}\|^2=(\|\boldsymbol{\alpha}\|+\|\boldsymbol{\beta}\|)^2\end{aligned}$$

两边开方,得

$$\|\boldsymbol{\alpha}+\boldsymbol{\beta}\|\leqslant\|\boldsymbol{\alpha}\|+\|\boldsymbol{\beta}\|$$

可以看出,上述性质与解析几何中向量的性质是一样的.

如果 $\boldsymbol{\alpha},\boldsymbol{\beta}$ 都不是零向量,由上面的性质(iii),有

$$-1 \leqslant \frac{\boldsymbol{\alpha}^{\mathrm{T}}\boldsymbol{\beta}}{\|\boldsymbol{\alpha}\|\|\boldsymbol{\beta}\|} \leqslant 1$$

当 $\boldsymbol{\alpha},\boldsymbol{\beta}$ 是二维向量时,在平面解析几何中,$\frac{\boldsymbol{\alpha}^{\mathrm{T}}\boldsymbol{\beta}}{\|\boldsymbol{\alpha}\|\|\boldsymbol{\beta}\|}$ 表示向量 $\boldsymbol{\alpha}$ 与 $\boldsymbol{\beta}$ 夹角的余弦. 对于一般的 n 维向量 $\boldsymbol{\alpha},\boldsymbol{\beta}$,可同样定义它们的夹角为

$$\theta = \arccos \frac{\boldsymbol{\alpha}^{\mathrm{T}}\boldsymbol{\beta}}{\|\boldsymbol{\alpha}\|\|\boldsymbol{\beta}\|}$$

例 3 设向量 $\boldsymbol{\alpha} = \begin{pmatrix}1\\2\\2\\3\end{pmatrix}, \boldsymbol{\beta} = \begin{pmatrix}3\\1\\5\\1\end{pmatrix}$,求 $\|\boldsymbol{\alpha}\|$ 以及 $\boldsymbol{\alpha}$ 与 $\boldsymbol{\beta}$ 的夹角 θ.

解 因为

$$\begin{aligned}\|\boldsymbol{\alpha}\| &= \sqrt{1^2+2^2+2^2+3^2} = \sqrt{18} = 3\sqrt{2}\\ \|\boldsymbol{\beta}\| &= \sqrt{3^2+1^2+5^2+1^2} = \sqrt{36} = 6\\ (\boldsymbol{\alpha},\boldsymbol{\beta}) &= 1\times 3+2\times 1+2\times 5+3\times 1 = 18\end{aligned}$$

所以

$$\begin{aligned}\theta &= \arccos \frac{(\boldsymbol{\alpha},\boldsymbol{\beta})}{\|\boldsymbol{\alpha}\|\|\boldsymbol{\beta}\|}\\ &= \arccos \frac{18}{3\sqrt{2}\times 6} = \arccos \frac{\sqrt{2}}{2} = \frac{\pi}{4}\end{aligned}$$

现在可以给出向量正交的定义,该定义是平面解析几何中向量垂直的概念的推广.

定义 8 向量 $\boldsymbol{\alpha}$ 与 $\boldsymbol{\beta}$ 称为是正交的,如果 $(\boldsymbol{\alpha},\boldsymbol{\beta}) = 0$.

显然,若 $\boldsymbol{\alpha} = \boldsymbol{O}$,则 $\boldsymbol{\alpha}$ 与任何向量均正交.

若 $\boldsymbol{\alpha}_1,\boldsymbol{\alpha}_2,\cdots,\boldsymbol{\alpha}_s$ 为同型非零向量组,且 $\boldsymbol{\alpha}_1,\boldsymbol{\alpha}_2,\cdots,\boldsymbol{\alpha}_s$ 中的向量两两正交,则称该向量组为**正交向量组**. 若正交向量组中每个向量都是单位向量,称该向量组为**标准正交向量组**(或称为**单位正交向量组**).

显然,$\boldsymbol{\alpha}_1,\boldsymbol{\alpha}_2,\cdots,\boldsymbol{\alpha}_s$ 是标准正交向量组当且仅当

$$(\boldsymbol{\alpha}_i,\boldsymbol{\alpha}_j) = \begin{cases}1, & i = j\\ 0, & i \neq j\end{cases}$$

例 $\boldsymbol{\alpha}_1 = (1,1,1), \boldsymbol{\alpha}_2 = (-1,2,-1), \boldsymbol{\alpha}_3 = (-1,0,1)$

$$(\boldsymbol{\alpha}_1,\boldsymbol{\alpha}_2) = (\boldsymbol{\alpha}_1,\boldsymbol{\alpha}_3) = (\boldsymbol{\alpha}_2,\boldsymbol{\alpha}_3) = 0$$

$\boldsymbol{\alpha}_1,\boldsymbol{\alpha}_2,\boldsymbol{\alpha}_3$ 是正交向量组.

例 4 n 维单位向量组 $\boldsymbol{\varepsilon}_1 = \begin{pmatrix}1\\0\\\vdots\\0\end{pmatrix}, \boldsymbol{\varepsilon}_2 = \begin{pmatrix}0\\1\\\vdots\\0\end{pmatrix}, \cdots, \boldsymbol{\varepsilon}_n = \begin{pmatrix}0\\0\\\vdots\\1\end{pmatrix}$ 是一标准正交向量组.

第二节　矩阵的概念与运算

一、矩阵的概念

例 5　在平面解析几何中，直角坐标系 Oxy 逆时针旋转 θ 角变为新的坐标系 $Ox'y'$. 平面上任一点 P 的新旧坐标变换关系为

$$\begin{cases} x' = \cos\theta x + \sin\theta y \\ y' = -\sin\theta x + \cos\theta y \end{cases}$$

可见，坐标 (x,y) 到 (x',y') 的变换由数表

$$\begin{pmatrix} \cos\theta & \sin\theta \\ -\sin\theta & \cos\theta \end{pmatrix}$$

完全确定.

一般地，若一组变量 $x_1,x_2,\cdots,x_n$ 通过关系式

$$\begin{cases} y_1 = a_{11}x_1 + a_{12}x_2 + \cdots + a_{1n}x_n \\ y_2 = a_{21}x_1 + a_{22}x_2 + \cdots + a_{2n}x_n \\ \cdots\cdots \\ y_m = a_{m1}x_1 + a_{m2}x_2 + \cdots + a_{mn}x_n \end{cases} \tag{1}$$

得到另一组变量 $y_1,y_2,\cdots,y_m$，这样的变换称为从变量 $x_1,x_2,\cdots,x_n$ 到变量 $y_1,y_2,\cdots,y_m$ 的线性变换. 其中 a_{ij} $(i=1,2,\cdots,m;j=1,2,\cdots,n)$ 为常数.

线性变换(1) 的系数排成了一个 m 行 n 列的数表

$$\begin{pmatrix} a_{11} & a_{12} & \cdots & a_{1n} \\ a_{21} & a_{22} & \cdots & a_{2n} \\ \vdots & \vdots & & \vdots \\ a_{m1} & a_{m2} & \cdots & a_{mn} \end{pmatrix}$$

显然，线性变换(1) 由其系数数表完全确定.

由 n 个未知数 m 个方程所组成的 n 元线性方程组

$$\begin{cases} a_{11}x_1 + a_{12}x_2 + \cdots + a_{1n}x_n = b_1 \\ a_{21}x_1 + a_{22}x_2 + \cdots + a_{2n}x_n = b_2 \\ \cdots\cdots \\ a_{m1}x_1 + a_{m2}x_2 + \cdots + a_{mn}x_n = b_m \end{cases} \tag{2}$$

其未知数的系数组成了一个 m 行 n 列数表

$$\begin{pmatrix} a_{11} & a_{12} & \cdots & a_{1n} \\ a_{21} & a_{22} & \cdots & a_{2n} \\ \vdots & \vdots & & \vdots \\ a_{m1} & a_{m2} & \cdots & a_{mn} \end{pmatrix}$$

而方程组的未知数的系数与常数项合在一起，又可组成 m 行 $n+1$ 列的数表

$$\begin{pmatrix} a_{11} & a_{12} & \cdots & a_{1n} & b_1 \\ a_{21} & a_{22} & \cdots & a_{2n} & b_2 \\ \vdots & \vdots & & \vdots & \vdots \\ a_{m1} & a_{m2} & \cdots & a_{mn} & b_m \end{pmatrix}$$

利用这种数表,可以很方便地求解线性方程组.

例 6 某地区 2014 年在农作物种植、农副产品加工、农业机械产品开发销售及种子生产经营等 4 个方面的收入情况如表 2-1 所示.

表 2-1

企业＼产品收入	农作物种植	农副产品加工	农机产品开发	种子生产经营
甲	a_{11}	a_{12}	a_{13}	a_{14}
乙	a_{21}	a_{22}	a_{23}	a_{24}
丙	a_{31}	a_{32}	a_{33}	a_{34}

预计下一年各类产品的产量将比上一年增加 10%.则该地区两年的产品收入可分别用数表表示为

$$\begin{pmatrix} a_{11} & a_{12} & a_{13} & a_{14} \\ a_{21} & a_{22} & a_{23} & a_{24} \\ a_{31} & a_{32} & a_{33} & a_{34} \end{pmatrix}, \quad \begin{pmatrix} 1.1a_{11} & 1.1a_{12} & 1.1a_{13} & 1.1a_{14} \\ 1.1a_{21} & 1.1a_{22} & 1.1a_{23} & 1.1a_{24} \\ 1.1a_{31} & 1.1a_{32} & 1.1a_{33} & 1.1a_{34} \end{pmatrix}$$

定义 9 由 $m \times n$ 个数a_{ij} $(i = 1,2,\cdots,m;j = 1,2,\cdots,n)$ 按照一定的次序排成的 m 行 n 列的矩形数表

$$\begin{pmatrix} a_{11} & a_{12} & \cdots & a_{1n} \\ a_{21} & a_{22} & \cdots & a_{2n} \\ \vdots & \vdots & & \vdots \\ a_{m1} & a_{m2} & \cdots & a_{mn} \end{pmatrix}$$

称为一个 m 行 n 列矩阵,简称 $m \times n$ 矩阵,记为 $A_{m\times n}$ 或$(a_{ij})_{m\times n}$. 其中 a_{ij} 称为矩阵 A 的第 i 行第 j 列元素,i,j 分别称为元素 a_{ij} 的**行标**(**或行下标**) 和**列标**(**或列下标**).

如果矩阵A的元素全是实数,则A称为**实矩阵**,如果A的元素含有虚数,则A称为**复矩阵**.

元素全为零的矩阵,称为**零矩阵**,记为 O 或 $O_{m\times n}$.

矩阵 $A = (a_{ij})_{m\times n}$ 的全部元素改变符号后得到的新矩阵$(-a_{ij})_{m\times n}$,称为矩阵 A 的**负矩阵**,记为 $-A$,即

$$-A = \begin{pmatrix} -a_{11} & -a_{12} & \cdots & -a_{1n} \\ -a_{21} & -a_{22} & \cdots & -a_{2n} \\ \vdots & \vdots & & \vdots \\ -a_{m1} & -a_{m2} & \cdots & -a_{mn} \end{pmatrix}$$

只有一行的矩阵$(a_1\ a_2\ \cdots\ a_n)$ 称为**行矩阵**;只有一列的矩阵 $\begin{pmatrix} a_1 \\ a_2 \\ \vdots \\ a_m \end{pmatrix}$ 称为**列矩阵**.

特别地，向量可以看成是特殊的矩阵．n 维行向量可以看成 $1\times n$ 矩阵，n 维列向量可以看成是 $n\times 1$ 矩阵．因此，当向量与矩阵进行运算时，通常认为是矩阵与矩阵的运算．

当矩阵的行数和列数相等，即 $m=n$ 时，矩阵

$$\begin{pmatrix} a_{11} & a_{12} & \cdots & a_{1n} \\ a_{21} & a_{22} & \cdots & a_{2n} \\ \vdots & \vdots & & \vdots \\ a_{n1} & a_{n2} & \cdots & a_{nn} \end{pmatrix}$$

称为 ***n* 阶矩阵**或 ***n* 阶方阵**．特别地，一阶方阵 $(a)=a$．

在 n 阶方阵 A 中，元素 $a_{11},a_{22},\cdots,a_{nn}$ 所形成的线，称为矩阵的**主对角线**，主对角线下（上）方的元素全为零的方阵

$$A=\begin{pmatrix} a_{11} & a_{12} & \cdots & a_{1n} \\ & a_{22} & \cdots & a_{2n} \\ & & \ddots & \vdots \\ O & & & a_{nn} \end{pmatrix},\quad B=\begin{pmatrix} b_{11} & & & O \\ b_{21} & b_{22} & & \\ \vdots & \vdots & \ddots & \\ b_{n1} & b_{n2} & \cdots & b_{nn} \end{pmatrix}$$

称为**上（下）三角矩阵**．这里 A 为上三角矩阵，B 为下三角矩阵．

主对角线以外其他位置的元素全为零的 n 阶方阵

$$\begin{pmatrix} a_{11} & 0 & \cdots & 0 \\ 0 & a_{22} & \cdots & 0 \\ \vdots & \vdots & & \vdots \\ 0 & 0 & \cdots & a_{nn} \end{pmatrix}$$

称为 ***n* 阶对角矩阵**，记为 $\Lambda=\mathrm{diag}(a_{11},a_{22},\cdots,a_{nn})$，（这里 diag 是“对角线”的英文单词“diagonal”的缩写）．

主对角线上的元素全为 1 的 n 阶对角矩阵 $\begin{pmatrix} 1 & 0 & \cdots & 0 \\ 0 & 1 & \cdots & 0 \\ \vdots & \vdots & & \vdots \\ 0 & 0 & \cdots & 1 \end{pmatrix}$ 称为 ***n* 阶单位矩阵**，记为 E（或 I），有时也写成 E_n（或 I_n）．

称矩阵

$$B=\begin{pmatrix} \otimes & * & * & * & * & * & \cdots & * & * & \cdots & * \\ 0 & \otimes & * & * & * & * & \cdots & * & * & \cdots & * \\ 0 & 0 & 0 & \otimes & * & * & \cdots & * & * & \cdots & * \\ \vdots & \vdots & \vdots & \vdots & \vdots & \vdots & & \vdots & \vdots & & \vdots \\ 0 & 0 & 0 & 0 & 0 & 0 & \cdots & \otimes & * & \cdots & * \\ 0 & 0 & 0 & 0 & 0 & 0 & \cdots & 0 & 0 & \cdots & 0 \\ 0 & 0 & 0 & 0 & 0 & 0 & \cdots & 0 & 0 & \cdots & 0 \\ \vdots & \vdots & \vdots & \vdots & \vdots & \vdots & & \vdots & \vdots & & \vdots \\ 0 & 0 & 0 & 0 & 0 & 0 & \cdots & 0 & 0 & \cdots & 0 \end{pmatrix}_{m\times n}$$

为**阶梯形矩阵**．其中 $\otimes$ 表示非零数，$*$ 表示可以是零、也可以不是零的数．

具体地说,阶梯形矩阵有以下特点:

(i) 若有零行,零行都在非零行的下方(元素全为零的行称为零行,否则称为非零行);

(ii) 从第一行起,下面每一行自左向右第一个非零元素前面零的个数逐行增加.

称矩阵

$$C=\begin{pmatrix}1&0&*&0&*&*&\cdots&0&*&\cdots&*\\0&1&*&0&*&*&\cdots&0&*&\cdots&*\\0&0&0&1&*&*&\cdots&0&*&\cdots&*\\\vdots&\vdots&\vdots&\vdots&\vdots&\vdots&&\vdots&\vdots&&\vdots\\0&0&0&0&0&0&\cdots&1&*&\cdots&*\\0&0&0&0&0&0&\cdots&0&0&\cdots&0\\0&0&0&0&0&0&\cdots&0&0&\cdots&0\\\vdots&\vdots&\vdots&\vdots&\vdots&\vdots&&\vdots&\vdots&&\vdots\\0&0&0&0&0&0&\cdots&0&0&\cdots&0\end{pmatrix}_{m\times n}$$

为**行最简形矩阵**. 其中 $*$ 表示可以是零、也可以不是零的数.

行最简形矩阵必定是阶梯形矩阵,且有以下特点:

(i) 每一行的(自左向右) 第一个非零元素均为 1;

(ii) 每一行第一个非零元素所在的列的其余元素均为 0.

定义 10 如果矩阵 A 与 B 的行数相等,列数也相等,则称 A 与 B 是同型矩阵或同阶矩阵.

定义 11 设矩阵 $A=(a_{ij})$ 和 $B=(b_{ij})$ 为同型矩阵,如果它们对应位置的元素都相等,即 $a_{ij}=b_{ij}\ (i=1,2,\cdots,m;j=1,2,\cdots,n)$,则称矩阵 A,B 相等,记为 $A=B$.

二、矩阵的线性运算

前面给出的矩阵相等的定义,是在两个"同型矩阵" 条件下,即两个同型矩阵,如果它们对应元素相等,则称这两个矩阵相等. 这里"同型矩阵" 是必不可少的. 下面将进一步给出矩阵的加法、数与矩阵的乘法(简称数乘) 以及矩阵的乘法等线性运算,同样,需要注意这些线性运算所满足的必要条件.

1. 矩阵的加法

定义 12 设有两个 $m\times n$ 矩阵 $A=(a_{ij}),B=(b_{ij})$,它们的和定义为

$$A+B=\begin{pmatrix}a_{11}+b_{11}&a_{12}+b_{12}&\cdots&a_{1n}+b_{1n}\\a_{21}+b_{21}&a_{22}+b_{22}&\cdots&a_{2n}+b_{2n}\\\vdots&\vdots&&\vdots\\a_{m1}+b_{m1}&a_{m2}+b_{m2}&\cdots&a_{mn}+b_{mn}\end{pmatrix}$$

只有当两个矩阵是同型矩阵时,这两个矩阵才可以进行加法运算.

容易验证矩阵的加法满足下列运算规律(设 A,B,C,O 都是 $m\times n$ 矩阵):

(i) $A+B=B+A$

(ii) $(A+B)+C=A+(B+C)$

(iii) $A+(-A)=O$

(iv) $A+O=A$

由矩阵加法和负矩阵的概念，矩阵的减法可定义为

$$A-B=A+(-B)=(a_{ij}-b_{ij})_{m\times n}$$

显然 $A+(-A)=O$.

由矩阵加法的运算规则，容易得到以下结论：

(1) 在一个矩阵等式的两端同时加上或减去某一个矩阵，等式仍然成立. 即若

$$A=B,\quad 则\ A+C=B+C,\ A-C=B-C$$

(2) 如果 $A+C=B+C$，则 $A=B$.

2. 数与矩阵相乘

定义 13　设有矩阵 $A=(a_{ij})_{m\times n}$，k 为任意常数，数 k 与矩阵 A 的每一个元素相乘，得到的矩阵

$$C=(ka_{ij})_{m\times n}$$

称为**数 k 与矩阵 A 的乘积**，记为 kA 或 Ak.

由定义可以验证，数与矩阵的乘法满足下列运算规律(设 A,B 为 $m\times n$ 矩阵，k,l 为常数)：

(i) $(k+l)A=kA+lA$

(ii) $k(A+B)=kA+kB$

(iii) $(kl)A=k(lA)=l(kA)$

(iv) $1A=A$

(v) $0\cdot A=O$

例 7　设矩阵 $A=\begin{pmatrix}-1&0&2\\-1&1&1\end{pmatrix}$，$B=\begin{pmatrix}1&0&-1\\2&2&1\end{pmatrix}$，求 $2A-5B$.

解　$2A-5B=2\begin{pmatrix}-1&0&2\\-1&1&1\end{pmatrix}-5\begin{pmatrix}1&0&-1\\2&2&1\end{pmatrix}$

$$=\begin{pmatrix}-2&0&4\\-2&2&2\end{pmatrix}-\begin{pmatrix}5&0&-5\\10&10&5\end{pmatrix}=\begin{pmatrix}-7&0&9\\-12&-8&-3\end{pmatrix}$$

例 8　设 $3X-2A=B$，其中 $A=\begin{pmatrix}0&1\\1&2\\-1&0\end{pmatrix}$，$B=\begin{pmatrix}1&0\\-1&1\\1&0\end{pmatrix}$，求矩阵 X.

解　因 $3X-2A=B$，则 $X=\dfrac{1}{3}(2A+B)$，而

$$2A+B=2\begin{pmatrix}0&1\\1&2\\-1&0\end{pmatrix}+\begin{pmatrix}1&0\\-1&1\\1&0\end{pmatrix}=\begin{pmatrix}0&2\\2&4\\-2&0\end{pmatrix}+\begin{pmatrix}1&0\\-1&1\\1&0\end{pmatrix}=\begin{pmatrix}1&2\\1&5\\-1&0\end{pmatrix}$$

所以 $X=\begin{pmatrix}1/3&2/3\\1/3&5/3\\-1/3&0\end{pmatrix}$.

例 9 试用矩阵表示线性方程组$\begin{cases} a_{11}x_1+a_{12}x_2+\cdots+a_{1n}x_n=b_1 \\ a_{21}x_1+a_{22}x_2+\cdots+a_{2n}x_n=b_2 \\ \cdots\cdots \\ a_{m1}x_1+a_{m2}x_2+\cdots+a_{mn}x_n=b_m \end{cases}$

解 $X=\begin{pmatrix} x_1 \\ x_2 \\ \vdots \\ x_n \end{pmatrix}, B=\begin{pmatrix} b_1 \\ b_2 \\ \vdots \\ b_m \end{pmatrix}$，则有：$AX=B$，称为线性方程组的矩阵表示.

三、矩阵与矩阵相乘

设$A=\begin{pmatrix} a_{11} & a_{12} & \cdots & a_{1s} \\ a_{21} & a_{22} & \cdots & a_{2s} \\ \vdots & \vdots & & \vdots \\ a_{m1} & a_{m2} & \cdots & a_{ms} \end{pmatrix}$和$B=\begin{pmatrix} b_{11} & b_{12} & \cdots & b_{1n} \\ b_{21} & b_{22} & \cdots & b_{2n} \\ \vdots & \vdots & & \vdots \\ b_{s1} & b_{s2} & \cdots & b_{sn} \end{pmatrix}$分别是$m\times s$矩阵和$s\times n$矩阵. 为了表述方便，将矩阵$A$看成是由$m$个行向量组成的，矩阵$B$看成是由$n$个列向量组成的，即

$$A=\begin{pmatrix} \boldsymbol{\alpha}_1^{\mathrm{T}} \\ \boldsymbol{\alpha}_2^{\mathrm{T}} \\ \vdots \\ \boldsymbol{\alpha}_m^{\mathrm{T}} \end{pmatrix}, \quad B=(\boldsymbol{\beta}_1,\boldsymbol{\beta}_2,\cdots,\boldsymbol{\beta}_n)$$

定义 14 $m\times s$矩阵A与$s\times n$矩阵B的乘积AB是一个$m\times n$矩阵，用$C=(c_{ij})_{m\times n}$来表示这个矩阵，它的第i行第j列元素c_{ij}等于左边矩阵A的第i行对应的向量$\boldsymbol{\alpha}_i^{\mathrm{T}}$与右边矩阵$B$的第$j$列对应的向量$\boldsymbol{\beta}_j$的内积. 即

$$c_{ij}=(\boldsymbol{\alpha}_i,\boldsymbol{\beta}_j)=\boldsymbol{\alpha}_i^{\mathrm{T}}\boldsymbol{\beta}_j=a_{i1}b_{1j}+a_{i2}b_{2j}+\cdots a_{is}b_{sj} \quad (i=1,2,\cdots,m;\ j=1,2,\cdots,n)$$

由此可见：

(1) 只有第一个矩阵A的列数等于第二个矩阵B的行数时，AB才有意义；

(2) 乘积矩阵C的行数等于第一个矩阵A的行数，列数等于第二个矩阵B的列数；

(3) 乘积矩阵C的第i行第j列元素c_{ij}等于第一个矩阵A的第i行与第二个矩阵B的第j列对应元素乘积的和.

例 10 设$A=\begin{pmatrix} 1 & 2 & 3 \\ 2 & 0 & 1 \end{pmatrix}, B=\begin{pmatrix} -2 & 1 \\ 1 & 0 \\ 0 & -2 \end{pmatrix}, C=\begin{pmatrix} 1 & 2 & 0 \\ -1 & 0 & -4 \\ 2 & 3 & 4 \end{pmatrix}$，则

$$AB=\begin{pmatrix} 1 & 2 & 3 \\ 2 & 0 & 1 \end{pmatrix}\begin{pmatrix} -2 & 1 \\ 1 & 0 \\ 0 & -2 \end{pmatrix}=\begin{pmatrix} 0 & -5 \\ -4 & 0 \end{pmatrix}$$

$$BA=\begin{pmatrix} -2 & 1 \\ 1 & 0 \\ 0 & -2 \end{pmatrix}\begin{pmatrix} 1 & 2 & 3 \\ 2 & 0 & 1 \end{pmatrix}=\begin{pmatrix} 0 & -4 & -5 \\ 1 & 2 & 3 \\ -4 & 0 & -2 \end{pmatrix}$$

$$AC=\begin{pmatrix}1&2&3\\2&0&1\end{pmatrix}\begin{pmatrix}1&2&0\\-1&0&-4\\2&3&4\end{pmatrix}=\begin{pmatrix}5&11&4\\4&7&4\end{pmatrix}$$

单位矩阵在矩阵的乘法运算中占有特殊的地位.任何矩阵与单位矩阵相乘(假设运算可以进行),都等于这个矩阵.即,对于任意的矩阵 A

$$AE=A,\quad EA=A$$

单位矩阵的这条性质,使得单位矩阵在矩阵乘法中的地位类似于实数中的 1.不过,应该注意,如果矩阵 A 不是方阵,上面两个式子中的单位矩阵的阶数是不同的.

可以验证,矩阵的乘法满足下述运算规律(假设运算都是可以进行的):

(i) $A(BC)=(AB)C$

(ii) $A(B+C)=AB+AC$

$(A+B)C=AC+BC$

(iii) $k(AB)=(kA)B=A(kB)$,其中 k 为任意实数.

这些性质由定义可直接验证,在这里我们验证(i),其余两条的验证由读者完成.

证　(i) 设 $A_{m\times n},B_{n\times p},C_{p\times s}$.

$$((AB)C)_{ij}=\sum_{k=1}^{p}\Big(\sum_{l=1}^{n}a_{il}b_{lk}\Big)c_{kj}=\sum_{k=1}^{p}\sum_{l=1}^{n}a_{il}b_{lk}c_{kj}$$

$$(A(BC))_{ij}=\sum_{l=1}^{n}a_{il}\Big(\sum_{k=1}^{p}b_{lk}c_{kj}\Big)$$

$$=\sum_{l=1}^{n}\sum_{k=1}^{p}a_{il}b_{lk}c_{kj}=\sum_{k=1}^{p}\sum_{l=1}^{n}a_{il}b_{lk}c_{kj}$$

所以,$(AB)C=A(BC)$.

在介绍了矩阵的上述运算性质之后,我们研究矩阵乘法运算的两个重要结论:矩阵乘法运算不满足交换律,也不满足消去律.

实数的乘法满足交换律和消去律,即若 a,b 都是实数,则 $ab=ba$;如果 $ab=0$,则 a 和 b 至少有一个等于 0.对于矩阵的乘法,这两条运算规律都不成立.

先看交换律.

如果矩阵的乘法满足交换律,则必须同时满足三个条件:①AB 和 BA 两者必须都有意义;② 它们必须是同型矩阵;③ 它们的对应元素必须相等.

例 10 中 AC 有意义但 CA 没有意义;AB 和 BA 都有意义,但阶数不相等.事实上,即使 AB 和 BA 为同型矩阵,它们也不一定相等,读者可以用下面的两个矩阵具体验证

$$A=\begin{pmatrix}1&2\\3&4\end{pmatrix},\quad B=\begin{pmatrix}0&1\\1&0\end{pmatrix}$$

因此我们得出矩阵乘法的重要结论:矩阵的乘法不满足交换律.

特殊情况下,也可能有 $AB=BA$,此时称矩阵 A 和矩阵 B 是可交换的.

既然对于矩阵的乘法,即使 AB 和 BA 都有意义,它们也未必相等,为了明确起见,AB 称为 A 左乘 B,或 B 右乘 A.

再看消去律.

我们说，矩阵的乘法不满足消去律. 即，一般而言，$AB = O$未必有$A = O$或$B = O$. 读者不妨用下面的两个非零矩阵验证一下

$$A = \begin{pmatrix} 1 & 0 \\ 0 & 0 \end{pmatrix}, \quad B = \begin{pmatrix} 0 & 0 \\ 0 & 1 \end{pmatrix}$$

矩阵的乘法不满足交换律和消去律，这是矩阵运算与实数运算的不同之处，读者应细细地加以体会，切不可简单地把实数的运算规律推广到矩阵的运算中去.

由上面的讨论可知，如果等式 $AB = AC$ 中的矩阵 A 仅仅是非零矩阵，还不能保证 $B = C$.

例如，若 $A = \begin{pmatrix} 1 & 0 \\ 0 & 0 \end{pmatrix} \neq O, B = \begin{pmatrix} 2 & 0 \\ 0 & 0 \end{pmatrix}, C = \begin{pmatrix} 2 & 0 \\ 0 & -3 \end{pmatrix}$，易知

$$AB = \begin{pmatrix} 2 & 0 \\ 0 & 0 \end{pmatrix} = AC$$

但显然 $B \neq C$.

下一节我们将研究，矩阵 A 满足什么条件时，只要 $AB = AC$ 就一定有 $B = C$，也就是消去律成立的条件.

设 A 为 n 阶方阵，方阵 A 的正整数幂定义为

$$A^1 = A,\ A^2 = A \cdot A,\ \cdots,\ A^{k+1} = A^k \cdot A$$

其中 k 是正整数. 即 A^k 就是 k 个 A 相乘.

由于矩阵乘法满足结合律，所以方阵幂的运算满足以下运算规律

(i) $A^k A^l = A^{k+l}$

(ii) $(A^k)^l = A^{kl}$

其中 k, l 是正整数.

因为矩阵乘法不满足交换律，所以对于矩阵 A, B 来说，一般情况下，$(AB)^k \neq A^k B^k$. 只有当 A, B 可交换时，才有$(AB)^k = A^k B^k$.

例 11 设 $A = \begin{pmatrix} 1 & -1 \\ -1 & 1 \end{pmatrix}$，求 A^n.

解(归纳法) $A^2 = \begin{pmatrix} 1 & -1 \\ -1 & 1 \end{pmatrix}\begin{pmatrix} 1 & -1 \\ -1 & 1 \end{pmatrix} = \begin{pmatrix} 2 & -2 \\ -2 & 2 \end{pmatrix}$

$$A^3 = A^2 A = \begin{pmatrix} 2 & -2 \\ -2 & 2 \end{pmatrix}\begin{pmatrix} 1 & -1 \\ -1 & 1 \end{pmatrix} = \begin{pmatrix} 2^2 & -2^2 \\ -2^2 & 2^2 \end{pmatrix}$$

由归纳法，得 $A^n = \begin{pmatrix} 2^{n-1} & -2^{n-1} \\ -2^{n-1} & 2^{n-1} \end{pmatrix}$.

例 12 设矩阵 $A = \begin{pmatrix} 1 \\ 2 \\ 3 \end{pmatrix}, B = \begin{pmatrix} 1 & \frac{1}{2} & \frac{1}{3} \end{pmatrix}$，求 $AB, (AB)^n$.

解 $AB = \begin{pmatrix} 1 \\ 2 \\ 3 \end{pmatrix}\begin{pmatrix} 1 & \frac{1}{2} & \frac{1}{3} \end{pmatrix} = \begin{pmatrix} 1 & \frac{1}{2} & \frac{1}{3} \\ 2 & 1 & \frac{2}{3} \\ 3 & \frac{3}{2} & 1 \end{pmatrix}$

$$BA = \begin{pmatrix} 1 & \frac{1}{2} & \frac{1}{3} \end{pmatrix} \begin{pmatrix} 1 \\ 2 \\ 3 \end{pmatrix} = 3$$

$$(AB)^n = (AB)(AB)\cdots(AB) = A(BA)\cdots(BA)B$$

$$= A(BA)^{n-1}B = A(3^{n-1})B = 3^{n-1}(AB) = 3^{n-1}\begin{pmatrix} 1 & \frac{1}{2} & \frac{1}{3} \\ 2 & 1 & \frac{2}{3} \\ 3 & \frac{3}{2} & 1 \end{pmatrix}$$

定义 15　设 $m \times n$ 矩阵 $A = \begin{pmatrix} a_{11} & a_{12} & \cdots & a_{1n} \\ a_{21} & a_{22} & \cdots & a_{2n} \\ \vdots & \vdots & & \vdots \\ a_{m1} & a_{m2} & \cdots & a_{mn} \end{pmatrix}$，把矩阵 A 的行与列互换，且不改变原来各元素的顺序而所得到的 $n \times m$ 矩阵

$$\begin{pmatrix} a_{11} & a_{21} & \cdots & a_{m1} \\ a_{12} & a_{22} & \cdots & a_{m2} \\ \vdots & \vdots & & \vdots \\ a_{1n} & a_{2n} & \cdots & a_{mn} \end{pmatrix}$$

称为矩阵 A 的转置矩阵，记为 A^{T} 或 A'.

定理 1　设下面的矩阵运算都有意义，则

(1) $(A^{\mathrm{T}})^{\mathrm{T}} = A$

(2) $(A+B)^{\mathrm{T}} = A^{\mathrm{T}} + B^{\mathrm{T}}$

(3) $(\lambda A)^{\mathrm{T}} = \lambda A^{\mathrm{T}}$，$\lambda$ 是一个数；

(4) $(AB)^{\mathrm{T}} = B^{\mathrm{T}}A^{\mathrm{T}}$

(4) 设

$$A = (a_{ij})_{m\times s} = \begin{pmatrix} \boldsymbol{\alpha}_1^{\mathrm{T}} \\ \boldsymbol{\alpha}_2^{\mathrm{T}} \\ \vdots \\ \boldsymbol{\alpha}_m^{\mathrm{T}} \end{pmatrix}, \quad B = (b_{ij})_{s\times n} = (\boldsymbol{\beta}_1, \boldsymbol{\beta}_2, \cdots, \boldsymbol{\beta}_n)$$

则 AB 是 $m \times n$ 矩阵，$(AB)^{\mathrm{T}}$ 是 $n \times m$ 矩阵. 矩阵 AB 的第 i 行、第 j 列元素为 $\boldsymbol{\alpha}_i^{\mathrm{T}}\boldsymbol{\beta}_j$，也就是 $(AB)^{\mathrm{T}}$ 的第 j 行、第 i 列元素为 $\boldsymbol{\alpha}_i^{\mathrm{T}}\boldsymbol{\beta}_j$. 再来看等式的右边，由于

$$B^{\mathrm{T}} = \begin{pmatrix} \boldsymbol{\beta}_1^{\mathrm{T}} \\ \boldsymbol{\beta}_2^{\mathrm{T}} \\ \vdots \\ \boldsymbol{\beta}_n^{\mathrm{T}} \end{pmatrix}, \quad A^{\mathrm{T}} = (\boldsymbol{\alpha}_1, \boldsymbol{\alpha}_2, \cdots, \boldsymbol{\alpha}_m)$$

故等式右边的矩阵 $B^{\mathrm{T}}A^{\mathrm{T}}$ 也是 $n \times m$ 矩阵，即，等式(iv) 两边的矩阵行数和列数分别相等.

而矩阵 B^TA^T 的第 j 行、第 i 列元素为 $\boldsymbol{\beta}_j^T\boldsymbol{\alpha}_i$，显然 $\boldsymbol{\alpha}_i^T\boldsymbol{\beta}_j = \boldsymbol{\beta}_j^T\boldsymbol{\alpha}_i$，即等式两边的矩阵对应的元素也相等，从而等式(iv) 是成立的.

一般，$(AB)^T \neq A^TB^T$.

由转置矩阵的定义可见，如果矩阵 A 是 $m \times n$ 矩阵，则 A^T 是 $n \times m$ 矩阵.

定义 16 设 A 为 n 阶方阵，若 $A^T = A$，则称 A 为对称矩阵，如果 $A^T = -A$，则称 A 为反对称矩阵.

设 $A = (a_{ij})_{n\times n}$，显然：

(i) A 为对称矩阵的充分必要条件是 $a_{ij} = a_{ji}$ $(i,j = 1,2,\cdots,n)$. 即 A 的元素关于主对角线对称相等；

(ii) A 为反对称矩阵的充分必要条件是 $a_{ij} = -a_{ji}$ $(i,j = 1,2,\cdots,n)$. 即 A 的元素关于主对角线绝对值相等，符号相反，且主对角线上的元素等于零.

例如，矩阵

$$A = \begin{pmatrix} 1 & -1 & 2 \\ -1 & 3 & 4 \\ 2 & 4 & -2 \end{pmatrix}, \quad B = \begin{pmatrix} 0 & 1 & -2 \\ -1 & 0 & -4 \\ 2 & 4 & 0 \end{pmatrix}$$

分别是三阶对称矩阵和三阶反对称矩阵.

第三节　方阵的行列式及其逆矩阵

一、方阵的行列式

定义 17 设 A 是 n 阶方阵，由 A 的元素按其在矩阵中的位置构成的 n 阶行列式，称为方阵 A 的行列式，记为 $|A|$.

设 A,B 是 n 阶方阵，k 是任意常数，方阵的行列式满足如下的运算规律：

(i) $|A^T| = |A|^T = |A|$

(ii) $|kA| = k^n|A|$

(iii) $|AB| = |A||B|$

一般地，若 $A_1,A_2,\cdots,A_k$ 都是 n 阶方阵，则

$$|A_1A_2\cdots A_k| = |A_1||A_2|\cdots|A_k|$$

显然，$|A^k| = |A|^k$.

例 13 设 $A = \begin{pmatrix} 1 & 0 & -1 \\ 2 & 1 & 0 \\ 3 & 2 & -1 \end{pmatrix}, B = \begin{pmatrix} -2 & 1 & 0 \\ 0 & 3 & 1 \\ 0 & 0 & 2 \end{pmatrix}$，求 $|A||B|$.

解 因为

$$AB = \begin{pmatrix} -2 & 1 & -2 \\ -4 & 5 & 1 \\ -6 & 9 & 0 \end{pmatrix}, \quad |AB| = \begin{vmatrix} -2 & 1 & -2 \\ -4 & 5 & 1 \\ -6 & 9 & 0 \end{vmatrix} = 24$$

由公式 $|AB| = |A||B|$，则 $|A| \cdot |B| = 24$.

首先求得

$$|A| = \begin{vmatrix} 1 & 0 & -1 \\ 2 & 1 & 0 \\ 3 & 2 & -1 \end{vmatrix} = -2, \quad |B| = \begin{vmatrix} -2 & 1 & 0 \\ 0 & 3 & 1 \\ 0 & 0 & 2 \end{vmatrix} = -12$$

同样 $|A| \cdot |B| = 24$.

二、逆矩阵

由矩阵的运算可知，零矩阵与任一同型矩阵相加，结果是原矩阵；单位矩阵与任一矩阵相乘（只要乘法可行），结果还是原矩阵.可以说零矩阵类似于数的运算中零的作用，而单位矩阵类似于数 1 的作用.

在数的运算中，设数 $a \neq 0$，则存在 a 的唯一的逆元（即倒数）$a^{-1} = \dfrac{1}{a}$，使

$$a \cdot a^{-1} = a^{-1} \cdot a = 1$$

我们自然要问，在矩阵运算中，对于给定的矩阵 A，是否也存在一个与之对应的矩阵 A^{-1}，使 $AA^{-1} = A^{-1}A = E$ 呢？下面我们讨论这个问题.

定义 18　对于 n 阶方阵 A，如果存在一个 n 阶方阵 B，使

$$AB = BA = E$$

则称方阵 A 是可逆的，并把方阵 B 称为 A 的逆矩阵.

由定义可见：

（1）由于 A,B 位置对称，故 A,B 互逆，即 $B = A^{-1}$ 且 $A = B^{-1}$.

例如，设

$$A = \begin{pmatrix} 1 & -1 & 3 \\ 2 & -1 & 4 \\ -1 & 2 & -4 \end{pmatrix}, \quad B = \begin{pmatrix} -4 & 2 & -1 \\ 4 & -1 & 2 \\ 3 & -1 & 1 \end{pmatrix}$$

可以验证，$AB = BA = E$，所以 $B = A^{-1}$，$A = B^{-1}$.

（2）单位矩阵的逆矩阵是自己.

定理 2　如果矩阵 A 是可逆的，则 A 只有唯一的逆矩阵.

证　如果 B 和 C 都是 A 的逆矩阵，则根据逆矩阵的定义，有

$$B = EB = (CA)B = C(AB) = CE = C$$

故 A 的逆矩阵是唯一的.

A 的这个唯一的逆矩阵用符号 A^{-1} 表示.

可逆矩阵具有以下的运算性质（设 A,B 为同阶的可逆矩阵，实数 $k \neq 0$）：

(i) $(A^{-1})^{-1} = A$

(ii) $(kA)^{-1} = k^{-1}A^{-1}$

(iii) $(AB)^{-1} = B^{-1}A^{-1}$

(iv) $(A^{\mathrm{T}})^{-1} = (A^{-1})^{\mathrm{T}}$

(v) $|A^{-1}| = \dfrac{1}{|A|} = |A|^{-1}$

性质(iii) 可以推广到有限个 n 阶可逆矩阵的情形.

若$A_1,A_2,\cdots,A_k$ 是 n 阶可逆矩阵,则乘积$A_1A_2\cdots A_k$ 可逆,且

$$(A_1A_2\cdots A_k)^{-1}=A_k^{-1}A_{k-1}^{-1}\cdots A_1^{-1}$$

特别地,$(A^k)^{-1}=(A^{-1})^k$ (k 为正整数).

应当指出,A,B 可逆,$A+B$ 未必可逆.即使 $A+B$ 可逆,但一般地

$$(A+B)^{-1}\neq A^{-1}+B^{-1}$$

例如

$$A=\begin{pmatrix}1&0&0\\0&2&0\\0&0&3\end{pmatrix},\quad B=\begin{pmatrix}1&0&0\\0&-2&0\\0&0&3\end{pmatrix},\quad A+B=\begin{pmatrix}2&0&0\\0&0&0\\0&0&6\end{pmatrix}$$

显然 A,B 可逆,但因为$|A+B|=0$,故 $A+B$ 不可逆.

当 $A=B$ 时,$(A+B)^{-1}=(2A)^{-1}=\dfrac{1}{2}A^{-1}$,而不是$A^{-1}+A^{-1}=2A^{-1}$.

如果一个方阵是可逆的,那么它在理论上将有一些普通方阵所不具备的性质.可逆矩阵在矩阵理论中具有特殊的地位.

在初等代数中,我们熟知,对于一元一次线性方程:$ax=b$,如果 $a\neq 0$,则由

$$a^{-1}(ax)=a^{-1}b$$

得 $x=a^{-1}b$.

现在考虑含有 n 个方程 n 个未知量的线性方程组 $AX=B$,其中

$$A=(a_{ij})_{n\times n},\quad X=(x_1,x_2,\cdots,x_n)^{\mathrm{T}},\quad B=(b_1,b_2,\cdots,b_n)^{\mathrm{T}}$$

如果方阵 A 是可逆的,则由

$$A^{-1}(AX)=A^{-1}B$$

即

$$(A^{-1}A)X=A^{-1}B,\quad EX=A^{-1}B$$

得

$$X=A^{-1}B$$

由于逆矩阵是唯一的,所以当方阵 A 可逆时,方程组 $AX=B$ 有唯一的解 $X=A^{-1}B$.

特别,当方阵 A 可逆时,方程组 $AX=O$ 只有零解.由此可见,可逆方阵(不是非零矩阵!)与非零实数的性质是类似的.

从上面的讨论可以看出,对于含有 n 个方程 n 个未知量的线性方程组,如果系数矩阵是可逆的,只要求出它的逆矩阵,就可以得到方程组的解.

那么,一个矩阵在什么条件下是可逆的呢?下面的定理回答了这个问题,并以行列式为工具给出了逆矩阵的一种求法.

首先介绍伴随矩阵的概念:

设 $A=\begin{pmatrix}a_{11}&a_{12}&\cdots&a_{1n}\\a_{21}&a_{22}&\cdots&a_{2n}\\\vdots&\vdots&&\vdots\\a_{n1}&a_{n2}&\cdots&a_{nn}\end{pmatrix}$,则称 n 阶方阵

$$A^* = \begin{pmatrix} A_{11} & A_{21} & \cdots & A_{n1} \\ A_{12} & A_{22} & \cdots & A_{n2} \\ \vdots & \vdots & & \vdots \\ A_{1n} & A_{2n} & \cdots & A_{nn} \end{pmatrix}$$

为矩阵 A 的**伴随矩阵**. 其中 A_{ij} 为元素 a_{ij} 的**代数余子式**.

如 $A = \begin{pmatrix} 1 & 2 \\ 3 & 4 \end{pmatrix}$,则 $A^* = \begin{pmatrix} 4 & -2 \\ -3 & 1 \end{pmatrix}$.

例 14　求 $A = \begin{pmatrix} 1 & 1 & -1 \\ 1 & 2 & -3 \\ 0 & 1 & 1 \end{pmatrix}$的伴随矩阵,并计算 AA^*.

解　$|A| = \begin{vmatrix} 1 & 1 & -1 \\ 1 & 2 & -3 \\ 0 & 1 & 1 \end{vmatrix} = 3$,　且　$A_{11} = (-1)^{1+1} \begin{vmatrix} 2 & -3 \\ 1 & 1 \end{vmatrix} = 5$

$$A_{12} = (-1)^{1+2} \begin{vmatrix} 1 & -3 \\ 0 & 1 \end{vmatrix} = -1, \quad A_{13} = (-1)^{1+3} \begin{vmatrix} 1 & 2 \\ 0 & 1 \end{vmatrix} = 1$$

$$A_{21} = (-1)^{2+1} \begin{vmatrix} 1 & -1 \\ 1 & 1 \end{vmatrix} = -2, \quad A_{22} = (-1)^{2+2} \begin{vmatrix} 1 & -1 \\ 0 & 1 \end{vmatrix} = 1$$

$$A_{23} = (-1)^{2+3} \begin{vmatrix} 1 & 1 \\ 0 & 1 \end{vmatrix} = -1, \quad A_{31} = (-1)^{3+1} \begin{vmatrix} 1 & -1 \\ 2 & -3 \end{vmatrix} = -1$$

$$A_{32} = (-1)^{3+2} \begin{vmatrix} 1 & -1 \\ 1 & -3 \end{vmatrix} = 2, \quad A_{33} = (-1)^{3+3} \begin{vmatrix} 1 & 1 \\ 1 & 2 \end{vmatrix} = 1$$

因此 A 的伴随矩阵

$$A^* = \begin{pmatrix} 5 & -2 & -1 \\ -1 & 1 & 2 \\ 1 & -1 & 1 \end{pmatrix}$$

由矩阵的乘法

$$AA^* = \begin{pmatrix} 1 & 1 & -1 \\ 1 & 2 & -3 \\ 0 & 1 & 1 \end{pmatrix} \begin{pmatrix} 5 & -2 & -1 \\ -1 & 1 & 2 \\ 1 & -1 & 1 \end{pmatrix} = 3 \begin{pmatrix} 1 & 0 & 0 \\ 0 & 1 & 0 \\ 0 & 0 & 1 \end{pmatrix} = |A|E$$

一般地,有对任意 n 阶方阵 A,有

$$AA^* = A^*A = |A|E$$

事实上

$$AA^* = \begin{pmatrix} a_{11} & a_{12} & \cdots & a_{1n} \\ a_{21} & a_{22} & \cdots & a_{2n} \\ \vdots & \vdots & & \vdots \\ a_{n1} & a_{n2} & \cdots & a_{nn} \end{pmatrix} \begin{pmatrix} A_{11} & A_{21} & \cdots & A_{n1} \\ A_{12} & A_{22} & \cdots & A_{n2} \\ \vdots & \vdots & & \vdots \\ A_{1n} & A_{2n} & \cdots & A_{nn} \end{pmatrix}$$

$$=\begin{pmatrix} \sum a_{1k}A_{1k} & \sum a_{1k}A_{2k} & \cdots & \sum a_{1k}A_{nk} \\ \sum a_{2k}A_{1k} & \sum a_{2k}A_{2k} & \cdots & \sum a_{2k}A_{nk} \\ \vdots & \vdots & & \vdots \\ \sum a_{nk}A_{1k} & \sum a_{nk}A_{2k} & \cdots & \sum a_{nk}A_{nk} \end{pmatrix}$$

其中每个和号$\sum$均对k从1到n求和. 根据行列式的性质

$$\sum_{k=1}^{n} a_{ik}A_{jk} = \begin{cases} |A|, & i=j \\ 0, & i\neq j \end{cases}$$

从而

$$AA^* = \begin{pmatrix} |A| & & & \\ & |A| & & \\ & & \ddots & \\ & & & |A| \end{pmatrix} = |A|E$$

同理$A^*A=|A|E$.

定理 2 n阶方阵A可逆的充要条件是$|A|\neq 0$,且当$|A|\neq 0$时,$A^{-1}=\dfrac{1}{|A|}A^*$,其中A^*为矩阵A的伴随矩阵.

证 必要性. A可逆,即有A^{-1},使得$AA^{-1}=E$,故

$$|A||A^{-1}|=|E|=1$$

所以$|A|\neq 0$.

充分性. 设$|A|\neq 0$,则由$AA^*=A^*A=|A|E$,得

$$A\left(\frac{1}{|A|}A^*\right)=\left(\frac{1}{|A|}A^*\right)A=E$$

由逆阵的定义及唯一性可知A可逆,且$A^{-1}=\dfrac{1}{|A|}A^*$.

设A为n阶方阵,当$|A|=0$时,称A为**奇异方阵**(也称为**退化的**);$|A|\neq 0$时,则称A为**非奇异方阵**(也称为**非退化的**).

由定理2可得以下推论:

推论 1 若n阶方阵满足$AB=O$,且$|A|\neq 0$,则$B=O$.

证 因为$|A|\neq 0$,所以A可逆,A^{-1}左乘$AB=O$两边,得$B=O$.

推论 2 若n阶方阵满足$AB=AC$,且$|A|\neq 0$,则$B=C$.

证 因为$|A|\neq 0$,所以A可逆,A^{-1}左乘$AB=AC$两边,得$B=C$.

推论 3 设A为n阶方阵,若存在n阶方阵B,使得$AB=E$(或$BA=E$),则A可逆,且$A^{-1}=B$.

证 $|A||B|=|E|=1$,故$|A|\neq 0$,因而A^{-1}存在,于是

$$B=EB=(A^{-1}A)B=A^{-1}(AB)=A^{-1}E=A^{-1}$$

推论3使检验可逆矩阵的过程减少一半,即由$AB=E$或$BA=E$,就可确定B是A的逆阵. 但前提是A,B必须是同阶方阵.

例 15　求矩阵 $A=\begin{pmatrix}1&2&3\\2&2&1\\3&4&3\end{pmatrix}$ 的逆矩阵.

解　因 $|A|=2\neq 0$,故 A^{-1} 存在，

$$A_{11}=2,\quad A_{12}=-3,\quad A_{13}=2,\quad A_{21}=6,\quad A_{22}=-6$$
$$A_{23}=2,\quad A_{31}=-4,\quad A_{32}=5,\quad A_{33}=-2$$

得 $A^{*}=\begin{pmatrix}2&6&-4\\-3&-6&5\\2&2&-2\end{pmatrix}$,所以

$$A^{-1}=\frac{1}{|A|}A^{*}=\begin{pmatrix}1&3&-2\\-\frac{3}{2}&-3&\frac{5}{2}\\1&1&-1\end{pmatrix}$$

显然,若 $a_{11},a_{22},\cdots,a_{nn}\neq 0$,则 n 阶对角矩阵 $\Lambda=\begin{pmatrix}a_{11}&&&\\&a_{22}&&\\&&\ddots&\\&&&a_{nn}\end{pmatrix}$ 可逆,且

$$\begin{pmatrix}a_{11}&&&\\&a_{22}&&\\&&\ddots&\\&&&a_{nn}\end{pmatrix}^{-1}=\begin{pmatrix}a_{11}^{-1}&&&\\&a_{22}^{-1}&&\\&&\ddots&\\&&&a_{nn}^{-1}\end{pmatrix}$$

简单的矩阵方程：

(1) $AX=B$　(2) $XA=B$　(3) $AXB=C$

其中,A,B,C 已知,当 A,B,C 可逆时,它们有唯一解.

(1) $AX=B$ 解为 $X=A^{-1}B$;

(2) $XA=B$,解为 $X=BA^{-1}$;

(3) $AXB=C$,解为 $X=A^{-1}CB^{-1}$.

例 16　解矩阵方程

(1) $\begin{pmatrix}1&-5\\-1&4\end{pmatrix}X=\begin{pmatrix}3&2\\1&4\end{pmatrix}$

(2) $X\begin{pmatrix}1&-1&1\\1&1&0\\2&1&1\end{pmatrix}=\begin{pmatrix}1&2&-3\\2&0&4\\0&-1&5\end{pmatrix}$

解　(1) $\begin{pmatrix}1&-5\\-1&4\end{pmatrix}X=\begin{pmatrix}3&2\\1&4\end{pmatrix}$

对方程两端左乘矩阵 $\begin{pmatrix}1&-5\\-1&4\end{pmatrix}^{-1}$,得

$$\begin{pmatrix} 1 & -5 \\ -1 & 4 \end{pmatrix}^{-1}\begin{pmatrix} 1 & -5 \\ -1 & 4 \end{pmatrix}X$$

$$=\begin{pmatrix} 1 & -5 \\ -1 & 4 \end{pmatrix}^{-1}\begin{pmatrix} 3 & 2 \\ 1 & 4 \end{pmatrix}$$

$$\Rightarrow X=\begin{pmatrix} 1 & -5 \\ -1 & 4 \end{pmatrix}^{-1}\begin{pmatrix} 3 & 2 \\ 1 & 4 \end{pmatrix}=\begin{pmatrix} -4 & -5 \\ -1 & -1 \end{pmatrix}\begin{pmatrix} 3 & 2 \\ 1 & 4 \end{pmatrix}=\begin{pmatrix} -17 & -28 \\ -4 & -6 \end{pmatrix}$$

(2) $X\begin{pmatrix} 1 & -1 & 1 \\ 1 & 1 & 0 \\ 2 & 1 & 1 \end{pmatrix}=\begin{pmatrix} 1 & 2 & -3 \\ 2 & 0 & 4 \\ 0 & -1 & 5 \end{pmatrix}$

对方程两端右乘矩阵$\begin{pmatrix} 1 & -1 & 1 \\ 1 & 1 & 0 \\ 2 & 1 & 1 \end{pmatrix}^{-1}$,得

$$X=\begin{pmatrix} 1 & 2 & -3 \\ 2 & 0 & 4 \\ 0 & -1 & 5 \end{pmatrix}\begin{pmatrix} 1 & -1 & 1 \\ 1 & 1 & 0 \\ 2 & 1 & 1 \end{pmatrix}^{-1}=\begin{pmatrix} 2 & 9 & -5 \\ -2 & -8 & 6 \\ -4 & -14 & 9 \end{pmatrix}$$

例 17 已知 $AB=A+B$,求 B,其中 $A=\begin{pmatrix} 2 & -1 & 1 \\ 1 & 2 & 0 \\ 2 & 1 & 2 \end{pmatrix}$.

解 $AB-B=A$,故$(A-I)B=A$,所以

$$B=(A-E)^{-1}A=\begin{pmatrix} 1 & -1 & 1 \\ 1 & 1 & 0 \\ 2 & 1 & 1 \end{pmatrix}^{-1}\begin{pmatrix} 2 & -1 & 1 \\ 1 & 2 & 0 \\ 2 & 1 & 2 \end{pmatrix}$$

例 18 设 $A=\begin{pmatrix} 1 & 2 & 3 \\ 2 & 2 & 1 \\ 3 & 4 & 3 \end{pmatrix}$,$B=\begin{pmatrix} 3 & 2 \\ 1 & 4 \end{pmatrix}$,$C=\begin{pmatrix} 1 & 3 \\ 2 & 0 \\ 3 & 1 \end{pmatrix}$,求矩阵 X,使 $AXB=C$.

解 计算得:$A^{-1}=\begin{pmatrix} 1 & 3 & -2 \\ -\frac{3}{2} & -3 & \frac{5}{2} \\ 1 & 1 & -1 \end{pmatrix}$,$B^{-1}=\begin{pmatrix} \frac{2}{5} & -\frac{1}{5} \\ -\frac{1}{10} & \frac{3}{10} \end{pmatrix}$,用 A^{-1} 左乘,同时用 B^{-1} 右乘 $AXB=C$,有

$$A^{-1}AXBB^{-1}=A^{-1}CB^{-1}$$

即

$$X=A^{-1}CB^{-1}=\begin{pmatrix} 1 & 3 & -2 \\ -\frac{3}{2} & -3 & \frac{5}{2} \\ 1 & 1 & -1 \end{pmatrix}\begin{pmatrix} 1 & 3 \\ 2 & 0 \\ 3 & 1 \end{pmatrix}\begin{pmatrix} \frac{2}{5} & -\frac{1}{5} \\ -\frac{1}{10} & \frac{3}{10} \end{pmatrix}$$

$$=\begin{pmatrix}1&1\\0&-2\\0&2\end{pmatrix}\begin{pmatrix}\frac{2}{5}&-\frac{1}{5}\\-\frac{1}{10}&\frac{3}{10}\end{pmatrix}=\begin{pmatrix}\frac{3}{10}&\frac{1}{10}\\\frac{1}{5}&-\frac{3}{10}\\-\frac{1}{5}&\frac{3}{5}\end{pmatrix}$$

例 19　设 $f(x)=x^3-2x^2+3x-2$，n 阶方阵 A 满足 $f(A)=O$. 证明：A 可逆，并求 A^{-1}.

解　因为 $f(A)=O$，所以有 $A^3-2A^2+3A-2E=O$，从而有

$$A\left[\frac{1}{2}(A^2-2A+3E)\right]=E$$

因此 A 可逆且

$$A^{-1}=\frac{1}{2}(A^2-2A+3E)$$

例 20　已知 n 阶方阵 A 满足 $A^2+3A-2E=O$.

(1) 证明：A 可逆，求 A^{-1}；

(2) 证明：$A+2E$ 可逆，并求 $(A+2E)^{-1}$.

证　(1) 由 $A^2+3A-2E=O$，得

$$A(A+3E)=2E,\quad 即\quad A\left(\frac{A+3E}{2}\right)=E$$

由定理 2 之推论 3，A 可逆，且 $A^{-1}=\frac{1}{2}(A+3E)$.

(2) 因为

$$(A+2E)(A+E)=A^2+3A+2E=(A^2+3A-2E)+4E=4E$$

由定理 2 之推论 3，$A+2E$ 可逆，且 $(A+2E)^{-1}=\frac{1}{4}(A+E)$.

例 21　设 A 为 n 阶可逆矩阵，证明：$(A^*)^*=|A|^{n-2}A$.

证　由定理 2，$A^{-1}=\frac{A^*}{|A|}$，则 $A^*=|A|A^{-1}$，从而 $(A^*)^*=|A^*|(A^*)^{-1}$. 而

$$|A^*|=\big||A|A^{-1}\big|=|A|^n|A^{-1}|=|A|^n|A|^{-1}=|A|^{n-1}$$
$$(A^*)^{-1}=(|A|A^{-1})^{-1}=|A|^{-1}A$$

故

$$(A^*)^*=|A^*|(A^*)^{-1}=|A|^{n-1}|A|^{-1}A=|A|^{n-2}A$$

注：设 A,B 为 n 阶可逆矩阵，$k\neq 0$，伴随矩阵的运算规律还有：

(1) $(AB)^*=B^*A^*$　(2) $(kA)^*=k^{n-1}A^*$　(3) $(A^*)^{\mathrm{T}}=(A^{\mathrm{T}})^*$

(4) $|A^*|=|A|^{n-1}$

例 22　利用逆矩阵求解方程组 $\begin{cases}2x_1+2x_2+3x_3=2,\\x_1-x_2=2,\\-x_1+2x_2+x_3=4.\end{cases}$

解　将方程组写成矩阵形式 $A\boldsymbol{X}=\boldsymbol{b}$，其中

$$A=\begin{pmatrix}2&2&3\\1&-1&0\\-1&2&1\end{pmatrix},\quad \boldsymbol{X}=\begin{pmatrix}x_1\\x_2\\x_3\end{pmatrix},\quad \boldsymbol{b}=\begin{pmatrix}2\\2\\4\end{pmatrix}$$

计算得$|A|=-1\neq 0$,故A可逆.因而有$\boldsymbol{X}=A^{-1}\boldsymbol{b}$,即

$$\begin{pmatrix}x_1\\x_2\\x_3\end{pmatrix}=\begin{pmatrix}2&2&3\\1&-1&0\\-1&2&1\end{pmatrix}^{-1}\begin{pmatrix}2\\2\\4\end{pmatrix}=\begin{pmatrix}1&4&-3\\1&-5&-3\\-1&6&4\end{pmatrix}\begin{pmatrix}2\\2\\4\end{pmatrix}=\begin{pmatrix}-18\\-20\\26\end{pmatrix}$$

根据矩阵相等的定义,方程组的解为

$$x_1=-18,\quad x_2=-20,\quad x_3=26$$

第四节　矩阵的分块

将矩阵作适当的分块,使之成为分块矩阵,再利用分块矩阵的运算完成矩阵的相关运算,这样一种处理矩阵的技巧不论在理论分析中还是实际中都是非常有用的.本节将对此作一简单介绍.

一、矩阵的分块

用贯通矩阵的横线和纵线将矩阵A分割成若干个小矩阵的分块,矩阵A中如此得到的小矩阵称作A的子块(或子矩阵),以这些子块为元素的矩阵称为A的分块矩阵.

例1　设$A=\begin{pmatrix}2&0&0&-1&0\\0&2&0&0&1\\0&0&2&2&0\\0&0&0&-1&2\\0&0&0&-1&-1\end{pmatrix}$.

在矩阵A的3,4行间及3,4列间分别划一条横线及一条纵线.这样,矩阵A就会分割成4个小矩阵.若记

$$E_3=\begin{pmatrix}1&0&0\\0&1&0\\0&0&1\end{pmatrix},\quad B=\begin{pmatrix}-1&0\\0&1\\2&0\end{pmatrix},\quad C=\begin{pmatrix}-1&2\\-1&-1\end{pmatrix},\quad O_{2\times3}=\begin{pmatrix}0&0&0\\0&0&0\end{pmatrix}$$

则有

$$A=\begin{pmatrix}2E_3&B\\O_{2\times3}&C\end{pmatrix}$$

即矩阵A的2×2分块矩阵.

显然,对矩阵的适当分块有时能显示矩阵结构上的某些特点.例如,例1中矩阵A的左上角的子块是一个数量矩阵,而左下角的子块则是一个零矩阵.倘用另外的方式对A进行分块则上述特点难以展现.一个矩阵该如何分块取决于该矩阵的结构及计算(或分析)的需要.

二、分块矩阵的运算

1. 分块矩阵的加法

设 A,B 都是 $m\times n$ 矩阵，用相同的分法将 A,B 分块为

$$A=\begin{pmatrix}A_{11} & A_{12} & \cdots & A_{1s}\\ A_{21} & A_{22} & \cdots & A_{2s}\\ \vdots & \vdots & & \vdots\\ A_{r1} & A_{r2} & \cdots & A_{rs}\end{pmatrix},\quad B=\begin{pmatrix}B_{11} & B_{12} & \cdots & B_{1s}\\ B_{21} & B_{22} & \cdots & B_{2s}\\ \vdots & \vdots & & \vdots\\ B_{r1} & B_{r2} & \cdots & B_{rs}\end{pmatrix}$$

其中 A_{ij},B_{ij} $(i=1,2,\cdots,r;j=1,2,\cdots,s)$ 都是同型矩阵，则

$$A\pm B=\begin{pmatrix}A_{11}\pm B_{11} & A_{12}\pm B_{12} & \cdots & A_{1s}\pm B_{1s}\\ A_{21}\pm B_{21} & A_{22}\pm B_{22} & \cdots & A_{2s}\pm B_{2s}\\ \vdots & \vdots & & \vdots\\ A_{r1}\pm B_{r1} & A_{r2}\pm B_{r2} & \cdots & A_{rs}\pm B_{rs}\end{pmatrix}$$

例 23　设有矩阵 $A=\left(\begin{array}{cc:cc}5 & 3 & 0 & 3\\ -4 & 1 & 2 & 1\\ \hdashline 3 & 2 & 1 & 1\end{array}\right)$，$B=\left(\begin{array}{cc:cc}-9 & 1 & 1 & -1\\ 7 & -1 & 1 & 2\\ \hdashline 2 & 1 & -1 & 2\end{array}\right)$，这里 A,B 都是 2×2 分块矩阵，而且每一对应子块的行列数相等，因此这两个分块矩阵可以相加

$$A+B=\left(\begin{array}{cc:cc}-4 & 4 & 1 & 2\\ 3 & 0 & 3 & 3\\ \hdashline 5 & 3 & 0 & 3\end{array}\right)$$

显然，两个分块矩阵之和仍然是一个分块矩阵，而且与普通矩阵相加所得的结果是一致的.

2. 分块矩阵的数乘

设 $A=\begin{pmatrix}A_{11} & A_{12} & \cdots & A_{1s}\\ A_{21} & A_{22} & \cdots & A_{2s}\\ \vdots & \vdots & & \vdots\\ A_{r1} & A_{r2} & \cdots & A_{rs}\end{pmatrix}$，用数 k 乘分块矩阵 A，等于用数 k 乘矩阵 A 的每一个子块，即

$$kA=\begin{pmatrix}kA_{11} & kA_{12} & \cdots & kA_{1s}\\ kA_{21} & kA_{22} & \cdots & kA_{2s}\\ \vdots & \vdots & & \vdots\\ kA_{r1} & kA_{r2} & \cdots & kA_{rs}\end{pmatrix}$$

3. 分块矩阵的转置

设 $A=\begin{pmatrix}A_{11} & A_{12} & \cdots & A_{1s}\\ A_{21} & A_{22} & \cdots & A_{2s}\\ \vdots & \vdots & & \vdots\\ A_{r1} & A_{r2} & \cdots & A_{rs}\end{pmatrix}$是一个 $r\times s$ 型分块矩阵，它的转置是一个 $s\times r$ 型分块

矩阵

$$A^{\mathrm{T}}=\begin{pmatrix}A_{11}^{\mathrm{T}} & A_{21}^{\mathrm{T}} & \cdots & A_{r1}^{\mathrm{T}}\\ A_{12}^{\mathrm{T}} & A_{22}^{\mathrm{T}} & \cdots & A_{r2}^{\mathrm{T}}\\ \vdots & \vdots & & \vdots\\ A_{1s}^{\mathrm{T}} & A_{2s}^{\mathrm{T}} & \cdots & A_{rs}^{\mathrm{T}}\end{pmatrix}$$

例如，$A=\left(\begin{array}{cc:cc}2 & 0 & 4 & -7\\ 0 & 1 & 3 & 2\\ \hdashline 0 & 0 & 2 & 0\end{array}\right)=\begin{pmatrix}A_{11} & A_{12}\\ A_{21} & A_{22}\end{pmatrix}$，则

$$A^{\mathrm{T}}=\begin{pmatrix}A_{11}^{\mathrm{T}} & A_{21}^{\mathrm{T}}\\ A_{12}^{\mathrm{T}} & A_{22}^{\mathrm{T}}\end{pmatrix}=\left(\begin{array}{cc:c}2 & 0 & 0\\ 0 & 1 & 0\\ \hdashline 4 & 3 & 2\\ -7 & 2 & 0\end{array}\right)$$

4. 分块矩阵的乘法

设 A 为 $m\times l$ 矩阵，B 为 $l\times n$ 矩阵，对 A,B 分块，若它们的分块矩阵分别为

$$A=\begin{pmatrix}A_{11} & A_{12} & \cdots & A_{1s}\\ A_{21} & A_{22} & \cdots & A_{2s}\\ \vdots & \vdots & & \vdots\\ A_{r1} & A_{r2} & \cdots & A_{rs}\end{pmatrix},\quad B=\begin{pmatrix}B_{11} & B_{12} & \cdots & B_{1t}\\ B_{21} & B_{22} & \cdots & B_{2t}\\ \vdots & \vdots & & \vdots\\ B_{s1} & B_{s2} & \cdots & B_{st}\end{pmatrix}$$

且子块 $A_{i1},A_{i2},\cdots,A_{is}$ 的列数分别等于子块 $B_{1j},B_{2j},\cdots,B_{sj}$ 的行数，$i=1,2,\cdots,r;j=1,2,\cdots,t$. 则

$$AB=\begin{pmatrix}C_{11} & C_{12} & \cdots & C_{1t}\\ C_{21} & C_{22} & \cdots & C_{2t}\\ \vdots & \vdots & & \vdots\\ C_{r1} & C_{r2} & \cdots & C_{rt}\end{pmatrix}$$

其中

$$C_{ij}=A_{i1}B_{1j}+A_{i2}B_{2j}+\cdots+A_{is}B_{sj}=\sum_{k=1}^{s}A_{ik}B_{kj}\quad(i=1,2,\cdots,r;\ j=1,2,\cdots,t)$$

例 24 设 $A=\begin{pmatrix}1 & -1 & 0 & 0\\ 3 & -1 & 0 & 0\\ 0 & 1 & 0 & 0\\ 0 & 0 & 2 & -1\end{pmatrix}$，$B=\begin{pmatrix}1 & 0 & 0 & 0\\ -1 & 0 & 0 & 0\\ 0 & 1 & 3 & -1\\ 0 & 2 & 1 & 4\end{pmatrix}$ 试用矩阵分块方法计算乘积 AB.

解 先对矩阵 A,B 采用分块，再利用矩阵的行乘列法则计算出 AB，即

$$AB=\left(\begin{array}{cc:cc}1 & -1 & 0 & 0\\ 3 & -1 & 0 & 0\\ 0 & 1 & 0 & 0\\ \hdashline 0 & 0 & 2 & -1\end{array}\right)\left(\begin{array}{c:ccc}1 & 0 & 0 & 0\\ -1 & 0 & 0 & 0\\ \hdashline 0 & 1 & 3 & -1\\ 0 & 2 & 1 & 4\end{array}\right)$$

$$=\begin{pmatrix}A_{11} & O\\ O & A_{22}\end{pmatrix}\begin{pmatrix}B_{11} & O\\ O & B_{22}\end{pmatrix}=\begin{pmatrix}A_{11}B_{11} & O\\ O & A_{22}B_{22}\end{pmatrix}$$

其中

$$A_{11}=\begin{pmatrix}1 & -1\\ 3 & -1\\ 0 & 1\end{pmatrix},\quad B_{11}=\begin{pmatrix}1\\ -1\end{pmatrix},\quad A_{22}=(2\quad -1),\quad B_{22}=\begin{pmatrix}1 & 3 & -1\\ 2 & 1 & 4\end{pmatrix}$$

所以

$$A_{11}B_{11}=\begin{pmatrix}1 & -1\\ 3 & -1\\ 0 & 1\end{pmatrix}\begin{pmatrix}1\\ -1\end{pmatrix}=\begin{pmatrix}2\\ 4\\ -1\end{pmatrix},\quad A_{22}B_{22}=(2\quad -1)\begin{pmatrix}1 & 3 & -1\\ 2 & 1 & 4\end{pmatrix}=(0\quad 5\quad -6)$$

$$\text{故 } AB=\left[\begin{array}{c:ccc}2 & 0 & 0 & 0\\ 4 & 0 & 0 & 0\\ -1 & 0 & 0 & 0\\ \hdashline 0 & 0 & 5 & -6\end{array}\right].$$

设 A 是 $m\times n$ 矩阵，B 是 $n\times l$ 矩阵，将 B 的每一列分成一个子块，变为列分块矩阵，即 $B=(\boldsymbol{\beta}_1,\boldsymbol{\beta}_2,\cdots,\boldsymbol{\beta}_l)$.

将 A 看成只有一块的分块矩阵. 这时不难验证 $A\boldsymbol{\beta}_j$ 有意义且 A 与 B 作为分块矩阵相乘，得

$$AB=A(\boldsymbol{\beta}_1,\boldsymbol{\beta}_2,\cdots,\boldsymbol{\beta}_l)=(A\boldsymbol{\beta}_1,A\boldsymbol{\beta}_2,\cdots,A\boldsymbol{\beta}_l)$$

同样，将 A 的每一行作为一个子块，变为行分块矩阵

$$A=\begin{pmatrix}\boldsymbol{\alpha}_1^{\mathrm{T}}\\ \boldsymbol{\alpha}_2^{\mathrm{T}}\\ \vdots\\ \boldsymbol{\alpha}_m^{\mathrm{T}}\end{pmatrix}$$

也将 B 看成只有一块的分块矩阵，则有

$$AB=\begin{pmatrix}\boldsymbol{\alpha}_1^{\mathrm{T}}\\ \boldsymbol{\alpha}_2^{\mathrm{T}}\\ \vdots\\ \boldsymbol{\alpha}_m^{\mathrm{T}}\end{pmatrix}B=\begin{pmatrix}\boldsymbol{\alpha}_1^{\mathrm{T}}B\\ \boldsymbol{\alpha}_2^{\mathrm{T}}B\\ \vdots\\ \boldsymbol{\alpha}_m^{\mathrm{T}}B\end{pmatrix}$$

三、分块对角矩阵与分块三角阵

设 A 是 n 阶方阵，如果 A 的分块矩阵除主对角线上有非零子块外，其余子块都是零子块，即

$$A=\begin{pmatrix}A_1 & & & \\ & A_2 & & \\ & & \ddots & \\ & & & A_s\end{pmatrix}$$

其中，$A_i\ (i=1,2,\cdots,s)$ 都是方阵，则称方阵 A 为**准对角矩阵**，或称为**分块对角矩阵**.

例如，设矩阵

$$A=\begin{pmatrix}2&2&0&0&0&0\\1&1&0&0&0&0\\0&0&1&2&3&0\\0&0&0&-1&1&0\\0&0&1&0&0&0\\0&0&0&0&0&2\end{pmatrix}$$

可将矩阵表示成分块对角阵

$$A=\begin{pmatrix}A_1&O&O\\O&A_2&O\\O&O&A_3\end{pmatrix}$$

其中

$$A_1=\begin{pmatrix}2&2\\1&1\end{pmatrix},\quad A_2=\begin{pmatrix}1&2&3\\0&-1&1\\1&0&0\end{pmatrix},\quad A_3=(2)$$

设 A,B 分别是 r 阶，s 阶可逆矩阵，C 为 s 行 r 列矩阵，称

$$D=\begin{pmatrix}A&O\\C&B\end{pmatrix}$$

为分块下三角矩阵，类似可定义上三角矩阵.

设有两个分块对角矩阵

$$A=\begin{pmatrix}A_1&&&\\&A_2&&\\&&\ddots&\\&&&A_s\end{pmatrix},\quad B=\begin{pmatrix}B_1&&&\\&B_2&&\\&&\ddots&\\&&&B_s\end{pmatrix}$$

其中，A,B 同阶，且子块 A_i,B_i 同阶，$i=1,2,\cdots,s$，可以证明

(i) $$A+B=\begin{pmatrix}A_1+B_1&&&\\&A_2+B_2&&\\&&\ddots&\\&&&A_s+B_s\end{pmatrix}$$

(ii) $$kA=\begin{pmatrix}kA_1&&&\\&kA_2&&\\&&\ddots&\\&&&kA_s\end{pmatrix}$$

(iii) $$AB=\begin{pmatrix}A_1B_1&&&\\&A_2B_2&&\\&&\ddots&\\&&&A_sB_s\end{pmatrix}$$

(iv) $|A| = \begin{vmatrix} A_1 & & & \\ & A_2 & & \\ & & \ddots & \\ & & & A_s \end{vmatrix} = |A_1| \cdot |A_2| \cdots |A_s|$

特别地,若 A_1, A_2 分别为 m 阶和 n 阶方阵,则

$$\begin{vmatrix} A_1 & \\ & A_2 \end{vmatrix} = |A_1| \cdot |A_2|, \quad \begin{vmatrix} & A_1 \\ A_2 & \end{vmatrix} = (-1)^{m \times n} |A_1| \cdot |A_2|$$

(v) 若 $|A| \neq 0$,则 $A^{-1} = \begin{pmatrix} A_1^{-1} & & & \\ & A_2^{-1} & & \\ & & \ddots & \\ & & & A_s^{-1} \end{pmatrix}$.

特别地,$\begin{pmatrix} A_1 & \\ & A_2 \end{pmatrix}^{-1} = \begin{pmatrix} A_1^{-1} & \\ & A_2^{-1} \end{pmatrix}$,$\begin{pmatrix} & A_1 \\ A_2 & \end{pmatrix}^{-1} = \begin{pmatrix} & A_2^{-1} \\ A_1^{-1} & \end{pmatrix}$.

例 25　设 $H = \begin{pmatrix} A & O \\ C & B \end{pmatrix}$,其中 A,B 分别为 $s' \times t$ 可逆矩阵,C 为 $t' \times s$ 矩阵,O 为 $s' \times t$ 零矩阵. 试证明 H 可逆并求其逆.

解　由行列式的拉普拉斯展开定理得 $|H| = |A||B| \neq 0$,故 H 可逆.

设 $H^{-1} = \begin{pmatrix} X_1 & X_2 \\ X_3 & X_4 \end{pmatrix}$,其中子块 X_1, X_2, X_3, X_4 分别与 H 的子块 A, O, C, B 同型. 则有

$$\begin{pmatrix} A & O \\ C & B \end{pmatrix} \begin{pmatrix} X_1 & X_2 \\ X_3 & X_4 \end{pmatrix} = E_{s+t} = \begin{pmatrix} E_s & O \\ O & E_t \end{pmatrix}$$

即 $\begin{pmatrix} AX_1 & AX_2 \\ CX_1 + BX_3 & CX_2 + BX_4 \end{pmatrix} = \begin{pmatrix} E_s & O \\ O & E_t \end{pmatrix}$.

于是得矩阵方程组 $\begin{cases} AX_1 = E_S, \\ AX_2 = O, \\ CX_1 + BX_3 = O, \\ CX_2 + BX_4 = E_t, \end{cases}$ 解之得 $\begin{cases} X_1 = A^{-1}, \\ X_2 = O, \\ X_3 = -B^{-1}CA^{-1}, \\ X_4 = B^{-1}. \end{cases}$ 故

$$H^{-1} = \begin{pmatrix} A^{-1} & O \\ -B^{-1}CA^{-1} & B^{-1} \end{pmatrix}$$

若例 25 中的子矩阵 $C = O$,则 $H = \begin{pmatrix} A & O \\ O & B \end{pmatrix}$,此时有

$$H^{-1} = \begin{pmatrix} A^{-1} & O \\ O & B^{-1} \end{pmatrix}$$

例 26　设 $A = \begin{pmatrix} 0 & 1 & 0 & 0 \\ 0 & 0 & 2 & 0 \\ 0 & 0 & 0 & 3 \\ 4 & 0 & 0 & 0 \end{pmatrix}$,求 A^{-1}.

解 将 A 分块成 $A=\begin{pmatrix} O & B \\ C & O \end{pmatrix}$,其中 $B=\begin{pmatrix} 1 & 0 & 0 \\ 0 & 2 & 0 \\ 0 & 0 & 3 \end{pmatrix}$,$C=4$,则

$$A^{-1}=\begin{pmatrix} O & B \\ C & O \end{pmatrix}^{-1}=\begin{pmatrix} O & C^{-1} \\ B^{-1} & O \end{pmatrix}=\begin{pmatrix} 0 & 0 & 0 & \frac{1}{4} \\ 1 & 0 & 0 & 0 \\ 0 & \frac{1}{2} & 0 & 0 \\ 0 & 0 & \frac{1}{3} & 0 \end{pmatrix}$$

例 27 设 A,B 分别是 r 阶,s 阶可逆矩阵,证明三角分块矩阵 $D=\begin{pmatrix} A & O \\ C & B \end{pmatrix}$ 可逆,且

$$D^{-1}=\begin{pmatrix} A^{-1} & O \\ -B^{-1}CA^{-1} & B^{-1} \end{pmatrix}$$

证 设有 $r+s$ 阶可逆矩阵 X,将 X 按 D 相同的分块方法分块,设

$$X=\begin{pmatrix} X_{11} & X_{12} \\ X_{21} & X_{22} \end{pmatrix},$$

其中 X_{11},X_{22} 分别为 r 阶、s 阶方阵,令 $DX=E$,得

$$\begin{pmatrix} A & O \\ C & B \end{pmatrix}\begin{pmatrix} X_{11} & X_{12} \\ X_{21} & X_{22} \end{pmatrix}=\begin{pmatrix} E_r & O \\ O & E_s \end{pmatrix}$$

所以

$$\begin{pmatrix} AX_{11} & AX_{12} \\ CX_{11}+BX_{21} & CX_{12}+BX_{22} \end{pmatrix}=\begin{pmatrix} E_r & O \\ O & E_s \end{pmatrix}$$

从而

$$\begin{cases} AX_{11}=E_r & (1) \\ AX_{12}=O & (2) \\ CX_{11}+BX_{21}=O & (3) \\ CX_{12}+BX_{22}=E_s & (4) \end{cases}$$

方程(1) 与(2) 两边同时左乘 A^{-1},有

$$A^{-1}AX_{11}=A^{-1}E_r,\ X_{11}=A^{-1};\quad A^{-1}AX_{12}=A^{-1}O,\ X_{12}=O$$

分别代入(3) 和(4),得

$$CA^{-1}+BX_{21}=O,\quad BX_{22}=E_s$$

从而

$$X_{21}=-B^{-1}CA^{-1},\quad X_{22}=B^{-1}$$

因此有

$$X=\begin{pmatrix} A^{-1} & O \\ -B^{-1}CA^{-1} & B^{-1} \end{pmatrix}$$

使 $DX=E$,故 D 可逆,且 $D^{-1}=X$.

同理,还可以证明

$$\begin{pmatrix} A & C \\ O & B \end{pmatrix}^{-1} = \begin{pmatrix} A^{-1} & -A^{-1}CB^{-1} \\ O & B^{-1} \end{pmatrix}$$

对于分块三角矩阵的行列式有如下结果:

若A,B分别为m阶和n阶方阵,$*$表示非零矩阵,则

$$\begin{vmatrix} A & O \\ * & B \end{vmatrix} = \begin{vmatrix} A & * \\ O & B \end{vmatrix} = |A| \cdot |B|, \quad \begin{vmatrix} O & A \\ B & * \end{vmatrix} = \begin{vmatrix} * & A \\ B & O \end{vmatrix} = (-1)^{m \times n} |A| \cdot |B|$$

例 28　求解方程

$$f(x) = \begin{vmatrix} x-2 & x-1 & x-2 & x-3 \\ 2x-2 & 2x-1 & 2x-2 & 2x-3 \\ 3x-3 & 3x-2 & 4x-5 & 3x-5 \\ 4x & 4x-3 & 5x-7 & 4x-3 \end{vmatrix} = 0$$

解　将行列式的第一列的-1倍,分别加到2、3、4列,得

$$f(x) = \begin{vmatrix} x-2 & 1 & 0 & -1 \\ 2x-2 & 1 & 0 & -1 \\ 3x-3 & 1 & x-2 & -2 \\ 4x & -3 & x-7 & -3 \end{vmatrix} = \begin{vmatrix} x-2 & 1 & 0 & 0 \\ 2x-2 & 1 & 0 & 0 \\ 3x-3 & 1 & x-2 & -1 \\ 4x & -3 & x-7 & -6 \end{vmatrix}$$

$$= \begin{vmatrix} x-2 & 1 \\ 2x-2 & 1 \end{vmatrix} \cdot \begin{vmatrix} x-2 & -1 \\ x-7 & -6 \end{vmatrix} = (-x)(5x+5) = 0$$

故方程的解为$x_1 = 0, x_2 = -\frac{5}{7}$.

第五节　向量组的线性相关性

为了进一步研究矩阵的其它理论,先研究向量组的线性相关性.

定义 19　设$\boldsymbol{\alpha}_1,\boldsymbol{\alpha}_2,\cdots,\boldsymbol{\alpha}_m$是$m$个$n$维向量,$k_1,k_2,\cdots,k_m$是$m$个实数.则称

$$k_1\boldsymbol{\alpha}_1 + k_2\boldsymbol{\alpha}_2 + \cdots + k_m\boldsymbol{\alpha}_m$$

为向量组$\boldsymbol{\alpha}_1,\boldsymbol{\alpha}_2,\cdots,\boldsymbol{\alpha}_m$的一个**线性组合**.

对于n维向量$\boldsymbol{\alpha}$,若存在常数$k_1,k_2,\cdots,k_m$,使得

$$\boldsymbol{\beta} = k_1\boldsymbol{\alpha}_1 + k_2\boldsymbol{\alpha}_2 + \cdots + k_m\boldsymbol{\alpha}_m \tag{1}$$

则称$\boldsymbol{\alpha}$是向量组$\boldsymbol{\alpha}_1,\boldsymbol{\alpha}_2,\cdots,\boldsymbol{\alpha}_m$的线性组合,或者说$\boldsymbol{\alpha}$可由向量组$\boldsymbol{\alpha}_1,\boldsymbol{\alpha}_2,\cdots,\boldsymbol{\alpha}_m$线性表示.

例如,向量$\boldsymbol{\beta} = \begin{pmatrix} -6 \\ 7 \\ 5 \\ -3 \end{pmatrix}$为向量组$\boldsymbol{\alpha}_1 = \begin{pmatrix} -2 \\ 0 \\ 3 \\ 1 \end{pmatrix}$,$\boldsymbol{\alpha}_2 = \begin{pmatrix} 1 \\ 3 \\ -2 \\ -1 \end{pmatrix}$,$\boldsymbol{\alpha}_3 = \begin{pmatrix} 2 \\ -1 \\ 0 \\ 4 \end{pmatrix}$的线性组合,这是因为$\boldsymbol{\beta} = 3\boldsymbol{\alpha}_1 + 2\boldsymbol{\alpha}_2 - \boldsymbol{\alpha}_3$.

对任一向量组$\boldsymbol{\alpha}_1,\boldsymbol{\alpha}_2,\cdots,\boldsymbol{\alpha}_s$,$O = 0\boldsymbol{\alpha}_1 + 0\boldsymbol{\alpha}_2 + \cdots + 0\boldsymbol{\alpha}_s$都成立,故零向量$\boldsymbol{O}$是任一向量组$\boldsymbol{\alpha}_1,\boldsymbol{\alpha}_2,\cdots,\boldsymbol{\alpha}_s$的线性组合.

n 维向量组 $\boldsymbol{\varepsilon}_1=\begin{pmatrix}1\\0\\\vdots\\0\end{pmatrix},\boldsymbol{\varepsilon}_2=\begin{pmatrix}0\\1\\\vdots\\0\end{pmatrix},\cdots,\boldsymbol{\varepsilon}_n=\begin{pmatrix}0\\0\\\vdots\\1\end{pmatrix}$ 称为**单位向量组**. 显然,单位向量组中任一向量都不能由其余 $n-1$ 个向量线性表示;而任一 n 维向量 $\boldsymbol{\alpha}=\begin{pmatrix}a_1\\a_2\\\vdots\\a_n\end{pmatrix}$ 都是单位向量组 $\boldsymbol{\varepsilon}_1,\boldsymbol{\varepsilon}_2,\cdots,\boldsymbol{\varepsilon}_n$ 的线性组合

$$\boldsymbol{\alpha}=a_1\boldsymbol{\varepsilon}_1+a_2\boldsymbol{\varepsilon}_2+\cdots+a_n\boldsymbol{\varepsilon}_n$$

若 $\boldsymbol{\beta},\boldsymbol{\alpha}_1,\boldsymbol{\alpha}_2,\cdots,\boldsymbol{\alpha}_m$ 是 n 维列向量,则式(1) 可记为

$$\boldsymbol{\beta}=(\boldsymbol{\alpha}_1,\boldsymbol{\alpha}_2,\cdots,\boldsymbol{\alpha}_m)\begin{pmatrix}k_1\\k_2\\\vdots\\k_m\end{pmatrix} \tag{2}$$

令矩阵 $\boldsymbol{A}=(\boldsymbol{\alpha}_1,\boldsymbol{\alpha}_2,\cdots,\boldsymbol{\alpha}_m)$,$\boldsymbol{K}=(k_1,k_2,\cdots,k_m)^{\mathrm{T}}$,则式(2) 可写为

$$\boldsymbol{AK}=\boldsymbol{\beta} \tag{3}$$

这是一个 n 个方程 m 个未知量的非齐次线性方程组. 显然,$\boldsymbol{\beta}$ 可由向量组 $\boldsymbol{\alpha}_1,\boldsymbol{\alpha}_2,\cdots,\boldsymbol{\alpha}_m$ 线性表示与方程组(3) 有解是等价的. 因而有如下定理:

定理 3 给定 n 维列向量组 $\boldsymbol{\alpha}_1,\boldsymbol{\alpha}_2,\cdots,\boldsymbol{\alpha}_m,\boldsymbol{\beta}$,向量 $\boldsymbol{\beta}$ 可由向量组 $\boldsymbol{\alpha}_1,\boldsymbol{\alpha}_2,\cdots,\boldsymbol{\alpha}_m$ 线性表示的充要条件是方程组(3) 有解. 特别地,若方程组(3) 有唯一解,则线性表示式是唯一的.

定义 20 设 $\boldsymbol{\alpha}_1,\boldsymbol{\alpha}_2,\cdots,\boldsymbol{\alpha}_m$ 是 m 个 n 维向量,如果存在不全为零的常数 $k_1,k_2,\cdots,k_m$,使得

$$k_1\boldsymbol{\alpha}_1+k_2\boldsymbol{\alpha}_2+\cdots+k_m\boldsymbol{\alpha}_m=O$$

则称向量组 $\boldsymbol{\alpha}_1,\boldsymbol{\alpha}_2,\cdots,\boldsymbol{\alpha}_m$ **线性相关**;否则,若只有当 $k_1,k_2,\cdots,k_m$ 全为零时上式才成立,则称向量组 $\boldsymbol{\alpha}_1,\boldsymbol{\alpha}_2,\cdots,\boldsymbol{\alpha}_m$ **线性无关**.

例 29 已知 $\boldsymbol{\alpha}_1,\boldsymbol{\alpha}_2,\boldsymbol{\alpha}_3$ 线性无关,证明:

(i) $\boldsymbol{\beta}_1=\boldsymbol{\alpha}_1+\boldsymbol{\alpha}_2,\boldsymbol{\beta}_2=\boldsymbol{\alpha}_2+\boldsymbol{\alpha}_3,\boldsymbol{\beta}_3=\boldsymbol{\alpha}_3+\boldsymbol{\alpha}_1$ 线性无关;

(ii) $\boldsymbol{\gamma}_1=\boldsymbol{\alpha}_1-\boldsymbol{\alpha}_2,\boldsymbol{\gamma}_2=\boldsymbol{\alpha}_2-\boldsymbol{\alpha}_3,\boldsymbol{\gamma}_3=\boldsymbol{\alpha}_3-\boldsymbol{\alpha}_1$ 线性相关.

证 (i) 设有一组常数 k_1,k_2,k_3,使得

$$k_1\boldsymbol{\beta}_1+k_2\boldsymbol{\beta}_2+k_3\boldsymbol{\beta}_3=\boldsymbol{O}$$

得

$$k_1(\boldsymbol{\alpha}_1+\boldsymbol{\alpha}_2)+k_2(\boldsymbol{\alpha}_2+\boldsymbol{\alpha}_3)+k_3(\boldsymbol{\alpha}_3+\boldsymbol{\alpha}_1)=\boldsymbol{O}$$

即

$$(k_1+k_3)\boldsymbol{\alpha}_1+(k_1+k_2)\boldsymbol{\alpha}_2+(k_2+k_3)\boldsymbol{\alpha}_3=\boldsymbol{O}$$

由 $\boldsymbol{\alpha}_1,\boldsymbol{\alpha}_2,\boldsymbol{\alpha}_3$ 线性无关,得 $\begin{cases}k_1+k_3=0\\k_1+k_2=0\\k_2+k_3=0\end{cases}$ 只有零解 $k_1=k_2=k_3=0$,故 $\boldsymbol{\beta}_1,\boldsymbol{\beta}_2,\boldsymbol{\beta}_3$ 线性

无关.

(ii) 取 $k_1=k_2=k_3=1$,则

$$k_1\boldsymbol{\gamma}_1+k_2\boldsymbol{\gamma}_2+k_3\boldsymbol{\gamma}_3=(\boldsymbol{\alpha}_1-\boldsymbol{\alpha}_2)+(\boldsymbol{\alpha}_2-\boldsymbol{\alpha}_3)+(\boldsymbol{\alpha}_3-\boldsymbol{\alpha}_1)=\boldsymbol{O}$$

所以 $\boldsymbol{\gamma}_1,\boldsymbol{\gamma}_2,\boldsymbol{\gamma}_3$ 线性相关.

思考　考虑若 $\boldsymbol{\alpha}_1,\boldsymbol{\alpha}_2,\boldsymbol{\alpha}_3,\boldsymbol{\alpha}_4$ 线性无关,则

$$\boldsymbol{\alpha}_1+\boldsymbol{\alpha}_2,\boldsymbol{\alpha}_2+\boldsymbol{\alpha}_3,\boldsymbol{\alpha}_3+\boldsymbol{\alpha}_4,\boldsymbol{\alpha}_4+\boldsymbol{\alpha}_1$$

线性相关.

注:$\boldsymbol{\alpha}_1,\boldsymbol{\alpha}_2,\cdots,\boldsymbol{\alpha}_n$ 成单时线性无关,成双时线性相关.

定理 4　(1) 向量组 $\boldsymbol{\alpha}_1,\boldsymbol{\alpha}_2,\cdots,\boldsymbol{\alpha}_m$ $(m\geqslant 2)$ 线性相关的充分必要条件是 $\boldsymbol{\alpha}_1,\boldsymbol{\alpha}_2,\cdots,\boldsymbol{\alpha}_m$ 中至少有一个向量可由其余向量线性表示.

(2) 向量组 $\boldsymbol{\alpha}_1,\boldsymbol{\alpha}_2,\cdots,\boldsymbol{\alpha}_s$ $(s\geqslant 2)$ 线性无关的充分必要条件是其中任何一个向量都不能由其余向量线性表示.

证　我们只证明(1),请读者自己证明(2).

证　必要性.设 $\boldsymbol{\alpha}_1,\boldsymbol{\alpha}_2,\cdots,\boldsymbol{\alpha}_m$ 线性相关,则存在一组不全为零的数 $k_1,k_2,\cdots,k_m$,使得

$$k_1\boldsymbol{\alpha}_1+k_2\boldsymbol{\alpha}_2+\cdots+k_m\boldsymbol{\alpha}_m=O$$

不妨设 $k_1\neq 0$,则

$$\boldsymbol{\alpha}_1=-\frac{k_2}{k_1}\boldsymbol{\alpha}_2-\cdots-\frac{k_i}{k_1}\boldsymbol{\alpha}_i-\cdots-\frac{k_m}{k_1}\boldsymbol{\alpha}_m$$

即 $\boldsymbol{\alpha}_1$ 可由其余向量线性表示.

充分性.不妨设 $\boldsymbol{\alpha}_1$ 可由其余向量线性表示,即存在一组数 $l_2,l_3,\cdots,l_m$,使得

$$\boldsymbol{\alpha}_1=l_2\boldsymbol{\alpha}_2+l_3\boldsymbol{\alpha}_3+\cdots+l_m\boldsymbol{\alpha}_m$$

即

$$(-1)\boldsymbol{\alpha}_1+l_2\boldsymbol{\alpha}_2+l_3\boldsymbol{\alpha}_3+\cdots+l_m\boldsymbol{\alpha}_m=\boldsymbol{O}$$

由于,$(-1),l_2,l_3,\cdots,l_m$ 为一组不全为零的数,所以,$\boldsymbol{\alpha}_1,\boldsymbol{\alpha}_2,\cdots,\boldsymbol{\alpha}_m$ 线性相关.

思考　试叙述上命题的逆否命题.

推论　(1) 含有零向量的向量组必线性相关;

(2) 两个向量 $\boldsymbol{\alpha},\boldsymbol{\beta}$ 线性相关的充分必要条件是:存在常数 k,使得 $\boldsymbol{\alpha}=k\boldsymbol{\beta}$ 或 $\boldsymbol{\beta}=k\boldsymbol{\alpha}$(即两个向量成比例).

关于线性相关性有下面几个定理.

例 30　讨论向量组 $\boldsymbol{\alpha}_1=(1,2,3)^{\mathrm{T}},\boldsymbol{\alpha}_2=(2,3,4)^{\mathrm{T}},\boldsymbol{\alpha}_3=(3,4,5)^{\mathrm{T}},\boldsymbol{\alpha}_4=(4,5,6)^{\mathrm{T}}$ 的线性相关性.

解　因为 $\boldsymbol{\alpha}_1-\boldsymbol{\alpha}_2-\boldsymbol{\alpha}_3+\boldsymbol{\alpha}_4=0$,所以所给向量组线性相关.

一般地,我们可以证明如下定理.

定理 5　若 n 维向量组所含的向量的个数 s 大于 n,则该向量组一定线性相关.

特别,$n+1$ 个 n 维向量组必线性相关.

例 31　设三维向量组

$$\boldsymbol{a}=(a_1,a_2,a_3)^{\mathrm{T}},\quad \boldsymbol{b}=(b_1,b_2,b_3)^{\mathrm{T}},\quad \boldsymbol{c}=(c_1,c_2,c_3)^{\mathrm{T}}$$

线性无关,试证每个向量添加 1 个分量,得到的四维向量组

$$\boldsymbol{\alpha} = (a_1, a_2, a_3, a_4)^{\mathrm{T}}, \quad \boldsymbol{\beta} = (b_1, b_2, b_3, b_4)^{\mathrm{T}}, \quad \boldsymbol{\gamma} = (c_1, c_2, c_3, c_4)^{\mathrm{T}}$$

也线性无关.

证 （反证法）设 $\boldsymbol{\alpha}, \boldsymbol{\beta}, \boldsymbol{\gamma}$ 线性相关，即存在不全为零的数 k_1, k_2, k_3，使

$$k_1\boldsymbol{\alpha} + k_2\boldsymbol{\beta} + k_3\boldsymbol{\gamma} = 0$$

写成分块形式，

$$k_1(\boldsymbol{a}, a_4) + k_2(\boldsymbol{b}, b_4) + k_3(\boldsymbol{c}, c_4) = (0, 0)$$

则有

$$k_1\boldsymbol{a} + k_2\boldsymbol{b} + k_3\boldsymbol{c} = 0$$

得 $\boldsymbol{a}, \boldsymbol{b}, \boldsymbol{c}$ 线性相关，与它们线性无关矛盾，所以 $\boldsymbol{\alpha}, \boldsymbol{\beta}, \boldsymbol{\gamma}$ 线性无关.

用同样的方法可以把此结论推广到一般情形.

定理 6 若 n 维向量 $\boldsymbol{\alpha}_1, \boldsymbol{\alpha}_2, \cdots, \boldsymbol{\alpha}_s$ 线性无关，则在每个向量上添加 m 个分量，得到的 $n+m$ 维向量组 $\boldsymbol{\beta}_1, \boldsymbol{\beta}_2, \cdots, \boldsymbol{\beta}_s$ 也线性无关.

特别地，基本单位向量组 $\boldsymbol{e}_1, \boldsymbol{e}_2, \cdots, \boldsymbol{e}_n$ 中每个向量都添加相同个数的分量后所得向量组仍然线性无关.

向量组 $\boldsymbol{\alpha}_1, \boldsymbol{\alpha}_2, \cdots, \boldsymbol{\alpha}_s$ 中部分向量构成的向量组称为此向量组的一个部分组.

定理 7 若向量组 $\boldsymbol{\alpha}_1, \boldsymbol{\alpha}_2, \cdots, \boldsymbol{\alpha}_s$ 线性无关，则它的任一部分组也线性无关.

证 用反证法. 不失一般性，不妨设向量组的部分组 $\boldsymbol{\alpha}_1, \boldsymbol{\alpha}_2, \cdots, \boldsymbol{\alpha}_r$ $(r < s)$ 线性相关，则存在一组不全为零的数 $k_1, k_2, \cdots, k_r$，使

$$k_1\boldsymbol{\alpha}_1 + k_2\boldsymbol{\alpha}_2 + \cdots + k_r\boldsymbol{\alpha}_r = \mathbf{0}$$

从而有

$$k_1\boldsymbol{\alpha}_1 + k_2\boldsymbol{\alpha}_2 + \cdots + k_r\boldsymbol{\alpha}_r + 0\boldsymbol{\alpha}_{r+1} + \cdots + 0\boldsymbol{\alpha}_s = \mathbf{0}$$

其中 $k_1, k_2, \cdots, k_r, 0, \cdots, 0$ 是不全为零的数，所以 $\boldsymbol{\alpha}_1, \boldsymbol{\alpha}_2, \cdots, \boldsymbol{\alpha}_s$ 线性相关，与 $\boldsymbol{\alpha}_1, \boldsymbol{\alpha}_2, \cdots, \boldsymbol{\alpha}_s$ 线性无关相矛盾，故 $\boldsymbol{\alpha}_1, \boldsymbol{\alpha}_2, \cdots, \boldsymbol{\alpha}_r$ 线性无关.

定理 8 如果向量组 $\boldsymbol{\alpha}_1, \boldsymbol{\alpha}_2, \cdots, \boldsymbol{\alpha}_m$ 线性无关，而向量组 $\boldsymbol{\alpha}_1, \boldsymbol{\alpha}_2, \cdots, \boldsymbol{\alpha}_m, \boldsymbol{\beta}$ 线性相关，则向量 $\boldsymbol{\beta}$ 可由向量组 $\boldsymbol{\alpha}_1, \boldsymbol{\alpha}_2, \cdots, \boldsymbol{\alpha}_m$ 线性表示，且表示法是唯一的.

证 首先，证明 $\boldsymbol{\beta}$ 可由向量组 $\boldsymbol{\alpha}_1, \boldsymbol{\alpha}_2, \cdots, \boldsymbol{\alpha}_m$ 线性表示.

因为 $\boldsymbol{\alpha}_1, \boldsymbol{\alpha}_2, \cdots, \boldsymbol{\alpha}_m, \boldsymbol{\beta}$ 线性相关，因而存在一组不全为零的数 $k_1, k_2, \cdots, k_m, k$，使得

$$k_1\boldsymbol{\alpha}_1 + k_2\boldsymbol{\alpha}_2 + \cdots + k_m\boldsymbol{\alpha}_m + k\boldsymbol{\beta} = \boldsymbol{O}$$

下面证明 $k \neq 0$.

事实上，若 $k = 0$，则 $k_1, k_2, \cdots, k_m$ 不全为零，上式化为

$$k_1\boldsymbol{\alpha}_1 + k_2\boldsymbol{\alpha}_2 + \cdots + k_m\boldsymbol{\alpha}_m = \boldsymbol{O}$$

从而 $\boldsymbol{\alpha}_1, \boldsymbol{\alpha}_2, \cdots, \boldsymbol{\alpha}_m$ 线性相关，这与已知矛盾.

故 $k \neq 0$，所以

$$\boldsymbol{\beta} = -\frac{k_1}{k}\boldsymbol{\alpha}_1 - \frac{k_2}{k}\boldsymbol{\alpha}_2 - \cdots - \frac{k_m}{k}\boldsymbol{\alpha}_m$$

即 $\boldsymbol{\beta}$ 可由向量组 $\boldsymbol{\alpha}_1, \boldsymbol{\alpha}_2, \cdots, \boldsymbol{\alpha}_m$ 线性表示.

其次，证明表示法是唯一的.

如果存在数 $l_1, l_2, \cdots, l_m; p_1, p_2, \cdots, p_m$，使

$$\boldsymbol{\beta}=l_1\boldsymbol{\alpha}_1+l_2\boldsymbol{\alpha}_2+\cdots+l_m\boldsymbol{\alpha}_m,\quad \boldsymbol{\beta}=p_1\boldsymbol{\alpha}_1+p_2\boldsymbol{\alpha}_2+\cdots+p_m\boldsymbol{\alpha}_m$$

两式相减，得

$$(p_1-l_1)\boldsymbol{\alpha}_1+(p_2-l_2)\boldsymbol{\alpha}_2+\cdots+(p_m-l_m)\boldsymbol{\alpha}_m=\boldsymbol{O}$$

由于 $\boldsymbol{\alpha}_1,\boldsymbol{\alpha}_2,\cdots,\boldsymbol{\alpha}_m$ 线性无关，故

$$(p_1-l_1)=(p_2-l_2)=\cdots=(p_m-l_m)=0$$

得 $p_1=l_1,p_2=l_2,\cdots,p_m=l_m$，即表示法唯一.

定理 9　如果向量组 $\boldsymbol{\alpha}_1,\boldsymbol{\alpha}_2,\cdots,\boldsymbol{\alpha}_m$ 中有一部分向量 $\boldsymbol{\alpha}_{i1},\boldsymbol{\alpha}_{i2},\cdots,\boldsymbol{\alpha}_{it}$ $(t\leqslant m)$ 线性相关，则整个向量组 $\boldsymbol{\alpha}_1,\boldsymbol{\alpha}_2,\cdots,\boldsymbol{\alpha}_m$ 线性相关.

证明略.

定理 10　由 n 个 n 维向量组成的向量组，其线性无关的充分必要条件是矩阵 $A=(\boldsymbol{\alpha}_1,\boldsymbol{\alpha}_2,\cdots,\boldsymbol{\alpha}_n)$ 可逆.

证　设有一组数 $k_1,k_2,\cdots,k_m$，使得

$$k_1\boldsymbol{\alpha}_1+k_2\boldsymbol{\alpha}_2+\cdots+k_n\boldsymbol{\alpha}_n=\boldsymbol{O}$$

即

$$(\boldsymbol{\alpha}_1,\boldsymbol{\alpha}_2,\cdots,\boldsymbol{\alpha}_n)\begin{pmatrix}k_1\\k_2\\\vdots\\k_n\end{pmatrix}=\begin{pmatrix}0\\0\\\vdots\\0\end{pmatrix}$$

令 $A=(\boldsymbol{\alpha}_1,\boldsymbol{\alpha}_2,\cdots,\boldsymbol{\alpha}_n)$，显然当方程组只有零解时，向量组 $\boldsymbol{\alpha}_1,\boldsymbol{\alpha}_2,\cdots,\boldsymbol{\alpha}_n$ 线性无关，此时 $|A|\neq 0$，即 A 可逆；而当矩阵 A 可逆时，上述方程组只有零解，此时向量组 $\boldsymbol{\alpha}_1,\boldsymbol{\alpha}_2,\cdots,\boldsymbol{\alpha}_n$ 线性无关.

根据定义 20，如果一个向量组含有零向量，则该向量组必定是线性相关的. 这是因为，对于这样的向量组 $\boldsymbol{\alpha}_1,\boldsymbol{\alpha}_2,\cdots,\boldsymbol{\alpha}_m,\boldsymbol{O}$，总存在一组不全为零的系数 $0,\cdots,0,1$，使得向量组的线性组合

$$0\boldsymbol{\alpha}_1+\cdots+0\boldsymbol{\alpha}_m+1\boldsymbol{O}=\boldsymbol{O}$$

单个向量组成的向量组，根据向量组线性相关和两个向量相等的定义，只有零向量是线性相关的.

由定义 20，我们还可以得出结论：含有两个或两个以上向量的向量组，如果它是线性相关的，其中必有一个向量可以由其余向量线性表示，反之亦然.

这样，对于线性相关的向量组，我们可以把那些能够由其余向量线性表示的向量一个一个地剔除出去，最后剩下一个子向量组，它不再含有"多余"的向量，即具有下述性质：

(i) 这个子向量组是线性无关的；

(ii) 原向量组的任何一个向量都可以由这个子向量组线性表示. 我们把这个子向量组称为向量组的一个极大线性无关组.

向量组的极大线性无关组可能不止一个. 那么向量组与它的极大线性无关组之间、极大线性无关组与极大线性无关组之间是一种什么关系呢?下面就来描述这种关系.

定义 21　设向量组 $\boldsymbol{\alpha}_1,\boldsymbol{\alpha}_2,\cdots,\boldsymbol{\alpha}_m$ 和 $\boldsymbol{\beta}_1,\boldsymbol{\beta}_2,\cdots,\boldsymbol{\beta}_s$ 都是 n 维向量组，如果向量组 $\boldsymbol{\alpha}_1,\boldsymbol{\alpha}_2,\cdots,\boldsymbol{\alpha}_m$ 的每一个向量都可以由向量组 $\boldsymbol{\beta}_1,\boldsymbol{\beta}_2,\cdots,\boldsymbol{\beta}_s$ 线性表示，那么就称向量组 $\boldsymbol{\alpha}_1$，

$\boldsymbol{\alpha}_2,\cdots,\boldsymbol{\alpha}_m$ 可由向量组 $\boldsymbol{\beta}_1,\boldsymbol{\beta}_2,\cdots,\boldsymbol{\beta}_s$ 线性表示.如果两个向量组可以互相线性表示,则称这两个向量组等价.

容易验证向量组的等价关系具有下述三条性质:

(i) **反身性**:每个向量组都与它自身等价.

(ii) **对称性**:如果向量组 $\boldsymbol{\alpha}_1,\boldsymbol{\alpha}_2,\cdots,\boldsymbol{\alpha}_m$ 与向量组 $\boldsymbol{\beta}_1,\boldsymbol{\beta}_2,\cdots,\boldsymbol{\beta}_s$ 等价,那么 $\boldsymbol{\beta}_1,\boldsymbol{\beta}_2,\cdots,\boldsymbol{\beta}_s$ 也与向量组 $\boldsymbol{\alpha}_1,\boldsymbol{\alpha}_2,\cdots,\boldsymbol{\alpha}_m$ 等价.

(iii) **传递性**:如果向量组 $\boldsymbol{\alpha}_1,\boldsymbol{\alpha}_2,\cdots,\boldsymbol{\alpha}_m$ 与向量组 $\boldsymbol{\beta}_1,\boldsymbol{\beta}_2,\cdots,\boldsymbol{\beta}_s$ 等价,向量组 $\boldsymbol{\beta}_1,\boldsymbol{\beta}_2,\cdots,\boldsymbol{\beta}_s$ 与向量组 $\boldsymbol{\gamma}_1,\boldsymbol{\gamma}_2,\cdots,\boldsymbol{\gamma}_t$ 等价,则向量组 $\boldsymbol{\alpha}_1,\boldsymbol{\alpha}_2,\cdots,\boldsymbol{\alpha}_m$ 与 $\boldsymbol{\gamma}_1,\boldsymbol{\gamma}_2,\cdots,\boldsymbol{\gamma}_t$ 等价.

设 $\boldsymbol{\alpha}_{i_1},\boldsymbol{\alpha}_{i_2},\cdots,\boldsymbol{\alpha}_{i_r}$ 是向量组 $\boldsymbol{\alpha}_1,\boldsymbol{\alpha}_2,\cdots,\boldsymbol{\alpha}_m$ 的一个极大线性无关组.根据极大线性无关组的定义,向量组 $\boldsymbol{\alpha}_1,\boldsymbol{\alpha}_2,\cdots,\boldsymbol{\alpha}_m$ 可以由向量组 $\boldsymbol{\alpha}_{i_1},\boldsymbol{\alpha}_{i_2},\cdots,\boldsymbol{\alpha}_{i_r}$ 线性表示,而 $\boldsymbol{\alpha}_{i_1},\boldsymbol{\alpha}_{i_2},\cdots,\boldsymbol{\alpha}_{i_r}$ 显然可以由向量组 $\boldsymbol{\alpha}_1,\boldsymbol{\alpha}_2,\cdots,\boldsymbol{\alpha}_m$ 线性表示.因此,向量组与它的极大线性无关组之间是一种等价关系.

进一步还可以证明:

定理 11 若向量组 $\boldsymbol{\alpha}_1,\boldsymbol{\alpha}_2,\cdots,\boldsymbol{\alpha}_s$ 可由向量组 $\boldsymbol{\beta}_1,\boldsymbol{\beta}_2,\cdots,\boldsymbol{\beta}_t$ 线性表示,且 $\boldsymbol{\alpha}_1,\boldsymbol{\alpha}_2,\cdots,\boldsymbol{\alpha}_s$ 线性无关,则 $s\leqslant t$.

证 因为 $\boldsymbol{\alpha}_1,\boldsymbol{\alpha}_2,\cdots,\boldsymbol{\alpha}_s$ 可由 $\boldsymbol{\beta}_1,\boldsymbol{\beta}_2,\cdots,\boldsymbol{\beta}_t$ 线性表示,有

$$\begin{cases}\boldsymbol{\alpha}_1=c_{11}\boldsymbol{\beta}_1+c_{12}\boldsymbol{\beta}_2+\cdots+c_{1t}\boldsymbol{\beta}_t\\ \boldsymbol{\alpha}_2=c_{21}\boldsymbol{\beta}_1+c_{22}\boldsymbol{\beta}_2+\cdots+c_{2t}\boldsymbol{\beta}_t\\ \cdots\cdots\cdots\\ \boldsymbol{\alpha}_s=c_{s1}\boldsymbol{\beta}_1+c_{s2}\boldsymbol{\beta}_2+\cdots+c_{st}\boldsymbol{\beta}_t\end{cases}$$

令

$$k_1\boldsymbol{\alpha}_1+k_2\boldsymbol{\alpha}_2+\cdots+k_s\boldsymbol{\alpha}_s=\boldsymbol{O}$$

将前式代入上式并整理,得到

$$\begin{aligned}&(c_{11}k_1+c_{21}k_2+\cdots+c_{s1}k_s)\boldsymbol{\beta}_1+(c_{12}k_1+c_{22}k_2+\cdots+c_{s2}x_s)\boldsymbol{\beta}_2+\cdots\\&+(c_{1t}k_1+c_{2t}k_2+\cdots+c_{st}k_s)\boldsymbol{\beta}_t=O\end{aligned}$$

令向量 $\boldsymbol{\beta}_1,\boldsymbol{\beta}_2,\cdots,\boldsymbol{\beta}_t$ 前的系数都取 0(寻找不全为零的 $k_1,k_2,\cdots,k_s$)得方程组

$$\begin{cases}c_{11}k_1+c_{21}k_2+\cdots+c_{s1}k_s=0\\ c_{12}k_1+c_{22}k_2+\cdots+c_{s2}k_s=0\\ \cdots\cdots\\ c_{1t}k_1+c_{2t}k_2+\cdots+c_{st}k_s=0\end{cases}$$

如果 $s>t$,易知存在非零解 $k_1,k_2,\cdots,k_s$,因此向量组 $\boldsymbol{\alpha}_1,\boldsymbol{\alpha}_2,\cdots,\boldsymbol{\alpha}_s$ 线性相关,与已知条件矛盾.所以,$s\leqslant t$.

由定理 11 立得以下推论:

推论 1 等价的线性无关向量组含有相同个数的向量.

向量组的所有极大线性无关组(如果不止一个的话)都含有相同个数的向量,这个数称为**向量组的秩**.

推论 2 如果两个向量组等价,则它们的秩相等.

证 设 $\boldsymbol{\alpha}_{i_1},\boldsymbol{\alpha}_{i_2},\cdots,\boldsymbol{\alpha}_{i_r}$ 与 $\boldsymbol{\beta}_{j_1},\boldsymbol{\beta}_{j_2},\cdots,\boldsymbol{\beta}_{j_t}$ 分别为向量组 $\boldsymbol{\alpha}_1,\boldsymbol{\alpha}_2,\cdots,\boldsymbol{\alpha}_m$ 与 $\boldsymbol{\beta}_1,\boldsymbol{\beta}_2,\cdots,\boldsymbol{\beta}_s$ 的

极大线性无关组，则 $\boldsymbol{\alpha}_1,\boldsymbol{\alpha}_2,\cdots,\boldsymbol{\alpha}_m$ 与 $\boldsymbol{\alpha}_{i_1},\boldsymbol{\alpha}_{i_2},\cdots,\boldsymbol{\alpha}_{i_r}$ 等价，$\boldsymbol{\beta}_1,\boldsymbol{\beta}_2,\cdots,\boldsymbol{\beta}_s$ 与 $\boldsymbol{\beta}_{j_1},\boldsymbol{\beta}_{j_2},\cdots,\boldsymbol{\beta}_{j_t}$ 等价. 若 $\boldsymbol{\alpha}_1,\boldsymbol{\alpha}_2,\cdots,\boldsymbol{\alpha}_m$ 与 $\boldsymbol{\beta}_1,\boldsymbol{\beta}_2,\cdots,\boldsymbol{\beta}_s$ 等价，则由等价关系的对称性和传递性，$\boldsymbol{\alpha}_{i_1},\boldsymbol{\alpha}_{i_2},\cdots,\boldsymbol{\alpha}_{i_r}$ 与 $\boldsymbol{\beta}_{j_1},\boldsymbol{\beta}_{j_2},\cdots,\boldsymbol{\beta}_{j_t}$ 也是等价的. 再由推论 1 得 $r=t$，即 $\boldsymbol{\alpha}_1,\boldsymbol{\alpha}_2,\cdots,\boldsymbol{\alpha}_m$ 与 $\boldsymbol{\beta}_1,\boldsymbol{\beta}_2,\cdots,\boldsymbol{\beta}_s$ 的秩相等.

推论 3　任意 $n+1$ 个 n 维向量必线性相关.

推论 4　线性无关的 n 维向量组最多含有 n 个 n 维向量.

第六节　矩阵的初等变换与初等矩阵

一、矩阵的初等变换

我们已在附录 1 中初步了解了线性方程组的高斯消元法. 我们知道，对一般地线性方程组

$$\begin{cases} a_{11}x_1+a_{12}x_2+\cdots+a_{1n}x_n=b_1 \\ a_{21}x_1+a_{22}x_2+\cdots+a_{2n}x_n=b_2 \\ \cdots\cdots \\ a_{m1}x_1+a_{m2}x_2+\cdots+a_{mn}x_n=b_m \end{cases}$$

施行下述三种变换得到的新方程组与原方程组同解：

(i) 换法变换：交换某两个方程的位置；

(ii) 倍法变换：一个方程的两边都乘以同一个非零常数；

(iii) 消法变换：一个方程的两边同乘以一个常数，然后分别加到另一个方程的两边.

对方程组施行的上述变换称为方程组的**同解变换**.

方程组的上述三个同解变换，从矩阵的角度看，就是对增广矩阵进行下述的行初等变换.

定义 22　设 A 是一个 $m\times n$ 矩阵，对矩阵 A 施行下述变换称为行初等变换：

(i) 换法变换：交换矩阵的两行；

(ii) 倍法变换：用不为零的数 k 乘 A 的某一行的所有元素；

(iii) 消法变换：用任意数 k 乘 A 的某一行的所有元素，然后加到另一行的对应元素上.

消法变换的作用是：通过某一行乘上适当的倍数再加到另一行，把某个未知量消去.

把上述三种变换中的“行”改为“列”，得到的变换称为矩阵 A 的**列初等变换**.

矩阵的行初等变换、列初等变换统称为矩阵的初等变换.

二、初等矩阵

对于矩阵的初等变换，我们有下面的三个事实：

(i) 交换矩阵 A 的第 i 行和第 j 行(用符号 $r_i\leftrightarrow r_j$ 表示，其中 r 是“行”的英文单词 row 的第一个字母) 得到的矩阵 B，与用交换 m 阶单位矩阵第 i 行和第 j 行得到的矩阵

$$E(i,j)=\begin{pmatrix}1&0&\cdots&\cdots&\cdots&0&0\\ \vdots&\vdots&&&&&\vdots\\ 0&&&&1&\cdots&0\\ \vdots&&&&\vdots&&\vdots\\ 0&\cdots&1&\cdots&\cdots&\cdots&0\\ \vdots&&\vdots&&&&\vdots\\ 0&0&\cdots&\cdots&\cdots&0&1\end{pmatrix}\begin{matrix}\\ \\ i\\ \\ j\\ \\ \\ \end{matrix}$$

左乘矩阵 A 得到的矩阵 $E(i,j)A$ 是相同的. 即

$$E(i,j)A=B$$

(ii) 以非零常数 k 乘矩阵 A 的第 i 行的每一个元素(用符号 kr_i 表示)得到的矩阵 C,与用数 k 乘单位矩阵的第 i 行得到的矩阵

$$E(i(k))=\begin{pmatrix}1&0&\cdots&\cdots&0\\ \vdots&&&&\vdots\\ 0&\cdots&k&\cdots&0\\ \vdots&&&&\vdots\\ 0&\cdots&\cdots&0&1\end{pmatrix}\begin{matrix}\\ \\ i\\ \\ \\ \end{matrix}$$

左乘矩阵 A 得到的矩阵 $E(i(k))A$ 是相同的. 即

$$E(i(k))A=C$$

(iii) 以任意数 k 乘矩阵 A 的第 i 行,再加到 A 的第 j 行(用符号 r_j+kr_i 表示),得到的矩阵 D,与用对单位矩阵施行同样的变换得到的矩阵

$$E(i(k),j)=\begin{pmatrix}1&0&\cdots&\cdots&\cdots&0&0\\ \vdots&&&&&&\vdots\\ 0&\cdots&1&\cdots&0&\cdots&0\\ \vdots&&\vdots&&\vdots&&\vdots\\ 0&\cdots&k&\cdots&1&\cdots&0\\ \vdots&&&&&&\vdots\\ 0&0&&&&0&1\end{pmatrix}\begin{matrix}\\ \\ i\\ \\ j\\ \\ \\ \end{matrix}$$

左乘矩阵 A 得到的矩阵 $E(i(k),j)A$ 是相同的. 即

$$E(i(k),j)A=D$$

定义 23 称上述三个矩阵 $E(i,j)$、$E(i(k))$ 和 $E(i(k),j)$ 为**初等矩阵**.

即由单位矩阵 E 经过一次初等变换得到的矩阵称为初等矩阵.

上面的三个事实告诉我们:

定理 12 设 A 是一个 $m\times n$ 矩阵,对矩阵 A 施行一次行初等变换,与用相应的初等矩阵左乘矩阵 A,其结果是一样的.

对矩阵 A 施行一次列初等变换(分别用符号 $c_i\leftrightarrow c_j$,kc_i 和 c_j+kc_i 表示,其中 c 是"列"的英文单词 column 的第一个字母),与用相应的初等矩阵右乘矩阵 A,其结果是一样的.

略去证明,下面仅举例说明.

例 32　$A=\begin{pmatrix}a_{11}&a_{12}&a_{13}&a_{14}\\a_{21}&a_{22}&a_{23}&a_{24}\\a_{31}&a_{32}&a_{33}&a_{34}\end{pmatrix}$.

(1) $A\overset{(r_1,r_2)}{\sim}\begin{pmatrix}a_{21}&a_{22}&a_{23}&a_{24}\\a_{11}&a_{12}&a_{13}&a_{14}\\a_{31}&a_{32}&a_{33}&a_{34}\end{pmatrix}$

$$E(1,2)A=\begin{pmatrix}0&1&0\\1&0&0\\0&0&1\end{pmatrix}\begin{pmatrix}a_{11}&a_{12}&a_{13}&a_{14}\\a_{21}&a_{22}&a_{23}&a_{24}\\a_{31}&a_{32}&a_{33}&a_{34}\end{pmatrix}=\begin{pmatrix}a_{21}&a_{22}&a_{23}&a_{24}\\a_{11}&a_{12}&a_{13}&a_{14}\\a_{31}&a_{32}&a_{33}&a_{34}\end{pmatrix}$$

(2) $A\overset{(c_3,c_4)}{\sim}\begin{pmatrix}a_{11}&a_{12}&a_{14}&a_{13}\\a_{21}&a_{22}&a_{24}&a_{23}\\a_{31}&a_{32}&a_{34}&a_{33}\end{pmatrix}$

$$AE(3,4)=\begin{pmatrix}a_{11}&a_{12}&a_{13}&a_{14}\\a_{21}&a_{22}&a_{23}&a_{24}\\a_{31}&a_{32}&a_{33}&a_{34}\end{pmatrix}\begin{pmatrix}1&0&0&0\\0&1&0&0\\0&0&0&1\\0&0&1&0\end{pmatrix}=\begin{pmatrix}a_{11}&a_{12}&a_{14}&a_{13}\\a_{21}&a_{22}&a_{24}&a_{23}\\a_{31}&a_{32}&a_{34}&a_{33}\end{pmatrix}$$

可以验证，若用 P 一般性地表示上述三类初等矩阵，则 PA 对矩阵 A 施行了什么样的行变换，AP^{T} 就对 A 施行了什么样的列变换. 这一点在第四章将要用到.

例 33　计算 $\begin{pmatrix}0&1&0\\1&0&0\\0&0&1\end{pmatrix}^{2003}\begin{pmatrix}1&2&3\\4&5&6\\7&8&9\end{pmatrix}\begin{pmatrix}0&0&1\\0&1&0\\1&0&0\end{pmatrix}^{2004}$.

解　设 $A=\begin{pmatrix}1&2&3\\4&5&6\\7&8&9\end{pmatrix}$，矩阵 A 左侧的矩阵 $P_{12}=\begin{pmatrix}0&1&0\\1&0&0\\0&0&1\end{pmatrix}$ 是初等矩阵，右侧的矩阵 $P_{13}=\begin{pmatrix}0&0&1\\0&1&0\\1&0&0\end{pmatrix}$ 也是初等矩阵. P_{12} 左乘以 A 相当于交换 A 的一、二行，而 $P_{12}^{2003}A$ 相当于将 A 的一、二行交换了奇数次，因而

$$P_{12}^{2003}A=\begin{pmatrix}4&5&6\\1&2&3\\7&8&9\end{pmatrix}=B$$

而 B 右乘以 P_{13} 即是对矩阵 B 作一、三列的交换，BP_{13}^{2004} 表明共交换了偶数次，因而 $BP_{13}^{2004}=B$. 所以，

$$\begin{pmatrix}0&1&0\\1&0&0\\0&0&1\end{pmatrix}^{2003}\begin{pmatrix}1&2&3\\4&5&6\\7&8&9\end{pmatrix}\begin{pmatrix}0&0&1\\0&1&0\\1&0&0\end{pmatrix}^{2004}=\begin{pmatrix}4&5&6\\1&2&3\\7&8&9\end{pmatrix}$$

应用上述定理，得

$$E(i,j)E(i,j)=E,\quad E\left(i\left(\frac{1}{k}\right)\right)E(i(k))=E,\quad E(ij(-k))E(ij(k))=E$$

由此可以看出：初等方阵都是可逆的，其逆阵也是初等方阵，且

$$E(i,j)^{-1}=E(i,j),\quad E(i(k))^{-1}=E\left(i\left(\frac{1}{k}\right)\right),\quad E(i,j(k))^{-1}=E(i,j(-k))$$

设对矩阵 $A=\begin{pmatrix}\boldsymbol{\alpha}_1^{\mathrm{T}}\\ \boldsymbol{\alpha}_2^{\mathrm{T}}\\ \vdots\\ \boldsymbol{\alpha}_m^{\mathrm{T}}\end{pmatrix}$，施行一次行初等变换得到矩阵 $B=\begin{pmatrix}\boldsymbol{\beta}_1^{\mathrm{T}}\\ \boldsymbol{\beta}_2^{\mathrm{T}}\\ \vdots\\ \boldsymbol{\beta}_m^{\mathrm{T}}\end{pmatrix}$，则

$$\begin{pmatrix}\boldsymbol{\beta}_1^{\mathrm{T}}\\ \boldsymbol{\beta}_2^{\mathrm{T}}\\ \vdots\\ \boldsymbol{\beta}_m^{\mathrm{T}}\end{pmatrix}=P\begin{pmatrix}\boldsymbol{\alpha}_1^{\mathrm{T}}\\ \boldsymbol{\alpha}_2^{\mathrm{T}}\\ \vdots\\ \boldsymbol{\alpha}_m^{\mathrm{T}}\end{pmatrix}$$

其中 P 表示该初等变换所对应的初等矩阵.

设 $P=\begin{pmatrix}p_{11} & p_{12} & \cdots & p_{1m}\\ p_{21} & p_{22} & \cdots & p_{2m}\\ \vdots & \vdots & & \vdots\\ p_{m1} & p_{m2} & \cdots & p_{mm}\end{pmatrix}$，则

$$\boldsymbol{\beta}_i^{\mathrm{T}}=p_{i1}\boldsymbol{\alpha}_1^{\mathrm{T}}+p_{i2}\boldsymbol{\alpha}_2^{\mathrm{T}}+\cdots+p_{im}\boldsymbol{\alpha}_m^{\mathrm{T}}\quad(i=1,2,\cdots,m)$$

即矩阵 B 的每一个行向量都可以由矩阵 A 的行向量组线性表示. 由于初等矩阵 P 是可逆的，所以

$$\begin{pmatrix}\boldsymbol{\alpha}_1^{\mathrm{T}}\\ \boldsymbol{\alpha}_2^{\mathrm{T}}\\ \vdots\\ \boldsymbol{\alpha}_m^{\mathrm{T}}\end{pmatrix}=P^{-1}\begin{pmatrix}\boldsymbol{\beta}_1^{\mathrm{T}}\\ \boldsymbol{\beta}_2^{\mathrm{T}}\\ \vdots\\ \boldsymbol{\beta}_m^{\mathrm{T}}\end{pmatrix}$$

即矩阵 A 的每一个行向量也都可以由矩阵 B 的行向量组线性表示.

上面的讨论说明，行初等变换把行向量组变成与之等价的行向量组. 对于列变换也有同样的结论. 而等价的向量组具有相同的秩，因此矩阵的行初等变换保持行向量组的秩不变，矩阵的列初等变换保持列向量组的秩不变.

定理 13 任意一个 $m\times n$ 矩阵 A 都可以经过一系列的初等变换化成下述形式

$$\begin{pmatrix}1 & 0 & 0 & 0 & 0 & 0 & \cdots & 0 & 0\\ 0 & 1 & 0 & 0 & 0 & 0 & \cdots & 0 & 0\\ 0 & 0 & 1 & 0 & 0 & 0 & \cdots & 0 & 0\\ 0 & 0 & 0 & 1 & 0 & 0 & \cdots & 0 & 0\\ \vdots & \vdots & \vdots & \vdots & \vdots & \vdots & & \vdots & \vdots\\ 0 & 0 & 0 & 0 & 0 & 0 & \cdots & 0 & 0\end{pmatrix}$$

它称为矩阵 A 的标准形，主对角线上 1 的个数等于矩阵 A 的行向量组和列向量组的秩（1 的个数可以是零）.

证　如果 $A=O$,那么它已经是标准形了.以下不妨假定 $A\neq O$.可以证明经过初等变换,A 一定可以变成一左上角元素不为零的矩阵.

当 $a_{11}\neq 0$ 时,把其余的行减去第一行的 $a_{11}^{-1}a_{i1}$ $(i=2,3,\cdots,m)$ 倍,其余的列减去第一列的 $a_{11}^{-1}a_{1j}$ $(j=2,3,\cdots,n)$ 倍.然后,用 a_{11}^{-1} 乘第一行,A 就变成

$$\begin{pmatrix}1 & 0 & \cdots & 0\\ 0 & & & \\ \vdots & & A_1 & \\ 0 & & & \end{pmatrix}$$

A_1 是一个 $(m-1)\times(n-1)$ 的矩阵.对 A_1 再重复以上的步骤.这样下去就可得出所要的标准形.

由上述定理立即得到:

推论　矩阵的行向量组的秩等于它的列向量组的秩.

定义 23　矩阵 A 的行向量组(或列向量组)的秩称为**矩阵的秩**,记为 $r(A)$.

为了便于学习与理解,这里也给出矩阵的秩的另一个等价的定义:

定义 23′　设 A 是 $m\times n$ 矩阵,在 A 中任取 k 行 k 列 $(1\leqslant k\leqslant\min\{m,n\})$,位于 k 行 k 列交叉位置上的 k^2 个元素,按原有的次序组成的 k 阶行列式,称为 A 的 k 阶子式.若矩阵 A 有一个 r 阶子式不为零,而所有 $r+1$ 阶子式(如果存在的话)全为零,则称 r 为矩阵 A 的秩,记为 $r(A)$.规定 O 矩阵的秩为 0.由定义知:

(1) 若 $m\times n$ 阶矩阵 A 的秩 $r(A)=r$,则 A 中至少有一个 r 阶子式不为零,A 的 $r+1,r+2,\cdots$ 阶子式(如果有的话)全为零.

(2) 若矩阵 A 中有一个 r 阶子式不为零,则 $r(A)\geqslant r$.特别,非零矩阵 A 的秩 $r(A)\geqslant 1$.

若 n 阶方阵 A 的秩 $r(A)=n$,则称 A 为满秩矩阵,否则,则称 A 为降秩矩阵.容易证明:方阵 A 为满秩矩阵的充要条件是 $|A|\neq 0$,故满秩矩阵就是非奇异矩阵(或可逆矩阵).

例 34　求矩阵 A 的秩,其中 $A=\begin{pmatrix}2 & -1 & 3 & 0 & 1\\ 0 & 3 & 1 & -1 & 2\\ 0 & 0 & 0 & -2 & 0\\ 0 & 0 & 0 & 0 & 0\end{pmatrix}$.

解　A 是阶梯阵,它的所有首非零元所在行,列交叉处元素组成的三阶子式

$$\begin{vmatrix}2 & -1 & 0\\ 0 & 3 & -1\\ 0 & 0 & -2\end{vmatrix}=-12\neq 0$$

而任何一个四阶子式中至少有一个零行,故 A 的所有四阶子式全为 0,由定义知,$r(A)=3$.

当矩阵的行数和列数都较大时,直接用定义求它的秩是很困难的,但对于阶梯阵,不用计算,就可以读出它的秩,因为仿例 34 中的方法,可以证明如下定理:

定理 14　阶梯阵的秩等于它的非零行数.

这就启发我们利用初等变换将矩阵化为阶梯阵来求矩阵的秩,现在的问题是:当矩阵 A 经过初等变换化为 B,它们的秩有何关系?下面的定理回答了这个问题.

定理 15 若矩阵 A 经过初等变换化为 B，则 $r(A)=r(B)$.

即矩阵的初等变换不改变矩阵的秩.

此定理的证明较繁，略去.

秩反映了向量组和矩阵的一种内在特征. 根据矩阵秩的定义立即得到结论：对于 n 维向量组 $\boldsymbol{\alpha}_1,\boldsymbol{\alpha}_2,\cdots,\boldsymbol{\alpha}_m$，如果向量的个数 m 大于向量的维数 n，则 $\boldsymbol{\alpha}_1,\boldsymbol{\alpha}_2,\cdots,\boldsymbol{\alpha}_m$ 必是线性相关的. 这是因为矩阵

$$A=(\boldsymbol{\alpha}_1,\boldsymbol{\alpha}_2,\cdots,\boldsymbol{\alpha}_m)$$

的秩既不会超过 A 的行数，也不会超过 A 的列数，因此矩阵 A 的秩小于 m. 根据矩阵秩的定义，向量组 $\boldsymbol{\alpha}_1,\boldsymbol{\alpha}_2,\cdots,\boldsymbol{\alpha}_m$ 的秩也小于 m，从而其中至少有一个向量可以由其余的向量线性表示，故向量组 $\boldsymbol{\alpha}_1,\boldsymbol{\alpha}_2,\cdots,\boldsymbol{\alpha}_m$ 是线性相关的.

定理 15 表明：初等变换不改变矩阵的秩，因此结合定理 14 我们可用初等变换求矩阵的秩，步骤是：

(1) 用初等行变换(也可用初等列变换)将 A 化为阶梯阵 U；

(2) $r(A)=r(U)=U$ 的非零行数.

当然，求矩阵的秩时，行初等变换和列初等变换可以同时使用.

例 35 试用矩阵的初等变换求矩阵

$$A=\begin{pmatrix}1&-2&-1&-2&2\\4&1&2&1&3\\2&5&4&-1&0\\1&1&1&1&\dfrac{1}{3}\end{pmatrix}$$

的秩.

解
$$A=\begin{pmatrix}1&-2&-1&-2&2\\4&1&2&1&3\\2&5&4&-1&0\\1&1&1&1&\dfrac{1}{3}\end{pmatrix}\xrightarrow[r_4-r]{\substack{r_2-4r_1\\r_3-2r_1}}\begin{pmatrix}1&-2&-1&-2&2\\0&9&6&9&-5\\0&9&6&3&-4\\0&3&2&3&-\dfrac{5}{3}\end{pmatrix}$$

$$\xrightarrow[r_4-\frac{1}{3}r_2]{r_3-r_2}\begin{pmatrix}1&-2&-1&-2&2\\0&9&6&9&-5\\0&0&0&-6&1\\0&0&0&0&0\end{pmatrix}$$

上述最后一个矩阵是阶梯形矩阵，它的秩为 3，因而矩阵 A 的秩等于 3.

由定理13，如果 A 是可逆方阵，则 A 必可经过有限次初等变换化为单位矩阵 E；显然，反过来也正确. 这就得到：

定理 16 n 阶方阵 A 可逆的充分必要条件是它能表示成一些初等矩阵的乘积

$$A=P_1P_2\cdots P_s$$

矩阵的秩具有如下性质：

(1) 设 A 是 $m\times n$ 矩阵，则 $r(A)\leqslant m,r(A)\leqslant n$.(由定义推出)

(2) $r(A^{T})=r(A)$.(由定义推出)

(3) 任何一个矩阵与可逆矩阵相乘,其秩不变.

即若 A 是 $m\times n$ 矩阵,P 是 m 阶可逆方阵,Q 是 n 阶可逆方阵,则

$$r(PA)=r(AQ)=r(PAQ)=r(A)$$

证　由于初等变换不改变矩阵的秩,因为矩阵 A 的左边乘以可逆方阵 P,相当于对 A 进行一系列的初等行变换,由定理 10 得 $r(PA)=r(A)$.类似可证

$$r(AQ)=r(A),\quad r(PAQ)=r(A)$$

例 36　设 $A=\boldsymbol{\alpha}\boldsymbol{\beta}^{T}$,其中 $\boldsymbol{\alpha}=(a_1,a_2,\cdots,a_n)^{T}$,$\boldsymbol{\beta}=(b_1,b_2,\cdots,b_n)^{T}$ 都是非零向量,证明:$r(A)=1$.

证　显然,$A=\boldsymbol{\alpha}\boldsymbol{\beta}^{T}\neq O$,故 $r(A)\geqslant 1$.

又 $r(A)=r(\boldsymbol{\alpha}\boldsymbol{\beta}^{T})\leqslant r(\boldsymbol{\alpha})=1$,故 $r(A)=1$.

现在研究用矩阵的初等变换求向量组的极大线性无关组的方法.该方法还可以用来判断向量组的线性相关性.

设有向量组 $\boldsymbol{\alpha}_1,\boldsymbol{\alpha}_2,\cdots,\boldsymbol{\alpha}_m$,以这些向量为列构造矩阵

$$A=(\boldsymbol{\alpha}_1,\boldsymbol{\alpha}_2,\cdots,\boldsymbol{\alpha}_m)$$

对矩阵 A 进行行初等变换,将其化为阶梯形矩阵

$$B=\begin{pmatrix}\otimes & * & * & * & * & * & \cdots & * & * & \cdots & *\\ 0 & \otimes & * & * & * & * & \cdots & * & * & \cdots & *\\ 0 & 0 & 0 & \otimes & * & * & \cdots & * & * & \cdots & *\\ \vdots & \vdots & \vdots & \vdots & \vdots & \vdots & & \vdots & \vdots & & \vdots\\ 0 & 0 & 0 & 0 & 0 & 0 & \cdots & \otimes & * & \cdots & *\\ 0 & 0 & 0 & 0 & 0 & 0 & \cdots & 0 & 0 & \cdots & 0\\ 0 & 0 & 0 & 0 & 0 & 0 & \cdots & 0 & 0 & \cdots & 0\\ \vdots & \vdots & \vdots & \vdots & \vdots & \vdots & & \vdots & \vdots & & \vdots\\ 0 & 0 & 0 & 0 & 0 & 0 & \cdots & 0 & 0 & \cdots & 0\end{pmatrix}=(\boldsymbol{\beta}_1,\boldsymbol{\beta}_2,\cdots,\boldsymbol{\beta}_3)$$

其中 $\otimes$ 表示非零数,$*$ 表示可以是零、也可以不是零的数.矩阵 B 的秩就是它的非零行的行数,设为 r.矩阵 B 中 $\otimes$ 对应的列就是 B 的列向量组的一个极大线性无关组,设为 $\boldsymbol{\beta}_{i_1}$,$\boldsymbol{\beta}_{i_2},\cdots,\boldsymbol{\beta}_{i_r}$.用 P 表示将矩阵 A 化为矩阵 B 所作的行初等变换对应的初等矩阵的乘积,则有

$$PA=B$$

比较等式的两边,可得

$$P(\boldsymbol{\alpha}_{i_1},\boldsymbol{\alpha}_{i_2},\cdots,\boldsymbol{\alpha}_{i_r})=(\boldsymbol{\beta}_{i_1},\boldsymbol{\beta}_{i_2},\cdots,\boldsymbol{\beta}_{i_r})$$

根据定理 11,矩阵$(\boldsymbol{\alpha}_{i_1},\boldsymbol{\alpha}_{i_2},\cdots,\boldsymbol{\alpha}_{i_r})$与矩阵$(\boldsymbol{\beta}_{i_1},\boldsymbol{\beta}_{i_2},\cdots,\boldsymbol{\beta}_{i_r})$的秩相等,都等于矩阵 A 的秩 r.因此 $\boldsymbol{\alpha}_{i_1},\boldsymbol{\alpha}_{i_2},\cdots,\boldsymbol{\alpha}_{i_r}$ 是矩阵 A 的一个极大线性无关组.

上述讨论的结果写成定理的形式就是:

定理 17　矩阵的行初等变换不改变矩阵的秩,从而不改变列向量组的线性相关性,并且线性无关的列经行初等变换后仍是线性无关的.

这个定理可以作为求向量组的极大线性无关组的依据.

例 37 试求向量组 $\boldsymbol{\alpha}_1=(5,3,1,8)^{\mathrm{T}},\boldsymbol{\alpha}_2=(7,4,1,11)^{\mathrm{T}},\boldsymbol{\alpha}_3=(1,1,1,2)^{\mathrm{T}},\boldsymbol{\alpha}_4=(1,0,-1,1)^{\mathrm{T}},\boldsymbol{\alpha}_5=(3,2,1,5)^{\mathrm{T}}$ 的一个极大线性无关组,并用它表示其他向量.

解 用所给的 5 个向量构造矩阵

$$A=(\boldsymbol{\alpha}_1,\boldsymbol{\alpha}_2,\boldsymbol{\alpha}_3,\boldsymbol{\alpha}_4,\boldsymbol{\alpha}_5)=\begin{pmatrix}5&7&1&1&3\\3&4&1&0&2\\1&1&1&-1&1\\8&11&2&1&5\end{pmatrix}$$

对矩阵 A 施行行初等变换

$$A=\begin{pmatrix}5&7&1&1&3\\3&4&1&0&2\\1&1&1&-1&1\\8&11&2&1&5\end{pmatrix}\overset{r_1\leftrightarrow r}{\sim}\begin{pmatrix}1&1&1&-1&1\\3&4&1&0&2\\5&7&1&1&3\\8&11&2&1&5\end{pmatrix}\overset{\substack{r_4-r_2-r_3\\r_2-3r_1\\r_3-5r_1}}{\sim}\begin{pmatrix}1&1&1&-1&1\\0&1&-2&3&-1\\0&2&-4&6&-2\\0&0&0&0&0\end{pmatrix}$$

$$\overset{r_3-2r}{\sim}\begin{pmatrix}1&1&1&-1&1\\0&1&-2&3&-1\\0&0&0&0&0\\0&0&0&0&0\end{pmatrix}=(\boldsymbol{\beta}_1,\boldsymbol{\beta}_2,\boldsymbol{\beta}_3,\boldsymbol{\beta}_4,\boldsymbol{\beta}_5)=B\quad\text{(阶梯形矩阵)}$$

矩阵 B 的秩是 2,它的前两列 $\boldsymbol{\beta}_1,\boldsymbol{\beta}_2$ 是 B 的列向量组的一个极大线性无关组,因此矩阵 A 的前两列,即 $\boldsymbol{\alpha}_1$ 和 $\boldsymbol{\alpha}_2$ 是矩阵 A 的列向量组的一个极大线性无关组,从而是原向量组 $\boldsymbol{\alpha}_1,\boldsymbol{\alpha}_2,\boldsymbol{\alpha}_3,\boldsymbol{\alpha}_4,\boldsymbol{\alpha}_5$ 的一个极大线性无关组.

对矩阵 B 施行行初等变换:

$$B=\begin{pmatrix}1&1&1&-1&1\\0&1&-2&3&-1\\0&0&0&0&0\\0&0&0&0&0\end{pmatrix}\overset{r_1-r_2}{\sim}\begin{pmatrix}1&0&3&-4&2\\0&1&-2&3&-1\\0&0&0&0&0\\0&0&0&0&0\end{pmatrix}$$

$$=(\boldsymbol{\gamma}_1,\boldsymbol{\gamma}_2,\boldsymbol{\gamma}_3,\boldsymbol{\gamma}_4,\boldsymbol{\gamma}_5)=C\quad\text{(行最简形矩阵)}$$

从矩阵 C 可以看出

$$\boldsymbol{\gamma}_3=3\boldsymbol{\gamma}_1-2\boldsymbol{\gamma}_2,\quad\boldsymbol{\gamma}_4=-4\boldsymbol{\gamma}_1+3\boldsymbol{\gamma}_2,\quad\boldsymbol{\gamma}_5=2\boldsymbol{\gamma}_1-\boldsymbol{\gamma}_2$$

因此

$$\boldsymbol{\alpha}_3=3\boldsymbol{\alpha}_1-2\boldsymbol{\alpha}_2,\quad\boldsymbol{\alpha}_4=-4\boldsymbol{\alpha}_1+3\boldsymbol{\alpha}_2,\quad\boldsymbol{\alpha}_5=2\boldsymbol{\alpha}_1-\boldsymbol{\alpha}_2$$

例 37 采用的方法也可以用来判断向量组的线性相关性. 在例 37 中,以所给的向量组作为矩阵的列,对该矩阵进行行初等变换得到矩阵 B,由于矩阵 B 的秩为 2,它小于向量的个数 5,因此向量组线性相关.

矩阵的秩反映了矩阵的内在特征. 对于 n 阶方阵 A,构成它的 n 个行向量(或者列向量)线性相关还是线性无关,即它的秩小于 n 还是等于 n 是有本质性差别的,它们决定了矩阵是可逆的还是不可逆的. 为了体现这一差别,秩等于 n 的 n 阶方阵也称为**满秩矩阵**,否则称为**降秩矩阵**. 对于一般的 $m\times n$ 矩阵,如果它的秩等于 m,则称该矩阵是**行满秩**的;如果它的秩等于 n,则称该矩阵是**列满秩**的. 当然,对于前一种情况,必有 $m\leqslant n$;对于后一种情况,必有 $n\leqslant m$.

第七节　用初等变换方法求逆矩阵

既然 n 阶可逆矩阵的秩等于 n，它的行向量组就是线性无关的. 对矩阵 A 施行行初等变换，得到的新矩阵的秩也等于 n，从而新矩阵的行向量组和列向量组都是线性无关的. 这说明对可逆矩阵施行任何初等变换(行或列)，都绝不会出现某一行或某一列为零向量的情况，这一结论在下面的讨论中要用到.

设 A 是 n 阶可逆矩阵

$$A=\begin{pmatrix} a_{11} & a_{12} & \cdots & a_{1n} \\ a_{21} & a_{22} & \cdots & a_{2n} \\ \vdots & \vdots & & \vdots \\ a_{n1} & a_{n2} & \cdots & a_{nn} \end{pmatrix}$$

由于 A 的任何一列都不是零向量，我们总可以通过交换两行的初等行变换(如果必要的话)，将 a_{11} 的位置变为非零元素. 不妨设 $a_{11}\neq 0$，将第一行的各元素乘以 a_{11}^{-1}，得到矩阵

$$A_1=\begin{pmatrix} 1 & b_{12} & \cdots & b_{1n} \\ b_{21} & b_{22} & \cdots & b_{2n} \\ \vdots & \vdots & & \vdots \\ b_{n1} & b_{n2} & \cdots & b_{nn} \end{pmatrix}$$

然后，第一行乘以 $(-b_{i1})$ 加到第 i 行上去 $(i=2,3,\cdots,n)$，得到矩阵

$$A_2=\begin{pmatrix} 1 & c_{12} & \cdots & c_{1n} \\ 0 & c_{22} & \cdots & c_{2n} \\ \vdots & \vdots & & \vdots \\ 0 & c_{n2} & \cdots & c_{nn} \end{pmatrix}$$

现在，矩阵 A_2 的第二列中 $c_{22},\cdots,c_{n2}$ 必定不全为零. 否则，将第一列乘以 $(-c_{12})$ 加到第二列，则第二列变成零向量，这是不可能的.

对 A_2 中的 $(n-1)$ 阶子矩阵

$$\begin{pmatrix} c_{22} & \cdots & c_{2n} \\ \vdots & & \vdots \\ c_{n2} & \cdots & c_{nn} \end{pmatrix}$$

重复上述步骤，最后得到

$$A_l=\begin{pmatrix} 1 & d_{12} & \cdots & d_{1n} \\ 0 & 1 & \cdots & d_{2n} \\ \vdots & \vdots & & \vdots \\ 0 & 0 & \cdots & 1 \end{pmatrix}$$

对于上述上三角矩阵 A_l，第 n 行乘以 $(-d_{in})$ 加到第 i 行上去 $(i=1,2,\cdots,n-1)$，其余行各进行类似变换，最后便得到单位矩阵

$$E=\begin{pmatrix}1 & 0 & \cdots & 0\\ 0 & 1 & \cdots & 0\\ \vdots & \vdots & & \vdots\\ 0 & 0 & \cdots & 1\end{pmatrix}$$

上述过程是通过一系列的行初等变换，将可逆矩阵A化成一个单位矩阵. 而对矩阵施行一次行初等变换，相当于在矩阵的左边乘上相应的初等矩阵，并且初等矩阵都是可逆的，因此，用矩阵语言表示上述过程，就是存在可逆矩阵 $P_1,P_2,\cdots,P_s$，使得

$$P_s(P_{s-1}(\cdots(P_1A)))=E$$

即

$$(P_sP_{s-1}\cdots P_1)A=E$$

记

$$Q=P_sP_{s-1}\cdots P_1$$

则

$$QA=E$$

这说明 $Q=P_sP_{s-1}\cdots P_1$ 就是矩阵 A 的逆矩阵 A^{-1}. 另一方面

$$QE=Q=A^{-1}$$

即

$$(P_sP_{s-1}\cdots P_1)E=A^{-1}$$

上式说明，在对矩阵A施行行初等变换将其化为单位矩阵的同时，这些行初等变换也把单位矩阵 E 化为A^{-1}.

由此可以得到求逆矩阵方法：即用初等行变换求 A 的逆矩阵. 步骤如下：

(1) 将矩阵 A 和单位矩阵E 拼成一个n 行、$2n$ 列的矩阵$(A \mid E)$；

(2) 对$(A \mid E)$进行初等行变换，当矩阵$(A \mid E)$的左半部分化成单位矩阵时，右半部分就是 A^{-1}. 即$(A \mid E)\sim(E \mid A^{-1})$；

(3) 写出A^{-1}.

例 38 设 $A=\begin{pmatrix}2 & 2 & 3\\ 1 & -1 & 0\\ -2 & 2 & 1\end{pmatrix}$. 求矩阵 A 的逆矩阵.

解 因为$|A|=-1\neq 0$，则 A 可逆，所以

$$(A|E)=\left(\begin{array}{ccc|ccc}2 & 2 & 3 & 1 & 0 & 0\\ 1 & -1 & 0 & 0 & 1 & 0\\ -2 & 2 & 1 & 0 & 0 & 1\end{array}\right)\overset{r_1\leftrightarrow r_2}{\sim}\left(\begin{array}{cccc|cc}1 & -1 & 0 & 0 & 1 & 0\\ 2 & 2 & 3 & 1 & 0 & 0\\ -2 & 2 & 1 & 0 & 0 & 1\end{array}\right)$$

$$\overset{r_2-2r_1}{\sim}\left(\begin{array}{ccccc|c}1 & -1 & 0 & 0 & 1 & 0\\ 0 & 4 & 3 & 1 & -2 & 0\\ -2 & 2 & 1 & 0 & 0 & 1\end{array}\right)\overset{r_3+2r_1}{\sim}\begin{pmatrix}1 & -1 & 0 & 0 & 1 & 0\\ 0 & 4 & 3 & 1 & -2 & 0\\ 0 & 0 & 1 & 0 & 2 & 1\end{pmatrix}$$

$$\overset{r_3-3r_3}{\sim}\left(\begin{array}{ccccc|c}1 & -1 & 0 & 0 & 1 & 0\\ 0 & 4 & 0 & 1 & -8 & -3\\ 0 & 0 & 1 & 0 & 2 & 1\end{array}\right)\overset{r_2-\frac{1}{4}}{\sim}\begin{pmatrix}1 & -1 & 0 & 0 & 1 & 0\\ 0 & 1 & 0 & 1/4 & -2 & -3/4\\ 0 & 0 & 1 & 0 & 2 & 1\end{pmatrix}$$

$$\xrightarrow{[2(1)+1]}\overset{r_1+r_2}{\sim}\left(\begin{array}{ccc|ccc}1&0&0&1/4&-1&-3/4\\0&1&0&1/4&-2&-3/4\\0&0&1&0&2&1\end{array}\right)=(E|A^{-1})$$

因此$A^{-1}=\begin{pmatrix}1/4&-1&-3/4\\1/4&-2&-3/4\\0&2&1\end{pmatrix}$.

例 39　设 $A=\begin{pmatrix}1&1&0\\0&1&1\\1&0&1\end{pmatrix}$,$B=\begin{pmatrix}1&1&1\\1&1&2\\1&2&1\end{pmatrix}$,求$A^{-1}B$.

解　(方法一)按照例 38 的方法,首先求得

$$A^{-1}=\frac{1}{2}\begin{pmatrix}1&-1&1\\1&1&-1\\-1&1&1\end{pmatrix}$$

则

$$A^{-1}B=\frac{1}{2}\begin{pmatrix}1&-1&1\\1&1&-1\\-1&1&1\end{pmatrix}\begin{pmatrix}1&1&1\\1&1&2\\1&2&1\end{pmatrix}=\begin{pmatrix}1/2&1&0\\1/2&0&1\\1/2&1&1\end{pmatrix}$$

(方法二)构造一个 $n\times 2n$ 阶矩阵$(A|B)$,对矩阵$(A|B)$作行初等变换,当 A 变成单位矩阵 E 时,矩阵 B 则变成$A^{-1}B$. 即$(A|B)\sim(E|A^{-1}B)$.

事实上,因为A可逆,则有初等矩阵$F_1,F_2,\cdots,F_s$,使$F_s\cdots F_2F_1A=E$.式子两端右乘以$A^{-1}B$,得$F_s\cdots F_2F_1AA^{-1}B=EA^{-1}B$,即$F_s\cdots F_2F_1B=A^{-1}B$.

$$(A|B)=\left(\begin{array}{ccc|ccc}1&1&0&1&1&1\\0&1&1&1&1&2\\1&0&1&1&2&1\end{array}\right)\overset{\substack{r_1-r_2\\r_3-r_1}}{\sim}\left(\begin{array}{ccc|ccc}1&0&-1&0&0&-1\\0&1&1&1&1&2\\0&0&2&1&2&2\end{array}\right)$$

$$\overset{r_3\cdot\frac{1}{2}}{\sim}\left(\begin{array}{ccc|ccc}1&0&-1&0&0&-1\\0&1&1&1&1&2\\0&0&1&1/2&1&1\end{array}\right)\overset{\substack{r_1+r_2\\r_2-r_3}}{\sim}\left(\begin{array}{ccc|ccc}1&0&0&1/2&1&0\\0&1&0&1/2&0&1\\0&0&1&1/2&1&1\end{array}\right)$$

第八节　向量组的正交化

在第一节中,我们学习了向量正交和正交向量组的概念,作为本章的最后一节,我们进一步学习正交向量组的性质,并讨论如何将线性无关的向量组化为正交向量组.

如果向量组 $\boldsymbol{\alpha}_1,\boldsymbol{\alpha}_2,\cdots,\boldsymbol{\alpha}_m$ 是正交的,设

$$k_1\boldsymbol{\alpha}_1+k_2\boldsymbol{\alpha}_2+\cdots+k_m\boldsymbol{\alpha}_m=O,$$

则对于任意的 $i\ (1\leqslant i\leqslant m)$,用 $\boldsymbol{\alpha}_i$ 与上式两端分别作内积:

$$\begin{aligned}(\boldsymbol{\alpha}_i,k_1\boldsymbol{\alpha}_1+k_2\boldsymbol{\alpha}_2+\cdots+k_m\boldsymbol{\alpha}_m)&=\boldsymbol{\alpha}_i^{\mathrm{T}}(k_1\boldsymbol{\alpha}_1+k_2\boldsymbol{\alpha}_2+\cdots+k_m\boldsymbol{\alpha}_m)\\&=k_1\boldsymbol{\alpha}_i^{\mathrm{T}}\boldsymbol{\alpha}_1+k_2\boldsymbol{\alpha}_i^{\mathrm{T}}\boldsymbol{\alpha}_2+\cdots+k_m\boldsymbol{\alpha}_i^{\mathrm{T}}\boldsymbol{\alpha}_m\\&=k_i\boldsymbol{\alpha}_i^{\mathrm{T}}\boldsymbol{\alpha}_i=(\boldsymbol{\alpha}_i,O)=0\end{aligned}$$

所以有 $k_i\boldsymbol{\alpha}_i^{\mathrm{T}}\boldsymbol{\alpha}_i=0$,因为向量组为正交向量组,所以 $\boldsymbol{\alpha}_i\neq O$,因此 $\boldsymbol{\alpha}_i^{\mathrm{T}}\boldsymbol{\alpha}_i\neq 0$,从而必有 $k_i=0$. 这就得到:

定理 18 正交的向量组一定是线性无关的向量组.

下面介绍一个将线性无关的向量组化为正交向量组的方法 —— 施密特(Schimidt)正交化方法.

定理 19 设 $\boldsymbol{\alpha}_1,\boldsymbol{\alpha}_2,\cdots,\boldsymbol{\alpha}_m$ 是一个线性无关的向量组,则 $\boldsymbol{\beta}_1,\boldsymbol{\beta}_2,\cdots,\boldsymbol{\beta}_m$ 是一个与 $\boldsymbol{\alpha}_1,\boldsymbol{\alpha}_2,\cdots,\boldsymbol{\alpha}_m$ 等价的正交向量组. 这里

$$\boldsymbol{\beta}_1=\boldsymbol{\alpha}_1$$

$$\boldsymbol{\beta}_2=\boldsymbol{\alpha}_2-\frac{\boldsymbol{\alpha}_2^{\mathrm{T}}\boldsymbol{\beta}_1}{\boldsymbol{\beta}_1^{\mathrm{T}}\boldsymbol{\beta}_1}\boldsymbol{\beta}_1$$

……

$$\boldsymbol{\beta}_k=\boldsymbol{\alpha}_k-\frac{\boldsymbol{\alpha}_k^{\mathrm{T}}\boldsymbol{\beta}_1}{\boldsymbol{\beta}_1^{\mathrm{T}}\boldsymbol{\beta}_1}\boldsymbol{\beta}_1-\frac{\boldsymbol{\alpha}_k^{\mathrm{T}}\boldsymbol{\beta}_2}{\boldsymbol{\beta}_2^{\mathrm{T}}\boldsymbol{\beta}_2}\boldsymbol{\beta}_2-\cdots-\frac{\boldsymbol{\alpha}_k^{\mathrm{T}}\boldsymbol{\beta}_{k-1}}{\boldsymbol{\beta}_{k-1}^{\mathrm{T}}\boldsymbol{\beta}_{k-1}}\boldsymbol{\beta}_{k-1}$$

……

$$\boldsymbol{\beta}_m=\boldsymbol{\alpha}_m-\frac{\boldsymbol{\alpha}_m^{\mathrm{T}}\boldsymbol{\beta}_1}{\boldsymbol{\beta}_1^{\mathrm{T}}\boldsymbol{\beta}_1}\boldsymbol{\beta}_1-\frac{\boldsymbol{\alpha}_m^{\mathrm{T}}\boldsymbol{\beta}_2}{\boldsymbol{\beta}_2^{\mathrm{T}}\boldsymbol{\beta}_2}\boldsymbol{\beta}_2-\cdots-\frac{\boldsymbol{\alpha}_m^{\mathrm{T}}\boldsymbol{\beta}_{m-1}}{\boldsymbol{\beta}_{m-1}^{\mathrm{T}}\boldsymbol{\beta}_{m-1}}\boldsymbol{\beta}_{m-1}$$

证 我们首先用归纳法证明上面得到的向量组 $\boldsymbol{\beta}_1,\boldsymbol{\beta}_2,\cdots,\boldsymbol{\beta}_m$ 是正交向量组.

当 $m=2$ 时,

$$\boldsymbol{\beta}_2^{\mathrm{T}}\boldsymbol{\beta}_1=\boldsymbol{\alpha}_2^{\mathrm{T}}\boldsymbol{\beta}_1-\frac{\boldsymbol{\alpha}_2^{\mathrm{T}}\boldsymbol{\beta}_1}{\boldsymbol{\beta}_1^{\mathrm{T}}\boldsymbol{\beta}_1}\boldsymbol{\beta}_1^{\mathrm{T}}\boldsymbol{\beta}_1=\boldsymbol{\alpha}_2^{\mathrm{T}}\boldsymbol{\beta}_1-\boldsymbol{\alpha}_2^{\mathrm{T}}\boldsymbol{\beta}_1=0$$

即 $\boldsymbol{\beta}_2$ 与 $\boldsymbol{\beta}_1$ 是正交的.

假设结论对 $m<k$ 的情况都成立,下面证明结论对 $m=k$ 的情况也成立. 对于任意的 $i<k$,由于

$$\begin{aligned}\boldsymbol{\beta}_k^{\mathrm{T}}\boldsymbol{\beta}_i&=\boldsymbol{\alpha}_k^{\mathrm{T}}\boldsymbol{\beta}_i-\frac{\boldsymbol{\alpha}_k^{\mathrm{T}}\boldsymbol{\beta}_1}{\boldsymbol{\beta}_1^{\mathrm{T}}\boldsymbol{\beta}_1}\boldsymbol{\beta}_1^{\mathrm{T}}\boldsymbol{\beta}_i-\cdots-\frac{\boldsymbol{\alpha}_k^{\mathrm{T}}\boldsymbol{\beta}_i}{\boldsymbol{\beta}_i^{\mathrm{T}}\boldsymbol{\beta}_i}\boldsymbol{\beta}_i^{\mathrm{T}}\boldsymbol{\beta}_i-\cdots-\frac{\boldsymbol{\alpha}_k^{\mathrm{T}}\boldsymbol{\beta}_{k-1}}{\boldsymbol{\beta}_{k-1}^{\mathrm{T}}\boldsymbol{\beta}_{k-1}}\boldsymbol{\beta}_{k-1}^{\mathrm{T}}\boldsymbol{\beta}_i\\&=\boldsymbol{\alpha}_k^{\mathrm{T}}\boldsymbol{\beta}_i-\frac{\boldsymbol{\alpha}_k^{\mathrm{T}}\boldsymbol{\beta}_i}{\boldsymbol{\beta}_i^{\mathrm{T}}\boldsymbol{\beta}_i}\boldsymbol{\beta}_i^{\mathrm{T}}\boldsymbol{\beta}_i=0\end{aligned}$$

所以 $\boldsymbol{\beta}_k$ 与 $\boldsymbol{\beta}_i$ 也正交.

$\boldsymbol{\alpha}_1,\boldsymbol{\alpha}_2,\cdots,\boldsymbol{\alpha}_m$ 与 $\boldsymbol{\beta}_1,\boldsymbol{\beta}_2,\cdots,\boldsymbol{\beta}_m$ 的等价性是显然的.

例 40 用施密特正交化方法求与向量组 $\boldsymbol{\alpha}_1=(1,2,-1)^{\mathrm{T}},\boldsymbol{\alpha}_2=(-1,3,1)^{\mathrm{T}},\boldsymbol{\alpha}_3=(4,-1,0)^{\mathrm{T}}$ 等价的标准正交向量组.

解 先正交化

$$\boldsymbol{\beta}_1=\boldsymbol{\alpha}_1=\begin{pmatrix}1\\2\\-1\end{pmatrix},\quad \boldsymbol{\beta}_2=\boldsymbol{\alpha}_2-\frac{\boldsymbol{\alpha}_2^{\mathrm{T}}\boldsymbol{\beta}_1}{\boldsymbol{\beta}_1^{\mathrm{T}}\boldsymbol{\beta}_1}\boldsymbol{\beta}_1=\begin{pmatrix}-1\\3\\1\end{pmatrix}-\frac{4}{6}\begin{pmatrix}1\\2\\-1\end{pmatrix}=\frac{5}{3}\begin{pmatrix}-1\\1\\1\end{pmatrix}$$

$$\boldsymbol{\beta}_3=\boldsymbol{\alpha}_3-\frac{\boldsymbol{\alpha}_3^{\mathrm{T}}\boldsymbol{\beta}_1}{\boldsymbol{\beta}_1^{\mathrm{T}}\boldsymbol{\beta}_1}\boldsymbol{\beta}_1-\frac{\boldsymbol{\alpha}_3^{\mathrm{T}}\boldsymbol{\beta}_2}{\boldsymbol{\beta}_2^{\mathrm{T}}\boldsymbol{\beta}_2}\boldsymbol{\beta}_2=\begin{pmatrix}4\\-1\\0\end{pmatrix}-\frac{1}{3}\begin{pmatrix}1\\2\\-1\end{pmatrix}+\frac{5}{3}\begin{pmatrix}-1\\1\\1\end{pmatrix}=2\begin{pmatrix}1\\0\\1\end{pmatrix}$$

则 $\boldsymbol{\beta}_1,\boldsymbol{\beta}_2,\boldsymbol{\beta}_3$ 是正交向量组.

再单位化

$$\gamma_1=\frac{1}{\|\boldsymbol{\beta}_1\|}\boldsymbol{\beta}_1=\frac{1}{\sqrt{6}}\begin{pmatrix}1\\2\\-1\end{pmatrix},\quad \gamma_2=\frac{1}{\|\boldsymbol{\beta}_2\|}\boldsymbol{\beta}_2=\frac{1}{\sqrt{3}}\begin{pmatrix}-1\\1\\1\end{pmatrix}$$

$$\gamma_3=\frac{1}{\|\boldsymbol{\beta}_3\|}\boldsymbol{\beta}_3=\frac{1}{\sqrt{2}}\begin{pmatrix}1\\0\\1\end{pmatrix}$$

则 $\gamma_1,\gamma_2,\gamma_3$ 即为所求.

阅读与思考　费马大定理是怎么证明的?
——怀尔斯其人其事

已故数学大师陈省身说道,20 世纪最杰出的数学成就有两个,一个是阿蒂亚 - 辛格指标定理,另一个是费马大定理. 当然,20 世纪的重大数学成就远不止这两个,不过这两大成就却颇具代表性,特别是从科普的角度来看.

说实在的,数学虽然总是居于科学之首,可是一般人对数学可以说几乎一无所知,尤其是说到数学有什么成就、有什么突破的时候. 理、化、天、地、生,门门都有很专门的概念、知识、技术,可不久之前的大成绩很容易就可以普及到寻常百姓家. 激光器制造出来还不到 50 年,激光唱盘早已尽人皆知了,克隆出现不到 10 年,克隆这字眼已经满天飞了. 即使人们不太懂黑洞的来龙去脉,一般人理解起来也不会有太大障碍. 可是有多少人知道最新的数学成就呢?恐怕很难很难. 数学隔行都难以沟通,更何况一般人呢. 正因为如此,99% 的数学很难普及,成百上千的基本概念就让人不知所云,一些当前的热门,如量子群、非交换几何、椭圆上同调,听起来就让人发晕. 幸好,还有 1% 的数学还能对普通的人说清楚,费马大定理就是其中的一个.

费马大定理在世界上引起的兴趣就正如哥德巴赫猜想在中国引起的热潮差不多. 之所以受到许多人的关注,关键在于它们不需要太多的准备知识. 对于费马大定理,人们只要知道数学中头一个重要定理就行了. 这个定理在中国叫勾股定理或商高定理,在西方叫毕达哥拉斯定理. 它的内涵丰富,从数论的角度看就是求不定方程(即变元数多于方程数的方程) $X^2+Y^2=Z^2$ 的正整数解. 中国在很早已知(3,4,5)是这个方程的一个解,也就是 $3^2+4^2=5^2$,其后也陆续得到其他解,最后知道它的所有解. 这样,一个不定方程的问题得到圆满解决.

数学家的思想方向是推广,这个问题到了 17 世纪数学家费马的手中,就自然问,当指数不是 3,4,… 时,又会怎样?这样费马的问题就变成不定方程 $X^n+Y^n=Z^n$ $(n=3,4,\cdots)$ 是否有正整数解的问题. 费马误以为自己证明了对于所有 $n\geqslant 3$ 的情形,这个方程(不妨称为费马方程)都没有正整数解,实际上,他的方法只证明 $n=4$ 的情形. 不过,这个他没有证明的定理还是被称为费马大定理.

这样一个叙述简单易懂的定理对于后来的数学家是一大挑战,其后200多年,数学家只是部分地解决了这个问题,可是却给数学带来丰富的副产品,最重要的是代数数论.原来的问题却成为一个难啃的硬骨头.20世纪初,有人悬赏10万德国马克,征求费马大定理的证明,

最终证明费马大定理的怀尔斯9年面壁之路是多么坎坷.从1986年到1994年他几乎没有发表任何论文,这对职业数学家常常是致命的.怀尔斯为了保密,也搞一点小名堂,局外人也许只数你论文的篇数,内容则完全看不懂.可是要说大定理证得对不对,专家无疑起着决定性的作用.这本书生动地讲述一位在数学中心生活的数学家的生存状态.他有一些朋友,他要靠这些朋友,当时他也有失误或挫折,幸运的是,他笑到了最后.一般人只看到他获得的十来个大奖,最近的一个是2005年邵逸夫奖100万美元.实际上这不过是锦上添花,谁知道1993年发现证明漏洞时的辛酸呢?

数学家阿蒂亚说:“费马猜想扮演了类似珠穆朗玛登山者所起的作用……”.怀尔斯10岁时,在剑桥一个公共图书馆看到一本书上提到费马猜想,就立刻为之心驰神往.并花了不少时间和精力试图证明这个猜想.虽然没有成功,但费马猜想却深深地印入了他的脑海.并促使他爱上了数学.立志要做一个数学家,要致力于证明费马猜想.当其成为一名职业数学家后,他才懂得了要证明费马猜想这类难题只有激情是远远不够的.还必须有坚实的数学基础和顽强的毅力.

怀尔斯是一个安静腼腆的人.脸上总是带有微笑.他多年深居简出,潜心研究数学问题.并被誉为解决难题的能手.这次他对费马猜想的证明就是建立在近十年来许多人工作基础上的.1986年,他在证明方面已经做出了一系列重要工作.就在利贝证明了弗雷构思的一月之后,怀尔斯在一个朋友家里在饮冰茶时知道了这个消息,感到了极大的震动.后来他回忆说:“我记得那个时候,那个改变我生命历程的时刻,因为这意味着为了证明费马猜想,我必须做的一切就是证明谷山-志村猜想”,从那天起怀尔斯放弃了所有的与证明*TS*猜想无关的研究,决心不参加任何学术活动.除了教书以外,回避一切分心的事情.经过5年奋斗后,到1991年的夏天,他参加了在波士顿举行的国际数论会议,并了解了许多新方法、新技术.1993年6月23日是怀尔斯生日,也是在这一天,这在演讲中宣布他证明了FLT.这是一个令人心醉的时刻.E-mail在全球飞驰,全世界的报纸都在大力宣传说:“这个貌似简单,却曾使许多人求索而久攻不下的难题,终于土崩瓦解了.”

怀尔斯证明了费马大定理,对于这个“世纪性的成就”宣传的热潮一浪高过一浪.People杂志还将他和戴安娜王妃,Michael Jackson,克林顿总统等一起列为“本年度25位最有魅力的人物”之一.然而宣传的热潮还未来得及降温,11月15日,他的老师柯兹证实怀尔斯的论文有漏洞.12月4日,怀尔斯向数学界发了一个电子邮件,承认了证明中的漏洞;但信中说:“鉴于我关于TS猜想和费马大定理的工作情况的推测,我将对此作一简要说明,在审稿过程中,发现了一些问题,绝大多数都已经解决了.但是其中一个特殊问题我至今仍未解决……我相信在不久的将来,我将用我在剑桥演讲时说的想法解决这个问题.”

西方新闻媒介大都对此表达了宽容.当他说其中出现一些漏洞时,对此事的报道并没有像先前那样放在显著的地位.并肯定工作大大打破了世界纪录.尤其是1994年8月,在

瑞士苏黎士召开的国际数学家大会上，怀尔斯还应邀作了最后一个大会报告．而且受到热烈的掌声．肯定了他部分地证明了 TS 猜想．和其他方面对数论的重要贡献．

好在黑暗的日子并没过多长，1994 年 10 月 14 日，怀尔斯又一次将他的 108 页的论文《模曲线和费马大定理》送交当代最权威的数学杂志——普林斯顿的《数学年刊》．不出半年，1995 年 5 月，《数学年刊》用一期发表了他的论文．1996 年 3 月，怀尔斯站到了沃尔夫奖领奖台，费马大定理最终成为一个真正的定理．怀尔斯也真正笑到了最后．

习　题　二

1. 设 $\boldsymbol{\alpha}=(1,3,6)^{\mathrm{T}}$，$\boldsymbol{\beta}=(2,1,5)^{\mathrm{T}}$，$\boldsymbol{\gamma}=(4,-3,3)^{\mathrm{T}}$，求：

(1) $7\boldsymbol{\alpha}-3\boldsymbol{\beta}-2\boldsymbol{\gamma}$　　(2) $2\boldsymbol{\alpha}-3\boldsymbol{\beta}+\boldsymbol{\gamma}$

2. 设 $\boldsymbol{\alpha}=(1,-1,1,-1)^{\mathrm{T}}$，$\boldsymbol{\beta}=(1,2,2,1)^{\mathrm{T}}$．

(1) 将 $\boldsymbol{\alpha},\boldsymbol{\beta}$ 化为单位向量；

(2) 向量 $\boldsymbol{\alpha},\boldsymbol{\beta}$ 是否正交．

3. 计算：

(1) $3\begin{pmatrix}2&4&7\\1&3&2\end{pmatrix}-\begin{pmatrix}6&10&20\\0&9&3\end{pmatrix}$　　(2) $2\begin{pmatrix}3&1&1\\2&1&2\\1&2&3\end{pmatrix}+5\begin{pmatrix}-1&1&-1\\-2&-1&0\\-1&0&1\end{pmatrix}$

4. 计算下列乘积：

(1) $\begin{pmatrix}4&3&1\\-1&-2&3\\5&7&0\end{pmatrix}\begin{pmatrix}7\\2\\1\end{pmatrix}$　　(2) $\begin{pmatrix}3&1&1\\2&1&2\\1&2&3\end{pmatrix}\begin{pmatrix}1&1&-1\\2&-1&1\\1&0&1\end{pmatrix}$

(3) $\begin{pmatrix}d_1&0&\cdots&0\\0&d_2&\cdots&0\\\vdots&\vdots&&\vdots\\0&0&\cdots&d_n\end{pmatrix}\begin{pmatrix}a_{11}&a_{12}&\cdots&a_{1n}\\a_{21}&a_{22}&\cdots&a_{2n}\\\vdots&\vdots&&\vdots\\a_{n1}&a_{n2}&\cdots&a_{nn}\end{pmatrix}$

(4) $\begin{pmatrix}a_{11}&a_{12}&\cdots&a_{1n}\\a_{21}&a_{22}&\cdots&a_{2n}\\\vdots&\vdots&&\vdots\\a_{n1}&a_{n2}&\cdots&a_{nn}\end{pmatrix}\begin{pmatrix}d_1&0&\cdots&0\\0&d_2&\cdots&0\\\vdots&\vdots&&\vdots\\0&0&\cdots&d_n\end{pmatrix}$

(5) $(x_1,x_2,x_3)\begin{pmatrix}a_{11}&a_{12}&a_{13}\\a_{12}&a_{22}&a_{23}\\a_{13}&a_{23}&a_{33}\end{pmatrix}\begin{pmatrix}x_1\\x_2\\x_3\end{pmatrix}$

5. 已知 $A=(1,1,0,2)$，$B=(4,-1,2,1)^{\mathrm{T}}$，求 AB 和 $A^{\mathrm{T}}B^{\mathrm{T}}$．

6. 如果 $A=\dfrac{1}{2}(B+E)$，证明：$A^2=A$ 当且仅当 $B^2=E$ 时成立．

7. 设 $A=E-2\boldsymbol{\alpha}\boldsymbol{\alpha}^{\mathrm{T}}$，其中 E 是 n 阶单位矩阵，$\boldsymbol{\alpha}$ 是 n 维单位列向量．证明：对任意一个 n 维列向量 $\boldsymbol{\beta}$，都有 $\|A\boldsymbol{\beta}\|=\|\boldsymbol{\beta}\|$．

8. 对于任意的矩阵 A，证明：

(1) $A+A^{\mathrm{T}}$ 是对称矩阵，$A-A^{\mathrm{T}}$ 是反对称矩阵；

(2) A 可表示为一个对称矩阵和一个反对称矩阵的和.

9. 证明：如果 A,B 都是 n 阶对称矩阵，则 AB 是对称矩阵的充分必要条件是 A 与 B 是可交换的.

10. 设 A 是一个 n 阶对称矩阵，B 是一个反对称矩阵，证明：$AB+BA$ 是一个反对称矩阵.

11. 设 $\boldsymbol{\alpha}_1,\boldsymbol{\alpha}_2,\cdots,\boldsymbol{\alpha}_n$ 是 n 个线性无关的向量，$\boldsymbol{\alpha}_{n+1}=k_1\boldsymbol{\alpha}_1+k_2\boldsymbol{\alpha}_2+\cdots+k_n\boldsymbol{\alpha}_n$，其中 $k_1,k_2,\cdots,k_n$ 全不为零. 证明：$\boldsymbol{\alpha}_1,\boldsymbol{\alpha}_2,\cdots,\boldsymbol{\alpha}_{n+1}$ 中任意 n 个向量线性无关.

12. 设向量组 $\boldsymbol{\alpha}_1,\boldsymbol{\alpha}_2,\boldsymbol{\alpha}_3$ 线性相关，向量组 $\boldsymbol{\alpha}_2,\boldsymbol{\alpha}_3,\boldsymbol{\alpha}_4$ 线性无关.

(1) $\boldsymbol{\alpha}_1$ 能否由 $\boldsymbol{\alpha}_2,\boldsymbol{\alpha}_3$ 线性表示?证明你的结论或举出反例；

(2) $\boldsymbol{\alpha}_4$ 能否由 $\boldsymbol{\alpha}_1,\boldsymbol{\alpha}_2,\boldsymbol{\alpha}_3$ 线性表示?证明你的结论或举出反例.

13. 求下列矩阵的秩：

(1) $\begin{pmatrix}1&-1&5&-1\\1&1&-2&3\\3&-1&8&1\\1&3&-9&7\end{pmatrix}$　　(2) $\begin{pmatrix}0&1&1&-1&2\\0&2&-2&-2&0\\0&-1&-1&1&1\\1&1&0&1&-1\end{pmatrix}$

14. 判断下列向量组是否线性相关；如果线性相关，求出向量组的一个极大线性无关组，并将其余向量用这个极大线性无关组表示出来.

(1) $\boldsymbol{\alpha}_1=(1,1,1)^{\mathrm{T}},\boldsymbol{\alpha}_2=(1,2,3)^{\mathrm{T}},\boldsymbol{\alpha}_3=(1,3,6)^{\mathrm{T}}$

(2) $\boldsymbol{\alpha}_1=(1,-1,2,4)^{\mathrm{T}},\boldsymbol{\alpha}_2=(0,3,1,2)^{\mathrm{T}},\boldsymbol{\alpha}_3=(3,0,7,14)^{\mathrm{T}}$

15. 利用初等变换求下列矩阵的逆矩阵.

(1) $\begin{pmatrix}1&1&1&1\\1&1&-1&-1\\1&-1&1&-1\\1&-1&-1&1\end{pmatrix}$　　(2) $\begin{pmatrix}1&2&0&0\\2&1&1&0\\0&1&2&1\\0&0&1&2\end{pmatrix}$

16. 求解矩阵方程.

(1) $\begin{pmatrix}1&2\\3&4\end{pmatrix}X=\begin{pmatrix}5&3\\3&6\end{pmatrix}$　　(2) $X\begin{pmatrix}2&1&-1\\2&1&0\\1&-1&1\end{pmatrix}=\begin{pmatrix}1&-1&3\\4&3&2\\1&-2&5\end{pmatrix}$

17. 已知 $A=\begin{pmatrix}1&2&-3\\3&2&-4\\2&-1&0\end{pmatrix},B=\begin{pmatrix}1&-3&0\\10&2&7\\10&7&8\end{pmatrix}$，试用初等行变换求 $A^{-1}B$.

18. 用分块法求 AB.

(1) $A=\begin{pmatrix}1&0&0&0\\0&1&0&0\\-1&2&1&0\\1&1&0&1\end{pmatrix},B=\begin{pmatrix}1&0&3&2\\-1&2&0&1\\1&0&4&1\\1&-1&0&0\end{pmatrix}$

(2) $A=\begin{pmatrix} 1 & 0 & 1 & 2 & -1 \\ 0 & 1 & 3 & 2 & -2 \\ -1 & 4 & 0 & 0 & 0 \\ 0 & 2 & 0 & 0 & 0 \end{pmatrix}, B=\begin{pmatrix} 2 & -3 & 0 & 0 \\ 0 & -2 & 0 & 0 \\ 1 & 0 & 5 & -1 \\ 1 & 1 & 0 & 2 \\ 0 & 0 & 3 & 0 \end{pmatrix}$

19. 用分块法求下列矩阵的逆矩阵.

(1) $\begin{pmatrix} 3 & 1 & 0 & 0 \\ 2 & 1 & 0 & 0 \\ 0 & 0 & 2 & 5 \\ 0 & 0 & 4 & 1 \end{pmatrix}$　　(2) $\begin{pmatrix} \cos\theta & \sin\theta & 0 & 0 & 0 \\ -\sin\theta & \cos\theta & 0 & 0 & 0 \\ 0 & 0 & 1 & a & b \\ 0 & 0 & 0 & 1 & a \\ 0 & 0 & 0 & 0 & 1 \end{pmatrix}$

20. 把下列向量组正交化.

(1) $\boldsymbol{\alpha}_1=(1,1,1)^{\mathrm{T}}, \boldsymbol{\alpha}_2=(1,2,3)^{\mathrm{T}}, \boldsymbol{\alpha}_3=(1,4,9)^{\mathrm{T}}$

(2) $\boldsymbol{\alpha}_1=(1,0,-1,1)^{\mathrm{T}}, \boldsymbol{\alpha}_2=(1,-1,0,1)^{\mathrm{T}}, \boldsymbol{\alpha}_3=(-1,1,1,0)^{\mathrm{T}}$

21. 已知 $\boldsymbol{\alpha}_1=(1,0,1,0)^{\mathrm{T}}, \boldsymbol{\alpha}_2=(0,-1,1,-1)^{\mathrm{T}}, \boldsymbol{\alpha}_3=(1,1,1,1)^{\mathrm{T}}, \boldsymbol{\alpha}_4=(0,1,0,-1)^{\mathrm{T}}$.

(1) 求 $\boldsymbol{\alpha}_1$ 与 $\boldsymbol{\alpha}_2$ 的夹角；

(2) 求 $\|2\boldsymbol{\alpha}_1-\boldsymbol{\alpha}_2+\boldsymbol{\alpha}_3-3\boldsymbol{\alpha}_4\|$；

(3) 求一个与 $\boldsymbol{\alpha}_1,\boldsymbol{\alpha}_2,\boldsymbol{\alpha}_3,\boldsymbol{\alpha}_4$ 等价的标准正交向量组.

补　充　题

1. 如果 $A^2=A$，则称 n 阶矩阵 A 为幂等阵. 设 A,B 是幂等阵，证明：

(1) 如果 $A+B$ 也是幂等阵，则 $AB+BA=O$；

(2) 如果 A,B 是可交换的，则 $A+B-AB$ 是幂等阵.

2. 证明：主对角线元素全为1的上三角形矩阵的乘积，仍是主对角线元素为1的上三角形矩阵.

3. 设 A 是可逆矩阵. 证明：如果 A,B 是可交换的，则 A^{-1},B 也是可交换的.

4. 设 A,B 为 n 阶矩阵，且 A 可逆. 证明：对 $n\times 2n$ 矩阵 $(A\mid B)$ 施行初等行变换，当把矩阵 A 变为单位矩阵 E 时，B 即变为 $A^{-1}B$.

5. 设 n 维向量组 $\boldsymbol{\alpha}_1,\boldsymbol{\alpha}_2,\cdots,\boldsymbol{\alpha}_{n-1}$ 线性无关，$\boldsymbol{\xi}_1,\boldsymbol{\xi}_2$ 和 $\boldsymbol{\alpha}_1,\boldsymbol{\alpha}_2,\cdots,\boldsymbol{\alpha}_{n-1}$ 均正交，证明 $\boldsymbol{\xi}_1,\boldsymbol{\xi}_2$ 线性相关.

6. (1) 设 $a_1a_2\cdots a_n\neq 0$，求：

$$\begin{pmatrix} 0 & a_1 & 0 & \cdots & 0 & 0 \\ 0 & 0 & a_2 & \cdots & 0 & 0 \\ \vdots & \vdots & \vdots & & \vdots & \vdots \\ 0 & 0 & 0 & \cdots & 0 & a_{n-1} \\ a_n & 0 & 0 & \cdots & 0 & 0 \end{pmatrix}$$

的逆矩阵.

(2) 设 $a-b_1c_1-b_2c_2-\cdots-b_nc_n\neq 0$，求：

$$\begin{pmatrix} 1 & 0 & 0 & \cdots & 0 & c_1 \\ 0 & 1 & 0 & \cdots & 0 & c_2 \\ 0 & 0 & 1 & \cdots & 0 & c_3 \\ \vdots & \vdots & \vdots & & \vdots & \vdots \\ 0 & 0 & 0 & \cdots & 1 & c_n \\ b_1 & b_2 & b_3 & \cdots & b_n & a \end{pmatrix}$$

的逆矩阵.

7. 如果向量$\boldsymbol{\beta}$可由向量组$\boldsymbol{\alpha}_1,\boldsymbol{\alpha}_2,\cdots,\boldsymbol{\alpha}_r$线性表示,证明:表示法是唯一的充分必要条件是$\boldsymbol{\alpha}_1,\boldsymbol{\alpha}_2,\cdots,\boldsymbol{\alpha}_r$线性无关.

8. 证明:任意$n+1$个n维向量必线性相关.

9. 证明:对于任意实数a,向量组

$$\boldsymbol{\alpha}_1=(a,a,a,a)^{\mathrm{T}},\boldsymbol{\alpha}_2=(a,a+1,a+2,a+3)^{\mathrm{T}},\boldsymbol{\alpha}_3=(a,2a,3a,4a)^{\mathrm{T}}$$

线性相关.

10. 设$\boldsymbol{\alpha}_1$是任意的四维向量,$\boldsymbol{\alpha}_2=(2,1,0,0)^{\mathrm{T}},\boldsymbol{\alpha}_3=(4,1,4,0)^{\mathrm{T}},\boldsymbol{\alpha}_4=(1,0,2,0)^{\mathrm{T}}$,若$\boldsymbol{\beta}_1,\boldsymbol{\beta}_2,\boldsymbol{\beta}_3,\boldsymbol{\beta}_4$可由向量$\boldsymbol{\alpha}_1,\boldsymbol{\alpha}_2,\boldsymbol{\alpha}_3,\boldsymbol{\alpha}_4$线性表示,则$\boldsymbol{\beta}_1,\boldsymbol{\beta}_2,\boldsymbol{\beta}_3,\boldsymbol{\beta}_4$线性相关.

11. 设$\boldsymbol{\alpha}_1,\boldsymbol{\alpha}_2,\cdots,\boldsymbol{\alpha}_n$均为$n$维向量,试证:$\boldsymbol{\alpha}_1,\boldsymbol{\alpha}_2,\cdots,\boldsymbol{\alpha}_n$线性无关的充分必要条件是:任一$n$维向量$\boldsymbol{\beta}$都可由它们线性表示.

12. 设$\boldsymbol{\alpha}_1,\boldsymbol{\alpha}_2,\cdots,\boldsymbol{\alpha}_n$均为$n$维向量,若$n$维线性无关的向量组$\boldsymbol{\beta}_1,\boldsymbol{\beta}_2,\cdots,\boldsymbol{\beta}_n$可由它们线性表示,证明:$\boldsymbol{\alpha}_1,\boldsymbol{\alpha}_2,\cdots,\boldsymbol{\alpha}_n$线性无关.

13. 设$\boldsymbol{\beta}$可由$\boldsymbol{\alpha}_1,\boldsymbol{\alpha}_2,\cdots,\boldsymbol{\alpha}_r$线性表示,但不能由$\boldsymbol{\alpha}_1,\boldsymbol{\alpha}_2,\cdots,\boldsymbol{\alpha}_{r-1}$线性表示,则$\boldsymbol{\alpha}_r$可由$\boldsymbol{\alpha}_1,\boldsymbol{\alpha}_2,\cdots,\boldsymbol{\alpha}_{r-1},\boldsymbol{\beta}$线性表示.

14. 设$\boldsymbol{\alpha}_1,\boldsymbol{\alpha}_2,\cdots,\boldsymbol{\alpha}_m$线性无关,任取实数$k_1,k_2,\cdots,k_{m-1}$,令$\boldsymbol{\beta}_1=\boldsymbol{\alpha}_1-k_1\boldsymbol{\alpha}_m,\cdots,\boldsymbol{\beta}_{m-1}=\boldsymbol{\alpha}_{m-1}-k_{m-1}\boldsymbol{\alpha}_m,\boldsymbol{\beta}_m=\boldsymbol{\alpha}_m$. 试证:$\boldsymbol{\beta}_1,\boldsymbol{\beta}_2,\cdots\boldsymbol{\beta}_m$也线性无关.

15. 设$\boldsymbol{\beta}_1=\boldsymbol{\alpha}_2+\boldsymbol{\alpha}_3+\cdots+\boldsymbol{\alpha}_s,\boldsymbol{\beta}_2=\boldsymbol{\alpha}_1+\boldsymbol{\alpha}_3+\cdots\boldsymbol{\alpha}_s,\cdots,\boldsymbol{\beta}_s=\boldsymbol{\alpha}_1+\boldsymbol{\alpha}_2+\cdots+\boldsymbol{\alpha}_{s-1}$,证明:$\boldsymbol{\beta}_1,\boldsymbol{\beta}_2,\cdots\boldsymbol{\beta}_s$与$\boldsymbol{\alpha}_1,\boldsymbol{\alpha}_2,\cdots,\boldsymbol{\alpha}_s$等价.

*第三章　线性空间与线性变换

本章先引入向量空间的概念，将 n 维向量的概念一般化，然后讨论线性空间上的线性变换. 线性空间是线性代数最基本的概念之一，是某一类事物从量方面的一个抽象.

第一节　线性空间

一、线性空间的基本概念

我们知道，在所有 n 维向量的集合 R^n 中，对于任意向量

$$\boldsymbol{\alpha} = (a_1, a_2, \cdots, a_n)^{\mathrm{T}}, \quad \boldsymbol{\beta} = (b_1, b_2, \cdots, b_n)^{\mathrm{T}}$$

有

$$\boldsymbol{\alpha} + \boldsymbol{\beta} = (a_1 + b_1, \cdots, a_n + b_n)^{\mathrm{T}} \in R^n$$

并且对任意常数 $k \in R$，有

$$k\boldsymbol{\alpha} = (ka_1, \cdots, ka_n)^{\mathrm{T}} \in R^n$$

即 R^n 中任意两个向量的和仍在 R^n 中，数 k 与 R^n 中任意向量的数乘积也仍在 R^n 中. 并且加法满足交换律、结合律，数乘积满足分配律、结合律等. 在数学和其他学科中还有大量这样的集合，它们都具备上述性质，因此我们有必要不考虑构成集合的对象，抽去它们的具体内容来研究这类集合的公共本质. 于是对这类集合引进一个概括性的新概念 —— 线性空间.

定义 1　设 V 一个非空集合，在 V 的元素之间定义一种加法运算，即对任意 $\boldsymbol{\alpha}, \boldsymbol{\beta} \in V$，都有 $\boldsymbol{\alpha}+\boldsymbol{\beta} \in V$；还定义了一种数量乘法，即对任意实数 k 都有 $k\boldsymbol{\alpha} \in V$. 如果加法和数量乘法满足以下条件，则称 V 构成实数域 R 上线性空间.

(1) 加法满足交换律：$\boldsymbol{\alpha} + \boldsymbol{\beta} = \boldsymbol{\beta} + \boldsymbol{\alpha}$

(2) 加法满足结合律：$(\boldsymbol{\alpha} + \boldsymbol{\beta}) + \boldsymbol{\gamma} = \boldsymbol{\alpha} + (\boldsymbol{\beta} + \boldsymbol{\gamma})$

(3) V 中存在零元：存在 $\boldsymbol{O} \in V$，使得对任意 $\boldsymbol{\alpha} \in V$ 都有 $\boldsymbol{O} + \boldsymbol{\alpha} = \boldsymbol{\alpha}$

(4) V 中每元有负元：对任意 $\boldsymbol{\alpha} \in V$，都存在 $\boldsymbol{\beta} \in V$，使得：$\boldsymbol{\alpha} + \boldsymbol{\beta} = \boldsymbol{O}$

(5) $1\boldsymbol{\alpha} = \boldsymbol{\alpha}$

(6) $k(\boldsymbol{\alpha} + \boldsymbol{\beta}) = k\boldsymbol{\alpha} + k\boldsymbol{\beta}$

(7) $(k + l)\boldsymbol{\alpha} = k\boldsymbol{\alpha} + l\boldsymbol{\alpha}$

(8) $k(l\boldsymbol{\alpha}) = (kl)\boldsymbol{\alpha}$

其中，k, l 是任意常数，$\boldsymbol{\alpha}, \boldsymbol{\beta}, \boldsymbol{\gamma}$ 是 V 中任意元素.

显然，下面结论成立：

定理 1　设 V 是实数集 R 上的 n 维向量构成的非空集合，若

(Ⅰ) $\forall \boldsymbol{\alpha}, \boldsymbol{\beta} \in V,\ \boldsymbol{\alpha} + \boldsymbol{\beta} \in V$

(II) $\forall \boldsymbol{\alpha} \in V, k \in R, k\boldsymbol{\alpha} \in V$

则集合 V 为数域 R 上的向量空间.

这样,对于实数集 R 上的 n 维向量构成的非空集合,按照 n 维向量的加法和数乘是否构成向量空间只需验证(I)(II) 即可.

例 1 R^n 对于向量的加法和数乘显然构成 R 上线性空间.

单独一个零向量构成的向量空间,称为**零空间**.

线性空间 V 又称为向量空间,V 中的元素又叫向量.如果这些数都是实数,就称 V 为实空间,如果是复数,就称 V 为复空间.除非特别说明,今后所指的向量空间都是实数域 R 上的向量空间.

值得注意的是:① 线性空间是一个抽象名词,它的元素一般是抽象的,当然不一定是数.所谓实空间只是其中系数 k,l 都取实数而已.② 定义中所谓的两种运算也是抽象的,其中所列举的各规律只不过是运算必须具备的条件而已.

比如,正数集合对于如下定义的加法 $\oplus$ 及数量乘法 $\cdot$ 两种运算:

$$a \oplus b = ab, \quad k \cdot a = a^k$$

由定义易证构成一个线性空间.

我们再给出以下几个常见的线性空间的例子.

例 2 所有 $m \times n$ 矩阵所成集合 $R^{m\times n}$ 对于矩阵的加法和数乘运算构成线性空间.

例 3 R 对于数的加法和乘法也构成一个线性空间.

例 4 数域 P 上的一元多项式全体 $P[x]$ 中,定义了两个多项式的加法和数与多项式的乘法,而且这两种运算同样满足上述这些重要的规律,即

$$\forall f(x), g(x), h(x) \in P[x], \forall k, l \in P$$
$$f(x) + g(x) = g(x) + f(x)$$
$$(f(x) + g(x)) + h(x) = f(x) + (g(x) + h(x))$$
$$f(x) + 0 = f(x)$$
$$f(x) + (-f(x)) = 0$$
$$1f(x) = f(x)$$
$$k(l)f(x) = (kl)f(x)$$
$$(k+l)f(x) = kf(x) + lf(x)$$
$$k(f(x) + g(x)) = kf(x) + kg(x)$$

所以 $< P[x], +, . >$ 构成 P 上线性空间.

例 5 数域 P 上的次数小于 n 的多项式的全体,再添上零多项式作成的集合,按多项式的加法和数量乘法构成数域 P 上的一个线性空间,常用 $P[x]_n$ 表示.

$$P[x]_n = \{f(x) = a_{n-1}x^{n-1} + \cdots + a_1x + a_0 \mid a_{n-1}, \cdots, a_1, a_0 \in P\}$$

上面介绍了线性空间的概念,下面根据定义来认识线性空间的性质.

定理 2 线性空间 V 中的零元唯一;线性空间 V 中的任意元 $\boldsymbol{\alpha}$ 有唯一的负元,$\boldsymbol{\alpha}$ 的负元记为 $-\boldsymbol{\alpha}$.

证 设 V 中有零元 x 和 x',则一方面由于 x 是零元,所以对 $x' \in V$ 有:$x' + x = x'$;

另一方面，由于 x' 是零元，所以对 $x \in V$ 又有 $x + x' = x$，故有 $x' = x$.

再证 $\boldsymbol{\alpha}$ 的负元的唯一性，设 V 中元素 x 和 x' 都是 $\boldsymbol{\alpha}$ 的负元，则有 $\boldsymbol{\alpha} + x' = \boldsymbol{O}$ 和 $\boldsymbol{\alpha} + x = \boldsymbol{O}$，于是

$$x = \boldsymbol{O} + x = (\boldsymbol{\alpha} + x') + x = (x' + \boldsymbol{\alpha}) + x = x' + (\boldsymbol{\alpha} + x) = x' + \boldsymbol{O} = x'$$

所以 $\boldsymbol{\alpha}$ 的负元是唯一的.

由定理 2 易证以下结论：

(i) $0\boldsymbol{\alpha} = \boldsymbol{O}, k\boldsymbol{O} = \boldsymbol{O}$

(ii) $(-k)\boldsymbol{\alpha} = k(-\boldsymbol{\alpha}) = -(k\boldsymbol{\alpha})$

(iii) $k\boldsymbol{\alpha} = \boldsymbol{O} \Leftrightarrow k = 0$ 或 $\boldsymbol{\alpha} = \boldsymbol{O}$

(iv) $k(\boldsymbol{\alpha} - \boldsymbol{\beta}) = k\boldsymbol{\alpha} - k\boldsymbol{\beta}$

证　仅证(iv)，因为

$$k(\boldsymbol{\alpha} - \boldsymbol{\beta}) + k\boldsymbol{\beta} = k(\boldsymbol{\alpha} - \boldsymbol{\beta} + \boldsymbol{\beta}) = k\boldsymbol{\alpha}$$

所以两边加上 $-k\boldsymbol{\beta}$，即得 $k(\boldsymbol{\alpha} - \boldsymbol{\beta}) = k\boldsymbol{\alpha} - k\boldsymbol{\beta}$.

二、子空间及其充要条件

定义 2　若线性空间 V 的非空子集合 L，对于 V 的加法及数乘两种运算也构成一个线性空间，则称 L 为 V 的**子空间**.

如在线性空间 V 中，只有零元构成一个子空间，叫做**零空间**. V 自身也是 V 的子空间. 这两个子空间称为 V 的**平凡子空间**，除此之外的叫**非平凡子空间**.

定理 3　线性空间 V 的非空子集 L 构成 V 的子空间的充分必要条件是：

(i) 如果 $\boldsymbol{\alpha}, \boldsymbol{\beta} \in L$ 那么 $\boldsymbol{\alpha} + \boldsymbol{\beta} \in L$；

(ii) 如果 $\boldsymbol{\alpha} \in L$，$k$ 是任意数，那么 $k\boldsymbol{\alpha} \in L$.

证　必要性显然，下面证明充分性.

假如 L 满足上面两个条件，那末 V 的两种运算就是 L 的两种运算.

因为 L 是 V 的非空子集，而 V 是线性空间，所以对 V 的运算，L 满足线性空间定义中的条件(1)，(2)，(5)，(6)，(7)，(8)；

又因为 L 非空，所以对 $\boldsymbol{\alpha} \in L$，$0\boldsymbol{\alpha} = \boldsymbol{O} \in L$，即 L 中有零元，于是，线性空间的定义中条件(3) 也满足；

再对任意 $\boldsymbol{\alpha} \in L$，有：$(-1)\boldsymbol{\alpha} = -\boldsymbol{\alpha} \in L$，即 L 中每元有负元，所以，线性空间定义中的条件(4) 也成立.

这就证明了 L 是 V 的子空间.

例如在线性空间 R^n 中，集合 $V = \{x = (0, x_2, x_3, \cdots, x_n)^{\mathrm{T}} \mid x_2, x_3, \cdots x_n \in R\}$ 是 R^n 的一个子空间. 而集合 $V = \{x = (1, x_1, x_2, \cdots, x_n)^{\mathrm{T}} \mid x_2, x_3, \cdots, x_n \in R\}$ 不是 R^n 的子空间.

(1) 因为 $\forall \boldsymbol{\alpha} = (0, a_2, a_3, \cdots, a_n)^{\mathrm{T}} \in V, \boldsymbol{\beta} = (0, b_2, b_3, \cdots, b_n)^{\mathrm{T}} \in V, k \in R$，有

$$\boldsymbol{\alpha} + \boldsymbol{\beta} = (0, a_2 + b_2, a_3 + b_3, \cdots, a_n + b_n)^{\mathrm{T}} \in V$$

$$k\boldsymbol{\alpha} = (0, ka_2, ka_3, \cdots, ka_n)^{\mathrm{T}} \in V$$

(2) 因为 $\boldsymbol{\alpha} = (1, a_2, a_3, \cdots, a_n)^{\mathrm{T}} \in V$，但 $2\boldsymbol{\alpha} = (2, 2a_2, 2a_3, \cdots, 2a_n)^{\mathrm{T}} \notin V$

再如 V 是所有二阶矩阵形成的线性空间，那么所有形如 $\begin{pmatrix} a & b \\ 0 & 0 \end{pmatrix}$ 的矩阵形成它的子空间. 同样所有形如 $\begin{pmatrix} a & 0 \\ b & 0 \end{pmatrix}$ 的矩阵也形成 V 的子空间.

顺便提及，充要条件中关于两种运算的两个条件可以用以下一个线性条件代替：对任意 $\boldsymbol{\alpha},\boldsymbol{\beta} \in L$ 和任意常数 k,l，都有

$$k\boldsymbol{\alpha} + l\boldsymbol{\beta} \in L.$$

例 6 设 V 为所有实函数所成集合构成的线性空间，则 $R[x]$ 为 V 的一个子空间.

例 7 $P[x]_n$ 是 $P[x]$ 的线性子空间.

三、线性空间的基、维数与坐标

一般线性空间除零空间外，都有无穷多个向量，能否把这无穷多个向量通过有限个向量全部表示出来以及如何表示？也就是说线性空间的构造如何，这是一个重要问题. 另外，线性空间中的向量是抽象的，如何使它与数发生联系，用比较具体的数学式来表达，这样才能进行运算，这又是一个重要问题. 下面来解决这两个问题.

由解析几何我们得知，在 R^2 中 $\boldsymbol{\varepsilon}_1 = (1,0)^{\mathrm{T}}$，$\boldsymbol{\varepsilon}_2 = (0,1)^{\mathrm{T}}$ 是两个线性无关的向量，任意二维向量 $\boldsymbol{\alpha} = (x,y)^{\mathrm{T}}$ 都可写成 $\boldsymbol{\varepsilon}_1,\boldsymbol{\varepsilon}_2$ 的线性组合，即

$$\boldsymbol{\alpha} = x\boldsymbol{\varepsilon}_1 + y\boldsymbol{\varepsilon}_2$$

在 R^3 中，$\boldsymbol{\varepsilon}_1 = (1,0,0)^{\mathrm{T}}$，$\boldsymbol{\varepsilon}_2 = (0,1,0)^{\mathrm{T}}$，$\boldsymbol{\varepsilon}_3 = (0,0,1)^{\mathrm{T}}$ 是三个线性无关的向量，任意向量 $\boldsymbol{\alpha} = (x,y,z)^{\mathrm{T}}$ 是 $\boldsymbol{\varepsilon}_1,\boldsymbol{\varepsilon}_2,\boldsymbol{\varepsilon}_3$ 的线性组合

$$\boldsymbol{\alpha} = x\boldsymbol{\varepsilon}_1 + y\boldsymbol{\varepsilon}_2 + z\boldsymbol{\varepsilon}_3$$

由极大线性无关组的定义可知，$\boldsymbol{\varepsilon}_1,\boldsymbol{\varepsilon}_2$ 是 R^2 中向量的极大线性无关组，而 $\boldsymbol{\varepsilon}_1,\boldsymbol{\varepsilon}_2,\boldsymbol{\varepsilon}_3$ 是 R^3 的极大线性无关组. 在一般线性空间中也是一样，任意向量是极大线性无关组的线性组合，引用极大线性无关组，第一个问题就立即得到解决，为此我们有如下定义.

定义 3 设在线性空间 V 中有 n 个线性无关的向量 $\boldsymbol{\alpha}_1,\boldsymbol{\alpha}_2,\cdots,\boldsymbol{\alpha}_n$，并且 V 中的任意向量都是 $\boldsymbol{\alpha}_1,\boldsymbol{\alpha}_2,\cdots,\boldsymbol{\alpha}_n$ 的线性组合，那么 $\boldsymbol{\alpha}_1,\boldsymbol{\alpha}_2,\cdots,\boldsymbol{\alpha}_n$ 称为 V 的一组基，n 称为 V 的**维数**，这时 V 称为 **n 维线性空间**. 如果这样的 n 个向量不存在，即对于任意正整数 N，在 V 中总有 N 个线性无关的向量，那么 V 就称为**无限维线性空间**. 不是无限维的线性空间，称为**有限维线性空间**.

V 是一个 n 维线性空间；常记为 $\dim V = n$.

零空间只有一个零向量，故没有线性无关的向量，所以它没有基，因此我们规定：**零空间的维数是 0.**

由定义可知在 R^n 中，n 维基本向量组 $\boldsymbol{e}_1 = (1,0,\cdots,0)$，$\boldsymbol{e}_2 = (0,1,\cdots,0)$，$\cdots$，$\boldsymbol{e}_n = (0,0,\cdots,1)$ 是 R^n 的一个基. 因为对于任一 n 维向量 $\boldsymbol{\alpha} = (a_1,a_2,\cdots,a_n)$，有

$$\boldsymbol{\alpha} = a_1\boldsymbol{e}_1 + a_2\boldsymbol{e}_2 + \cdots + a_n\boldsymbol{e}_n. \quad 故 \quad \dim R^n = n$$

再如，容易验证所有 $m \times n$ 矩阵的全体对于通常矩阵的加法及数量乘法构成一个线性空间 $R^{m\times n}$. 若令 E_{ij} 是第 i 行第 j 列处的元素是 1，其他各元素都是零的 $m \times n$ 矩阵，容易证明这 $m \times n$ 个矩阵 E_{ij} $(i = 1,2,\cdots,m; j = 1,2,\cdots,n)$ 线性无关，并且任意 $m \times n$ 矩阵

$A=(a_{ij})_{mn}$ 可以写成

$$A=\sum_{i=1}^{m}\sum_{j=1}^{n}a_{ij}E_{ij}$$

也就是说 $A=(a_{ij})_{mn}$ 是 $m\times n$ 个矩阵 E_{ij} $(i=1,2,\cdots,m;j=1,2,\cdots,n)$ 的线性组合，所以这 $m\times n$ 个矩阵 E_{ij} $(i=1,2,\cdots,m;j=1,2,\cdots,n)$ 是线性空间 $R^{m\times n}$ 的一个基. 因此 $R^{m\times n}$ 是 $m\times n$ 维线性空间.

所有关于 x 的实系数多项式的全体，对于通常多项式的加法及数乘运算构成一个线性空间 $R[x]$，可以看出 $R[x]$ 是无限维线性空间.

定理 4　n 维线性空间 V 中的任意 n 个线性无关的向量都是 V 的一个基.

证　设 $\boldsymbol{\alpha}_1,\boldsymbol{\alpha}_2,\cdots,\boldsymbol{\alpha}_n$ 是 V 中的任意 n 个线性无关的向量，$\forall\boldsymbol{\alpha}\in V$，由第二节定理 5、6，向量组 $\boldsymbol{\alpha}_1,\boldsymbol{\alpha}_2,\cdots,\boldsymbol{\alpha}_n,\boldsymbol{\alpha}$ 线性相关，且向量 $\boldsymbol{\alpha}$ 可由 $\boldsymbol{\alpha}_1,\boldsymbol{\alpha}_2,\cdots,\boldsymbol{\alpha}_n$ 线性表示，由基的定义知，$\boldsymbol{\alpha}_1,\boldsymbol{\alpha}_2,\cdots,\boldsymbol{\alpha}_n$ 是线性空间 V 的一个基.

例 8　证明 $\boldsymbol{\alpha}_1=(1,0,2,1)^{\mathrm T}$，$\boldsymbol{\alpha}_2=(0,1,0,1)^{\mathrm T}$，$\boldsymbol{\alpha}_3=(-1,2,0,1)^{\mathrm T}$，$\boldsymbol{\alpha}_4=(0,0,0,1)^{\mathrm T}$ 是 R^4 的一个基.

解　由于矩阵 $A=(\boldsymbol{\alpha}_1,\boldsymbol{\alpha}_2,\boldsymbol{\alpha}_3,\boldsymbol{\alpha}_4)$ 的行列式

$$|A|=\begin{vmatrix}1&0&-1&0\\0&1&2&0\\2&0&0&0\\1&1&1&1\end{vmatrix}=2\neq 0$$

所以，$\boldsymbol{\alpha}_1,\boldsymbol{\alpha}_2,\boldsymbol{\alpha}_3,\boldsymbol{\alpha}_4$ 线性无关，故 $\boldsymbol{\alpha}_1,\boldsymbol{\alpha}_2,\boldsymbol{\alpha}_3,\boldsymbol{\alpha}_4$ 是 R^4 的一个基.

例 9　设 $\boldsymbol{\alpha}_1=(1,1,2,3)^{\mathrm T}$，$\boldsymbol{\alpha}_2=(-1,1,-4,-5)^{\mathrm T}$，$\boldsymbol{\alpha}_3=(1,-3,6,7)^{\mathrm T}$，求 $L[\boldsymbol{\alpha}_1,\boldsymbol{\alpha}_2,\boldsymbol{\alpha}_3]$ 的一个基和维数.

解　令 $A=(\boldsymbol{\alpha}_1,\boldsymbol{\alpha}_2,\boldsymbol{\alpha}_3)$，用行初等变换将 A 化为行阶梯形矩阵

$$A=(\boldsymbol{\alpha}_1,\boldsymbol{\alpha}_2,\boldsymbol{\alpha}_3)=\begin{pmatrix}1&-1&1\\1&1&-3\\2&-4&6\\3&-5&7\end{pmatrix}\longrightarrow\begin{pmatrix}1&-1&1\\0&1&-2\\0&0&0\\0&0&0\end{pmatrix}$$

因 $r(A)=2$，则 $\boldsymbol{\alpha}_1,\boldsymbol{\alpha}_2,\boldsymbol{\alpha}_3$ 线性相关，而 $\boldsymbol{\alpha}_1,\boldsymbol{\alpha}_2$ 线性无关，故 $\boldsymbol{\alpha}_1,\boldsymbol{\alpha}_2$ 是 $L[\boldsymbol{\alpha}_1,\boldsymbol{\alpha}_2,\boldsymbol{\alpha}_3]$ 的一个基. 当然 $\boldsymbol{\alpha}_2,\boldsymbol{\alpha}_3$ 也是 $L[\boldsymbol{\alpha}_1,\boldsymbol{\alpha}_2,\boldsymbol{\alpha}_3]$ 的基，且 $\dim L[\boldsymbol{\alpha}_1,\boldsymbol{\alpha}_2,\boldsymbol{\alpha}_3]=2$.

例 10　线性空间

$$V=\{\boldsymbol{x}=(0,x_2,x_3,\cdots,x_n)^{\mathrm T}\mid x_2,x_3,\cdots x_n\in R\}$$

的一个基可取为 $\boldsymbol{e}_2=(0,1,0,\cdots 0,0)^{\mathrm T},\cdots,\boldsymbol{e}_n=(0,0,0\cdots,0,1)^{\mathrm T}$，并由此可知它是 $n-1$ 维线性空间.

由向量组 $\boldsymbol{\alpha}_1,\boldsymbol{\alpha}_2,\cdots,\boldsymbol{\alpha}_m$ 生成的线性空间 $L[\boldsymbol{\alpha}_1,\boldsymbol{\alpha}_2,\cdots,\boldsymbol{\alpha}_m]$ 显然与向量组 $\boldsymbol{\alpha}_1,\boldsymbol{\alpha}_2,\cdots,\boldsymbol{\alpha}_m$ 等价，所以向量组 $\boldsymbol{\alpha}_1,\boldsymbol{\alpha}_2,\cdots,\boldsymbol{\alpha}_m$ 的极大线性无关组就是 $L[\boldsymbol{\alpha}_1,\boldsymbol{\alpha}_2,\cdots,\boldsymbol{\alpha}_m]$ 的一个基，向量组 $\boldsymbol{\alpha}_1,\boldsymbol{\alpha}_2,\cdots,\boldsymbol{\alpha}_m$ 的秩就是线性空间 $L[\boldsymbol{\alpha}_1,\boldsymbol{\alpha}_2,\cdots,\boldsymbol{\alpha}_m]$ 的维数.

若线性空间 $V\subset R^n$，则 V 的维数不会超过 n，并且，当 V 的维数为 n 时，$V=R^n$.

若向量组 $\boldsymbol{\alpha}_1,\boldsymbol{\alpha}_2,\cdots,\boldsymbol{\alpha}_r$ 是线性空间 V 的一个基，则 V 可表示为

$$V=\{\boldsymbol{x}=k_1\boldsymbol{\alpha}_1+k_2\boldsymbol{\alpha}_2+\cdots+k_r\boldsymbol{\alpha}_r \mid k_1,k_2,\cdots,k_r\in R\}$$

由此,如果找到线性空间的一个基,线性空间的结构就比较清楚了.

四、线性空间的坐标

一个线性空间的维数是唯一的,但它的基不是唯一的.如 $\boldsymbol{\varepsilon}_1,\boldsymbol{\varepsilon}_2$ 是 R^2 的基,$\boldsymbol{\varepsilon}_1,3\boldsymbol{\varepsilon}_2$ 也是 R^2 的基.一般地,若 $\boldsymbol{\alpha}_1,\boldsymbol{\alpha}_2,\cdots,\boldsymbol{\alpha}_n$ 为 V 的一个基,则对任意的 $k_1k_2\cdots k_n\neq 0$,$k_1\boldsymbol{\alpha}_1,k_2\boldsymbol{\alpha}_2,\cdots,k_n\boldsymbol{\alpha}_n$ 也是 V 的一个基.所以,非零的有限维线性空间有无穷多组基.

无穷维空间有任意多个线性无关的向量,它与有限维空间有很大的差别,它不是线性代数的研究对象,所以我们今后只讨论有限维线性空间.

显然 V 的子空间 L 的维数不大于 V 的维数,若 L 的维数与 V 的维数相等,那末 $L=V$.显然,在 n 维线性空间 V 中,极大线性无关组只能包含 n 个向量,任意 n 个线性无关的向量都构成它的基.对于 V 中任意 $m\ (<n)$ 个线性无关的向量 $\boldsymbol{\alpha}_1,\boldsymbol{\alpha}_2,\cdots,\boldsymbol{\alpha}_m$,我们总可以在 V 中再挑选 $n-m$ 个向量 $\boldsymbol{\beta}_1,\boldsymbol{\beta}_2,\cdots,\boldsymbol{\beta}_{n-m}$,使 $\boldsymbol{\alpha}_1,\boldsymbol{\alpha}_2,\cdots,\boldsymbol{\alpha}_m,\boldsymbol{\beta}_1,\boldsymbol{\beta}_2,\cdots,\boldsymbol{\beta}_{n-m}$ 线性无关,从而构成 V 的基,这就是说 V 的任意子空间的基都可扩充成为 V 的基.

若知 $\boldsymbol{\alpha}_1,\boldsymbol{\alpha}_2,\cdots,\boldsymbol{\alpha}_n$ 为 V 的一个基,则 V 可表示为

$$V=\{\boldsymbol{\alpha}=x_1\boldsymbol{\alpha}_1+x_2\boldsymbol{\alpha}_2+\cdots+x_n\boldsymbol{\alpha}_n \mid x_1,x_2,\cdots,x_n\in R\}$$

这就较清楚地显示出线性空间 V 的构造,于是解决了我们提出的第一个问题.

若 $\boldsymbol{\alpha}_1,\boldsymbol{\alpha}_2,\cdots,\boldsymbol{\alpha}_n$ 是 V 的一个基,则对任何 $\boldsymbol{\alpha}\in V$,都有一组有序数 $x_1,x_2,\cdots,x_n$,使

$$\boldsymbol{\alpha}=x_1\boldsymbol{\alpha}_1+x_2\boldsymbol{\alpha}_2+\cdots+x_n\boldsymbol{\alpha}_n$$

并且这组数是唯一的,因为若另有一组数 $y_1,y_2,\cdots,y_n$,使

$$\boldsymbol{\alpha}=y_1\boldsymbol{\alpha}_1+y_2\boldsymbol{\alpha}_2+\cdots+y_n\boldsymbol{\alpha}_n$$

则有

$$(x_1-y_1)\boldsymbol{\alpha}_1+(x_2-y_2)\boldsymbol{\alpha}_2+\cdots+(x_n-y_n)\boldsymbol{\alpha}_n=0$$

由 $\boldsymbol{\alpha}_1,\boldsymbol{\alpha}_2,\cdots,\boldsymbol{\alpha}_n$ 的线性无关性,知

$$x_1=y_1,\ x_2=y_2,\ \cdots,\ x_n=y_n$$

反之,任给一组有序数 $x_1,x_2,\cdots,x_n$,总有唯一的向量

$$\boldsymbol{\alpha}=x_1\boldsymbol{\alpha}_1+x_2\boldsymbol{\alpha}_2+\cdots+x_n\boldsymbol{\alpha}_n\in V$$

这样,V 的向量 $\boldsymbol{\alpha}$ 与有序数组 $(x_1,x_2,\cdots,x_n)^{\mathrm{T}}$ 之间存在着一种一一对应的关系,因此可以用这组有序数来表示向量 $\boldsymbol{\alpha}$,于是,我们有:

定义 4 设向量组 $\boldsymbol{\alpha}_1,\boldsymbol{\alpha}_2,\cdots,\boldsymbol{\alpha}_r$ 是线性空间 V 的一个基,向量空间 V 中的任一向量 $\boldsymbol{\alpha}$ 的唯一表示式

$$\boldsymbol{\alpha}=x_1\boldsymbol{\alpha}_1+x_2\boldsymbol{\alpha}_2+\cdots+x_r\boldsymbol{\alpha}_r$$

中 $\boldsymbol{\alpha}_1,\boldsymbol{\alpha}_2,\cdots,\boldsymbol{\alpha}_r$ 的系数构成的有序数组 $x_1,x_2,\cdots,x_r$ 称为向量 $\boldsymbol{\alpha}$ 关于基 $\boldsymbol{\alpha}_1,\boldsymbol{\alpha}_2,\cdots,\boldsymbol{\alpha}_r$ 的坐标,记为 $\boldsymbol{X}=(x_1,x_2,\cdots,x_r)^{\mathrm{T}}$.

例 11 在线性空间 P^4 中求向量 $\boldsymbol{\xi}=(1,2,1,1)$ 在基 $\boldsymbol{\varepsilon}_1,\boldsymbol{\varepsilon}_2,\boldsymbol{\varepsilon}_3,\boldsymbol{\varepsilon}_4$ 下的坐标,其中 $\boldsymbol{\varepsilon}_1=(1,1,1,1)$,$\boldsymbol{\varepsilon}_2=(1,1,-1,-1)$,$\boldsymbol{\varepsilon}_3=(1,-1,1,-1)$,$\boldsymbol{\varepsilon}_4=(1,-1,-1,1)$.

解 设 $\boldsymbol{\xi}=x_1\boldsymbol{\varepsilon}_1+x_2\boldsymbol{\varepsilon}_2+x_3\boldsymbol{\varepsilon}_3+x_4\boldsymbol{\varepsilon}_4$,则有线性方程组

$$\begin{cases} x_1 + x_2 + x_3 + x_4 = 1 \\ x_1 + x_2 - x_3 - x_4 = 2 \\ x_1 - x_2 + x_3 - x_4 = 1 \\ x_1 - x_2 - x_3 + x_4 = 1 \end{cases}$$

解之得

$$x_1 = \frac{5}{4}, \quad x_2 = \frac{1}{4}, \quad x_3 = -\frac{1}{4}, \quad x_4 = -\frac{1}{4}$$

故 $\boldsymbol{\xi}$ 在基 $\boldsymbol{\varepsilon}_1, \boldsymbol{\varepsilon}_2, \boldsymbol{\varepsilon}_3, \boldsymbol{\varepsilon}_4$ 下的坐标为

$$\left(\frac{5}{4}, \frac{1}{4}, -\frac{1}{4}, -\frac{1}{4}\right)$$

例 12　在线性空间 $P[x]_4$ 中，$p_1 = 1, p_2 = x, p_3 = x^2, p_4 = x^3, p_5 = x^4$ 就是它的一个基，任何不超过 4 次的多项式

$$p = a_4x^4 + a_3x^3 + a_2x^2 + a_1x + a_0$$

都可表示为

$$p = a_0p_1 + a_1p_2 + a_2p_3 + a_3p_4 + a_4p_5$$

因此 p 在这个基下的坐标为 $(a_0, a_1, a_2, a_3, a_4)^{\mathrm{T}}$.

建立了坐标以后，就把抽象的向量 $\boldsymbol{\alpha}$ 与具体的数组向量 $(x_1, x_2, \cdots, x_n)^{\mathrm{T}}$ 联系起来了. 并且还可把 V 中抽象的线性运算与数组向量的线性运算联系起来：

设 $\boldsymbol{\alpha}, \boldsymbol{\beta} \in V$，有

$$\boldsymbol{\alpha} = x_1\boldsymbol{\alpha}_1 + x_2\boldsymbol{\alpha}_2 + \cdots + x_n\boldsymbol{\alpha}_n, \quad \boldsymbol{\beta} = y_1\boldsymbol{\alpha}_1 + y_2\boldsymbol{\alpha}_2 + \cdots + y_n\boldsymbol{\alpha}_n$$

于是，

$$\begin{aligned} \boldsymbol{\alpha} + \boldsymbol{\beta} &= (x_1 + y_1)\boldsymbol{\alpha}_1 + (x_2 + y_2)\boldsymbol{\alpha}_2 + \cdots + (x_n + y_n)\boldsymbol{\alpha}_n \\ \lambda\boldsymbol{\alpha} &= (\lambda x_1)\boldsymbol{\alpha}_1 + (\lambda x_2)\boldsymbol{\alpha}_2 + \cdots + (\lambda x_n)\boldsymbol{\alpha}_n \end{aligned}$$

即 $\boldsymbol{\alpha} + \boldsymbol{\beta}$ 的坐标是

$$(x_1 + y_1, \cdots, x_n + y_n)^{\mathrm{T}} = (x_1, \cdots, x_n)^{\mathrm{T}} + (y_1, \cdots, y_n)^{\mathrm{T}}$$

$\lambda\boldsymbol{\alpha}$ 的坐标是

$$(\lambda x_1, \lambda x_2, \cdots, \lambda x_n)^{\mathrm{T}} = \lambda(x_1, x_2, \cdots, x_n)^{\mathrm{T}}$$

总之，设在 n 维线性空间 V 中取定一个基 $\boldsymbol{\alpha}_1, \boldsymbol{\alpha}_2, \cdots, \boldsymbol{\alpha}_n$，则 V 中的向量 $\boldsymbol{\alpha}$ 与 n 维线性空间 R^n 中的向量 $(x_1, x_2, \cdots, x_n)^{\mathrm{T}}$ 之间就有一个一一对应的关系，且这个对应关系具有下述性质：

设 $\boldsymbol{\alpha} \leftrightarrow (x_1, x_2, \cdots, x_n)^{\mathrm{T}}, \boldsymbol{\beta} \leftrightarrow (y_1, y_2, \cdots, y_n)^{\mathrm{T}}$，则

(i) $\boldsymbol{\alpha} + \boldsymbol{\beta} \leftrightarrow (x_1, \cdots, x_n)^{\mathrm{T}} + (y_1, \cdots, y_n)^{\mathrm{T}}$

(ii) $\lambda\boldsymbol{\alpha} \leftrightarrow \lambda(x_1, \cdots, x_n)^{\mathrm{T}} = (\lambda x_1, \cdots, \lambda x_n)^{\mathrm{T}}$

也就是说，这个对应关系保持线性组合的对应. 因此，我们可以说 V 与 R^n 有相同的结构，所以，线性空间也叫向量空间.

五、基变换与坐标变换

在线性空间中，任一向量 $\boldsymbol{\alpha}$ 在取定基下的坐标是唯一的，但在不同基下的坐标一般是

不同的. 例如,例 11 中的向量 $\boldsymbol{\xi}=(1,2,1,1)^{\mathrm{T}}$,在$R^4$ 的另一个基

$$\boldsymbol{e}_1=(1,0,0,0)^{\mathrm{T}},\quad \boldsymbol{e}_2=(0,1,0,0)^{\mathrm{T}},\quad \boldsymbol{e}_3=(0,0,1,0)^{\mathrm{T}},\quad \boldsymbol{e}_4=(0,0,0,1)^{\mathrm{T}}$$

之下的坐标为$(1,2,1,1)^{\mathrm{T}}$,它与 $\boldsymbol{\xi}$ 在原基下的坐标是不同的.

下面研究同一向量在不同基下的坐标之间的关系. 首先介绍过渡矩阵的概念.

定义 5 设向量组 $\boldsymbol{\alpha}_1,\boldsymbol{\alpha}_2,\cdots,\boldsymbol{\alpha}_n$ 和 $\boldsymbol{\beta}_1,\boldsymbol{\beta}_2,\cdots,\boldsymbol{\beta}_n$ 是 n 维线性空间 V 的两个基,若它们之间的关系可表示为

$$\begin{cases}\boldsymbol{\beta}_1=c_{11}\boldsymbol{\alpha}_1+c_{21}\boldsymbol{\alpha}_2+\cdots+c_{n1}\boldsymbol{\alpha}_n\\ \boldsymbol{\beta}_2=c_{12}\boldsymbol{\alpha}_1+c_{22}\boldsymbol{\alpha}_2+\cdots+c_{n2}\boldsymbol{\alpha}_n\\ \cdots\cdots\\ \boldsymbol{\beta}_n=c_{1n}\boldsymbol{\alpha}_1+c_{2n}\boldsymbol{\alpha}_2+\cdots+c_{nn}\boldsymbol{\alpha}_n\end{cases}\tag{1}$$

即

$$\begin{aligned}(\boldsymbol{\beta}_1,\boldsymbol{\beta}_2,\cdots,\boldsymbol{\beta}_n)&=(\boldsymbol{\alpha}_1,\boldsymbol{\alpha}_2,\cdots,\boldsymbol{\alpha}_n)\begin{pmatrix}c_{11}&c_{12}&\cdots&c_{1n}\\c_{21}&c_{22}&\cdots&c_{2n}\\\vdots&\vdots&&\vdots\\c_{n1}&c_{n2}&\cdots&c_{nn}\end{pmatrix}\\&=(\boldsymbol{\alpha}_1,\boldsymbol{\alpha}_2,\cdots,\boldsymbol{\alpha}_n)C\end{aligned}\tag{2}$$

则称矩阵 $C=(c_{ij})_{n\times n}$ 为从基 $\boldsymbol{\alpha}_1,\boldsymbol{\alpha}_2,\cdots,\boldsymbol{\alpha}_n$ 到基 $\boldsymbol{\beta}_1,\boldsymbol{\beta}_2,\cdots,\boldsymbol{\beta}_n$ 的过渡矩阵(或基变换矩阵). 式(1) 或(2) 为基变换公式.

n 维线性空间 V 的两个基通过其过渡矩阵相联系. 显然过渡矩阵 C 具有如下性质:

(1) C 的第 i 列是向量 $\boldsymbol{\beta}_i$ 在基 $\boldsymbol{\alpha}_1,\boldsymbol{\alpha}_2,\cdots,\boldsymbol{\alpha}_n$ 下的坐标,即

$$\boldsymbol{\beta}_i=c_{1i}\boldsymbol{\alpha}_1+c_{2i}\boldsymbol{\alpha}_2+\cdots+c_{ni}\boldsymbol{\alpha}_n=(\boldsymbol{\alpha}_1,\boldsymbol{\alpha}_2,\cdots,\boldsymbol{\alpha}_n)\begin{pmatrix}c_{1i}\\c_{2i}\\\vdots\\c_{ni}\end{pmatrix}$$

(2) C 是可逆矩阵,且 C^{-1} 是从基 $\boldsymbol{\beta}_1,\boldsymbol{\beta}_2,\cdots,\boldsymbol{\beta}_n$ 到基 $\boldsymbol{\alpha}_1,\boldsymbol{\alpha}_2,\cdots,\boldsymbol{\alpha}_n$ 的过渡矩阵,即

$$(\boldsymbol{\alpha}_1,\boldsymbol{\alpha}_2,\cdots,\boldsymbol{\alpha}_n)=(\boldsymbol{\beta}_1,\boldsymbol{\beta}_2,\cdots,\boldsymbol{\beta}_n)C^{-1}$$

例 13 设R^3 中的两个基 $\boldsymbol{\alpha}_1,\boldsymbol{\alpha}_2,\boldsymbol{\alpha}_3$ 和 $\boldsymbol{\beta}_1,\boldsymbol{\beta}_2,\boldsymbol{\beta}_3$ 的关系为

$$\boldsymbol{\beta}_1=\boldsymbol{\alpha}_1+\boldsymbol{\alpha}_2,\quad \boldsymbol{\beta}_2=\boldsymbol{\alpha}_2+\boldsymbol{\alpha}_3,\quad \boldsymbol{\beta}_3=\boldsymbol{\alpha}_3+\boldsymbol{\alpha}_1$$

(1) 求 $\boldsymbol{\alpha}_1,\boldsymbol{\alpha}_2,\boldsymbol{\alpha}_3$ 到 $\boldsymbol{\beta}_1,\boldsymbol{\beta}_2,\boldsymbol{\beta}_3$ 的过渡矩阵;

(2) 求 $\boldsymbol{\beta}_1,\boldsymbol{\beta}_2,\boldsymbol{\beta}_3$ 到 $\boldsymbol{\alpha}_1,\boldsymbol{\alpha}_2,\boldsymbol{\alpha}_3$ 的过渡矩阵.

解 (1) 因为

$$\begin{cases}\boldsymbol{\beta}_1=\ \ \boldsymbol{\alpha}_1+\ \boldsymbol{\alpha}_2+0\boldsymbol{\alpha}_3\\ \boldsymbol{\beta}_2=0\boldsymbol{\alpha}_1+\ \boldsymbol{\alpha}_2+\ \boldsymbol{\alpha}_3\\ \boldsymbol{\beta}_3=\ \ \boldsymbol{\alpha}_1+0\boldsymbol{\alpha}_2+\ \boldsymbol{\alpha}_3\end{cases}$$

即

$$(\boldsymbol{\beta}_1,\boldsymbol{\beta}_2,\boldsymbol{\beta}_3)=(\boldsymbol{\alpha}_1,\boldsymbol{\alpha}_2,\boldsymbol{\alpha}_3)\begin{pmatrix}1&0&1\\1&1&0\\0&1&1\end{pmatrix}$$

故 $\boldsymbol{\alpha}_1,\boldsymbol{\alpha}_2,\boldsymbol{\alpha}_3$ 到 $\boldsymbol{\beta}_1,\boldsymbol{\beta}_2,\boldsymbol{\beta}_3$ 的过渡矩阵为 $C=\begin{pmatrix}1&0&1\\1&1&0\\0&1&1\end{pmatrix}$.

(2) $C^{-1}=\begin{pmatrix}1&0&1\\1&1&0\\0&1&1\end{pmatrix}^{-1}=\dfrac{1}{2}\begin{pmatrix}1&1&-1\\-1&1&1\\1&-1&1\end{pmatrix}$,该矩阵为 $\boldsymbol{\beta}_1,\boldsymbol{\beta}_2,\boldsymbol{\beta}_3$ 到 $\boldsymbol{\alpha}_1,\boldsymbol{\alpha}_2,\boldsymbol{\alpha}_3$ 的过渡矩阵.

例 14　设R^3 中的两个基为 $\boldsymbol{\alpha}_1=(1,0,1)^{\mathrm{T}},\boldsymbol{\alpha}_2=(1,1,0)^{\mathrm{T}},\boldsymbol{\alpha}_3=(0,1,1)^{\mathrm{T}}$ 和 $\boldsymbol{\beta}_1=(1,1,1)^{\mathrm{T}},\boldsymbol{\beta}_2=(1,1,2)^{\mathrm{T}},\boldsymbol{\beta}_3=(1,2,1)^{\mathrm{T}}$,求 $\boldsymbol{\alpha}_1,\boldsymbol{\alpha}_2,\boldsymbol{\alpha}_3$ 到 $\boldsymbol{\beta}_1,\boldsymbol{\beta}_2,\boldsymbol{\beta}_3$ 的过渡矩阵.

解　(方法一) 由$(\boldsymbol{\beta}_1,\boldsymbol{\beta}_2,\boldsymbol{\beta}_3)=(\boldsymbol{\alpha}_1,\boldsymbol{\alpha}_2,\boldsymbol{\alpha}_3)C$,得

$$\begin{pmatrix}1&1&1\\1&1&2\\1&2&1\end{pmatrix}=\begin{pmatrix}1&1&0\\0&1&1\\1&0&1\end{pmatrix}C$$

解得

$$C=\begin{pmatrix}1&1&0\\0&1&1\\1&0&1\end{pmatrix}^{-1}\begin{pmatrix}1&1&1\\1&1&2\\1&2&1\end{pmatrix}=\frac{1}{2}\begin{pmatrix}1&-1&1\\1&1&-1\\-1&1&1\end{pmatrix}\begin{pmatrix}1&1&1\\1&1&2\\1&2&1\end{pmatrix}=\begin{pmatrix}1/2&1&0\\1/2&0&1\\1/2&1&1\end{pmatrix}$$

(方法二) 因为$(\boldsymbol{\beta}_1,\boldsymbol{\beta}_2,\boldsymbol{\beta}_3)=(\boldsymbol{\alpha}_1,\boldsymbol{\alpha}_2,\boldsymbol{\alpha}_3)C$,所以$C=(\boldsymbol{\alpha}_1,\boldsymbol{\alpha}_2,\boldsymbol{\alpha}_3)^{-1}(\boldsymbol{\beta}_1,\boldsymbol{\beta}_2,\boldsymbol{\beta}_3)$. 令$A=(\boldsymbol{\alpha}_1,\boldsymbol{\alpha}_2,\boldsymbol{\alpha}_3)$,$B=(\boldsymbol{\beta}_1,\boldsymbol{\beta}_2,\boldsymbol{\beta}_3)$,则 $C=A^{-1}B$. 由$(A\mid B)\xrightarrow{\text{行变换}}(E\mid C)$,即

$$(A\mid B)=\left(\begin{array}{ccc|ccc}1&1&0&1&1&1\\0&1&1&1&1&2\\1&0&1&1&2&1\end{array}\right)\to\left(\begin{array}{ccc|ccc}1&0&0&1/2&1&0\\0&1&0&1/2&0&1\\0&0&1&1/2&1&1\end{array}\right)=(E\mid C)$$

故

$$C=\begin{pmatrix}1/2&1&0\\1/2&0&1\\1/2&1&1\end{pmatrix}$$

对向量 $\boldsymbol{\gamma}\in V$,设 $\boldsymbol{\gamma}$ 在基 $\boldsymbol{\alpha}_1,\boldsymbol{\alpha}_2,\cdots,\boldsymbol{\alpha}_n$ 和基 $\boldsymbol{\beta}_1,\boldsymbol{\beta}_2,\cdots,\boldsymbol{\beta}_n$ 下的坐标分别为 $\boldsymbol{X},Y$,即

$$\boldsymbol{\gamma}=(\boldsymbol{\alpha}_1,\boldsymbol{\alpha}_2,\boldsymbol{\alpha}_3)\boldsymbol{X}\tag{3}$$

$$\boldsymbol{\gamma}=(\boldsymbol{\beta}_1,\boldsymbol{\beta}_2,\boldsymbol{\beta}_3)\boldsymbol{Y}\tag{4}$$

则

$$\boldsymbol{\gamma}=(\boldsymbol{\beta}_1,\boldsymbol{\beta}_2,\boldsymbol{\beta}_3)\boldsymbol{Y}=(\boldsymbol{\alpha}_1,\boldsymbol{\alpha}_2,\boldsymbol{\alpha}_3)C\boldsymbol{Y}\tag{5}$$

比较式(3) 和(5),有 $\boldsymbol{X}=C\boldsymbol{Y}$. 因此有如下结论:

定理 5　设线性空间V的一组基$\boldsymbol{\alpha}_1,\boldsymbol{\alpha}_2,\cdots,\boldsymbol{\alpha}_n$ 到另一组基$\boldsymbol{\beta}_1,\boldsymbol{\beta}_2,\cdots,\boldsymbol{\beta}_n$ 的过渡矩阵为C,V 中一个向量在这两组基下的坐标分别为 $\boldsymbol{X},\boldsymbol{Y}$,则

$$\boldsymbol{X}=C\boldsymbol{Y}\tag{6}$$

例 15　设R^3 中的两个基为 $\boldsymbol{\alpha}_1=(1,0,1)^{\mathrm{T}},\boldsymbol{\alpha}_2=(1,1,0)^{\mathrm{T}},\boldsymbol{\alpha}_3=(0,1,1)^{\mathrm{T}}$ 和 $\boldsymbol{\beta}_1=(1,1,1)^{\mathrm{T}},\boldsymbol{\beta}_2=(1,1,2)^{\mathrm{T}},\boldsymbol{\beta}_3=(1,2,1)^{\mathrm{T}}$,求向量 $\boldsymbol{\alpha}=\boldsymbol{\alpha}_1+2\boldsymbol{\alpha}_2+3\boldsymbol{\alpha}_3$ 在基 $\boldsymbol{\beta}_1,\boldsymbol{\beta}_2,\boldsymbol{\beta}_3$ 下的坐标.

解 由例 12,$\boldsymbol{\alpha}_1,\boldsymbol{\alpha}_2,\boldsymbol{\alpha}_3$ 到 $\boldsymbol{\beta}_1,\boldsymbol{\beta}_2,\boldsymbol{\beta}_3$ 的过渡矩阵及其逆矩阵分别为

$$C=\begin{pmatrix}1/2 & 1 & 0\\ 1/2 & 0 & 1\\ 1/2 & 1 & 1\end{pmatrix},\quad C^{-1}=\begin{pmatrix}2 & 2 & -2\\ 0 & -1 & 1\\ -1 & 0 & 1\end{pmatrix}.$$

而 $\boldsymbol{\alpha}=\boldsymbol{\alpha}_1+2\boldsymbol{\alpha}_2+3\boldsymbol{\alpha}_3$ 在基 $\boldsymbol{\alpha}_1,\boldsymbol{\alpha}_2,\boldsymbol{\alpha}_3$ 下的坐标为 $\boldsymbol{X}=(1,2,3)^{\mathrm{T}}$,由定理 2,$\boldsymbol{\alpha}$ 在基 $\boldsymbol{\beta}_1,\boldsymbol{\beta}_2,\boldsymbol{\beta}_3$ 下的坐标为

$$\boldsymbol{Y}=C^{-1}\boldsymbol{X}=\begin{pmatrix}2 & 2 & -2\\ 0 & -1 & 1\\ -1 & 0 & 1\end{pmatrix}\begin{pmatrix}1\\2\\3\end{pmatrix}=\begin{pmatrix}0\\1\\2\end{pmatrix}.$$

本题还可以这样求解:因为

$$\boldsymbol{\alpha}=\boldsymbol{\alpha}_1+2\boldsymbol{\alpha}_2+3\boldsymbol{\alpha}_3=(1,0,1)^{\mathrm{T}}+2(1,1,0)^{\mathrm{T}}+3(0,1,1)^{\mathrm{T}}=(3,5,4)^{\mathrm{T}}$$

令

$$\boldsymbol{\alpha}=y_1\boldsymbol{\beta}_1+y_2\boldsymbol{\beta}_2+y_3\boldsymbol{\beta}_3$$

求解线性方程组 $\begin{pmatrix}1 & 1 & 1\\ 1 & 1 & 2\\ 1 & 2 & 1\end{pmatrix}\begin{pmatrix}y_1\\y_2\\y_3\end{pmatrix}=\begin{pmatrix}3\\5\\4\end{pmatrix}$. 解得

$$\boldsymbol{Y}=(y_1,y_2,y_3)^{\mathrm{T}}=(0,1,2)^{\mathrm{T}}$$

第二节　线 性 变 换

一、线性变换的概念

1. 映射

定义 6 设有两个非空集合 A,B,如果对于 A 中任一元素 $\boldsymbol{\alpha}$,按照一定规则,总有 B 中一个确定的元素 $\boldsymbol{\beta}$ 和它对应,那么,这个对应规则称为从集合 A 到集合 B 的一个映射,记为:$\boldsymbol{\beta}=\boldsymbol{T}(\boldsymbol{\alpha})$ 或 $\boldsymbol{\beta}=\boldsymbol{T\alpha}$ $(\boldsymbol{\alpha}\in A)$.

若 $A=B$,则 $\boldsymbol{T}$ 称为 A 上的变换.

下面主要讨论线性空间 V_n 中的线性变换.

设 $\boldsymbol{\alpha}\in A$,$\boldsymbol{T}(\boldsymbol{\alpha})=\boldsymbol{\beta}$,就说变换 $\boldsymbol{T}$ 把元素 $\boldsymbol{\alpha}$ 变为 $\boldsymbol{\beta}$,$\boldsymbol{\beta}$ 称为 $\boldsymbol{\alpha}$ 在变换 $\boldsymbol{T}$ 下的像,$\boldsymbol{\alpha}$ 称为 $\boldsymbol{\beta}$ 在变换 T 下的原像. 像的全体所构成的集合称为像集,记为 $\boldsymbol{T}(A)$,即

$$\boldsymbol{T}(A)=\{\boldsymbol{\beta}=\boldsymbol{T}(\boldsymbol{\alpha})\mid\boldsymbol{\alpha}\in A\}$$

显然 $\boldsymbol{T}(A)\subset B$.

变换的概念是函数概念的推广.

(1) 线性变换就是保持线性组合的对应的变换.

$$\boldsymbol{T}(\boldsymbol{\alpha}+\boldsymbol{\beta})=\boldsymbol{T}(\boldsymbol{\alpha})+\boldsymbol{T}(\boldsymbol{\beta})$$
$$\boldsymbol{T}(k\boldsymbol{\alpha})=k\boldsymbol{T}(\boldsymbol{\alpha})$$

(2) 一般用黑体大写字母 $T,A,B,\cdots$ 代表线性变换,$\boldsymbol{T}(\boldsymbol{\alpha})$ 代表元素 $\boldsymbol{\alpha}$ 在变换 $\boldsymbol{T}$

下的像.

例 16　在线性空间 $P[x]_3$ 中.

(1) 微分运算 D 是一个线性变换.

$$p = a_2x^2 + a_1x + a_0 \in P[x]_3 \quad Dp = 2a_2x + a_1$$
$$q = b_2x^2 + b_1x + b_0 \in P[x]_3, \quad Dq = 2b_2x + b_1$$

从而

$$\begin{aligned} D(p+q) &= D[(a_2+b_2)x^2 + (a_1+b_1)x + (a_0+b_0)] \\ &= 2(a_2+b_2)x + (a_1+b_1) \\ &= (2a_2x + a_1) + (2b_2x + b_1) = Dp + Dq \end{aligned}$$
$$D(kp) = D(ka_2x^2 + ka_1x + ka_0) = k(2a_2x + a_1) = kDp$$

(2) 如果 $\boldsymbol{T}_1(p) = 1$,那么 $\boldsymbol{T}_1$ 是个变换,但不是线性变换.

$$\boldsymbol{T}_1(p+q) = 1$$

而

$$\boldsymbol{T}_1(p) + \boldsymbol{T}_1(q) = 1 + 1 = 2$$

所以

$$\boldsymbol{T}_1(p+q) \neq \boldsymbol{T}_1(p) + \boldsymbol{T}_1(q)$$

例 17　定义在闭区间上的全体连续函数组成实数域上的一个线性空间 V,在这个空间中变换 $\boldsymbol{T}(f(x)) = \int_a^x f(t)\mathrm{d}t$ 是一个线性变换.

证　设 $f(x) \in V, g(x) \in V$. 则有

$$\begin{aligned} \boldsymbol{T}[f(x) + g(x)] &= \int_a^x f(t) + g(t)\mathrm{d}t \\ &= \int_a^x f(t)\mathrm{d}t + \int_a^x g(t)\mathrm{d}t = \boldsymbol{T}[f(x)] + \boldsymbol{T}[g(x)] \end{aligned}$$
$$\boldsymbol{T}(kf(x)) = \int_a^x kf(t)\mathrm{d}t = k\int_a^x f(t)\mathrm{d}t = k\boldsymbol{T}[f(x)]$$

故命题得证.

(1) 线性空间 V 中的恒等变换(或称单位变换)

$$E: E(\alpha) = \alpha, \quad \alpha \in V$$

是线性变换.

(2) 线性空间 E 中的零变换 $\boldsymbol{O}: 0(\alpha) = 0$ 是线性变换.

例 18　在 R^3 中定义变换 $\boldsymbol{T}(x_1, x_2, x_3) = (x_1^2, x_2 + x_3, 0)$,则 $\boldsymbol{T}$ 不是 R^3 的一个线性变换.

证　$\forall \boldsymbol{\alpha} = (a_1, a_2, a_3)$,　$\boldsymbol{\beta} = (b_1, b_2, b_3) \in R^3$,

$$\begin{aligned} \boldsymbol{T}(\boldsymbol{\alpha} + \boldsymbol{\beta}) &= \boldsymbol{T}(a_1 + b_1, a_2 + b_2, a_3 + b_3) \\ &= ((a_1 + b_1)^2, a_2 + a_3 + b_2 + b_3, 0) \\ &\neq (a_1^2, a_2 + a_3, 0) + (b_1^2, b_2 + b_3, 0) \\ &= \boldsymbol{T}(\boldsymbol{\alpha}) + \boldsymbol{T}(\boldsymbol{\beta}) \end{aligned}$$

二、线性变换的性质

(1) $\boldsymbol{T}(0)=0,\boldsymbol{T}(-\boldsymbol{\alpha})=-\boldsymbol{T}(\boldsymbol{\alpha})$

(2) 若 $\boldsymbol{\beta}=k_1\boldsymbol{\alpha}_1+k_2\boldsymbol{\alpha}_2+\cdots+k_m\boldsymbol{\alpha}_m$,则 $\boldsymbol{T\beta}=k_1\boldsymbol{T\alpha}_1+k_2\boldsymbol{T\alpha}_2+\cdots+k_m\boldsymbol{T\alpha}_m$;

(3) 若 $\boldsymbol{\alpha}_1,\boldsymbol{\alpha}_2,\cdots,\boldsymbol{\alpha}_m$ 线性相关,则 $\boldsymbol{T\alpha}_1,\boldsymbol{T\alpha}_2,\cdots,\boldsymbol{T\alpha}_m$ 也线性相关.

(4) 线性变换 $\boldsymbol{T}$ 的像集 $\boldsymbol{T}(V_n)$ 是一个线性空间(V_n 的子空间),称为线性变换 $\boldsymbol{T}$ 的像空间.

证 设 $\boldsymbol{\beta}_1,\boldsymbol{\beta}_2\in\boldsymbol{T}(V_n)$,则 $\boldsymbol{\alpha}_1,\boldsymbol{\alpha}_2\in V_n$,使 $\boldsymbol{T\alpha}_1=\boldsymbol{\beta}_1,\boldsymbol{T\alpha}_2=\boldsymbol{\beta}_2$,从而

$$\boldsymbol{\beta}_1+\boldsymbol{\beta}_2=\boldsymbol{T\alpha}_1+\boldsymbol{T\alpha}_2=\boldsymbol{T}(\boldsymbol{\alpha}_1+\boldsymbol{\alpha}_2)\in\boldsymbol{T}(V_n)\quad(\boldsymbol{\alpha}_1+\boldsymbol{\alpha}_2\in V_n)$$

$$k\boldsymbol{\beta}_1=k\boldsymbol{T\alpha}_1=\boldsymbol{T}(k\boldsymbol{\alpha}_1)\in\boldsymbol{T}(V_n)\quad(k\boldsymbol{\alpha}_1\in V_n)$$

由于 $\boldsymbol{T}(V_n)\subset V_n$,由上述证明知它对 V_n 中的线性运算封闭,故它是 V_n 的子空间.

(5) 使 $\boldsymbol{T\alpha}=0$ 的 $\boldsymbol{\alpha}$ 的全体 $S_T=\{\boldsymbol{\alpha}:\boldsymbol{\alpha}\in V_n,\boldsymbol{T\alpha}=0\}$ 是 V_n 的子空间,S_T 称为线性变换 $\boldsymbol{T}$ 的核.

证 若 $\boldsymbol{\alpha}_1,\boldsymbol{\alpha}_2\in S_T,\Rightarrow\boldsymbol{T\alpha}_1=0,\boldsymbol{T\alpha}_2=0$,则

$$\boldsymbol{T}(\boldsymbol{\alpha}_1+\boldsymbol{\alpha}_2)=\boldsymbol{T\alpha}_1+\boldsymbol{T\alpha}_2=0\Rightarrow\boldsymbol{\alpha}_1+\boldsymbol{\alpha}_2\in S_T$$

若 $\boldsymbol{\alpha}_1\in S_T,k\in R$,则

$$\boldsymbol{T}(k\boldsymbol{\alpha}_1)=k\boldsymbol{T\alpha}_1=k0=0\Rightarrow k\boldsymbol{\alpha}_1\in S_T$$

因此 S_T 对线性运算封闭,又 $S_T\subset V_n$,故 S_T 是 V_n 的子空间.

三、线性变换在给定基下的矩阵

定义 7 设 $\boldsymbol{T}$ 是线性空间 V_n 中的线性变换,在 V_n 中取定一个基 $\boldsymbol{\alpha}_1,\boldsymbol{\alpha}_2,\cdots,\boldsymbol{\alpha}_n$,如果这个基在变换 $\boldsymbol{T}$ 下的像为

$$\begin{cases}\boldsymbol{T}(\boldsymbol{\alpha}_1)=a_{11}\boldsymbol{\alpha}_1+a_{21}\boldsymbol{\alpha}_2+\cdots+a_{n1}\boldsymbol{\alpha}_n\\\boldsymbol{T}(\boldsymbol{\alpha}_2)=a_{12}\boldsymbol{\alpha}_1+a_{22}\boldsymbol{\alpha}_2+\cdots+a_{n2}\boldsymbol{\alpha}_n\\\cdots\cdots\\\boldsymbol{T}(\boldsymbol{\alpha}_n)=a_{1n}\boldsymbol{\alpha}_1+a_{2n}\boldsymbol{\alpha}_2+\cdots+a_{nn}\boldsymbol{\alpha}_n\end{cases}$$

记

$$\boldsymbol{T}(\boldsymbol{\alpha}_1,\boldsymbol{\alpha}_2,\cdots,\boldsymbol{\alpha}_n)=(\boldsymbol{T}(\boldsymbol{\alpha}_1),\boldsymbol{T}(\boldsymbol{\alpha}_2),\cdots,\boldsymbol{T}(\boldsymbol{\alpha}_n))$$

上式可表示为 $\boldsymbol{T}(\boldsymbol{\alpha}_1,\boldsymbol{\alpha}_2,\cdots,\boldsymbol{\alpha}_n)=(\boldsymbol{\alpha}_1,\boldsymbol{\alpha}_2,\cdots,\boldsymbol{\alpha}_n)A$,其中

$$A=\begin{pmatrix}a_{11}&a_{12}&\cdots&a_{1n}\\a_{21}&a_{22}&\cdots&a_{2n}\\\vdots&\vdots&&\vdots\\a_{n1}&a_{n2}&\cdots&a_{nn}\end{pmatrix}$$

那么,A 就称为线性变换 $\boldsymbol{T}$ 在基 $\boldsymbol{\alpha}_1,\boldsymbol{\alpha}_2,\cdots,\boldsymbol{\alpha}_n$ 下的矩阵.

显然,矩阵 A 由基像 $\boldsymbol{T}(\boldsymbol{\alpha}_1),\cdots,\boldsymbol{T}(\boldsymbol{\alpha}_n)$ 唯一确定.

例 19 在 $P[x]_4$ 中,取基 $P_1=x^3$. $P_2=x^2$, $P_3=x$, $P_4=1$,求微分运算 D 的矩阵.

解
$$\begin{cases} Dp_1 = 3x^2 = 0\,p_1 + 3\,p_2 + 0\,p_3 + 0\,p_4 \\ Dp_2 = \ 2x = 0\,p_1 + 0\,p_2 + 2\,p_3 + 0\,p_4 \\ Dp_3 = \ \ 1 = 0\,p_1 + 0\,p_2 + 0\,p_3 + 1\,p_4 \\ Dp_4 = \ \ 0 = 0\,p_1 + 0\,p_2 + 0\,p_3 + 0\,p_4 \end{cases}$$

所以 D 在这组基下的矩阵为 $A = \begin{pmatrix} 0 & 0 & 0 & 0 \\ 3 & 0 & 0 & 0 \\ 0 & 2 & 0 & 0 \\ 0 & 0 & 1 & 0 \end{pmatrix}$.

例 20　实数域 R 上所有一元多项式的集合，记为 $R[x]$，$R[x]$ 中次数小于 n 的所有一元多项式（包括零多项式）组成的集合记为 $R[x]_n$，它对于多项式的加法和数与多项式的乘法，构成 R 上线性空间.

在线性空间 $R[x]_n$ 中，定义变换

$$\sigma(f(x)) = \frac{\mathrm{d}}{\mathrm{d}x}f(x),\quad f(x) \in R[x]_n$$

则由导数性质可以证明：σ 是$R[x]_n$ 上的一个线性变换，这个变换也称为微分变换.

现取$R[x]_n$ 的基为 $1, x, x^2, \cdots x^{n-1}$，则有

$$\sigma(1) = 0,\ \sigma(x) = 1,\ \sigma(x^2) = 2x,\ \cdots,\ \sigma(x^{n-1}) = (n-1)\,x^{n-2}$$

因此，σ 在基 $1, x, x^2, \cdots, x^{n-1}$ 下的矩阵为

$$A = \begin{pmatrix} 0 & 1 & 0 & \cdots & 0 \\ 0 & 0 & 2 & \cdots & 0 \\ \vdots & \vdots & \vdots & & \vdots \\ 0 & 0 & 0 & \cdots & n-1 \\ 0 & 0 & 0 & \cdots & 0 \end{pmatrix}$$

四、线性变换在不同基下的矩阵

定理 6　设线性空间 V_n 中取定两个基 $\boldsymbol{\alpha}_1, \boldsymbol{\alpha}_2, \cdots, \boldsymbol{\alpha}_n$；$\boldsymbol{\beta}_1, \boldsymbol{\beta}_2, \cdots, \boldsymbol{\beta}_n$，由基 $\boldsymbol{\alpha}_1, \boldsymbol{\alpha}_2, \cdots, \boldsymbol{\alpha}_n$ 到基 $\boldsymbol{\beta}_1, \boldsymbol{\beta}_2, \cdots, \boldsymbol{\beta}_n$ 的过渡矩阵为 P.

V_n 中的线性变换 $\boldsymbol{T}$ 在这两个基下的矩阵依次为 A 和 B，那么 $B = P^{-1}AP$.

定理 6 表明：A 与 B 相似，且两个基之间的过渡矩阵 P 就是相似变换矩阵.

例 21　设 V_2 中的线性变换 $\boldsymbol{T}$ 在基 $\boldsymbol{\alpha}_1, \boldsymbol{\alpha}_2$ 下的矩阵为 $A = \begin{pmatrix} a_{11} & a_{12} \\ a_{21} & a_{22} \end{pmatrix}$，求 $\boldsymbol{T}$ 在基 $\boldsymbol{\alpha}_2, \boldsymbol{\alpha}_1$ 下的矩阵.

解　$(\boldsymbol{\alpha}_2, \boldsymbol{\alpha}_1) = (\boldsymbol{\alpha}_1, \boldsymbol{\alpha}_2)\begin{pmatrix} 0 & 1 \\ 1 & 0 \end{pmatrix}$，即 $P = \begin{pmatrix} 0 & 1 \\ 1 & 0 \end{pmatrix}$，求得$P^{-1} = \begin{pmatrix} 0 & 1 \\ 1 & 0 \end{pmatrix}$，于是 $\boldsymbol{T}$ 在基 $\boldsymbol{\alpha}_2, \boldsymbol{\alpha}_1$ 下的矩阵为

$$B = \begin{pmatrix} 0 & 1 \\ 1 & 0 \end{pmatrix}\begin{pmatrix} a_{11} & a_{12} \\ a_{21} & a_{22} \end{pmatrix}\begin{pmatrix} 0 & 1 \\ 1 & 0 \end{pmatrix} = \begin{pmatrix} a_{21} & a_{22} \\ a_{11} & a_{12} \end{pmatrix}\begin{pmatrix} 0 & 1 \\ 1 & 0 \end{pmatrix} = \begin{pmatrix} a_{22} & a_{21} \\ a_{12} & a_{11} \end{pmatrix}$$

由

$$\boldsymbol{\alpha}_1 = a_{11}\boldsymbol{\alpha}_1 + a_{21}\boldsymbol{\alpha}_2$$
$$\boldsymbol{\alpha}_2 = a_{12}\boldsymbol{\alpha}_1 + a_{22}\boldsymbol{\alpha}_2$$

得到

$$\boldsymbol{\alpha}_2 = a_{22}\boldsymbol{\alpha}_2 + a_{12}\boldsymbol{\alpha}_1$$
$$\boldsymbol{\alpha}_1 = a_{21}\boldsymbol{\alpha}_2 + a_{11}\boldsymbol{\alpha}_1$$
$$(\boldsymbol{\alpha}_2, \boldsymbol{\alpha}_1) = \begin{pmatrix} a_{22} & a_{21} \\ a_{12} & a_{11} \end{pmatrix}\begin{pmatrix} \boldsymbol{\alpha}_2 \\ \boldsymbol{\alpha}_1 \end{pmatrix}$$

例 22 已知三维线性空间 V 的线性变换 $\boldsymbol{\sigma}$ 在 $\boldsymbol{\alpha}_1, \boldsymbol{\alpha}_2, \boldsymbol{\alpha}_3$ 下的基矩阵为 $A = \begin{pmatrix} 1 & 2 & 3 \\ 4 & 5 & 6 \\ 7 & 8 & 9 \end{pmatrix}$，求 $\boldsymbol{\sigma}$ 在 $\boldsymbol{\alpha}_2, \boldsymbol{\alpha}_3, \boldsymbol{\alpha}_1$ 下的矩阵.

解 由条件知

$$\boldsymbol{\sigma}(\boldsymbol{\alpha}_1, \boldsymbol{\alpha}_2, \boldsymbol{\alpha}_3) = (\boldsymbol{\alpha}_1, \boldsymbol{\alpha}_2, \boldsymbol{\alpha}_3)\begin{pmatrix} 1 & 2 & 3 \\ 4 & 5 & 6 \\ 7 & 8 & 9 \end{pmatrix}$$

即

$$\begin{cases} \boldsymbol{\sigma}(\boldsymbol{\alpha}_1) = \boldsymbol{\alpha}_1 + 4\boldsymbol{\alpha}_2 + 7\boldsymbol{\alpha}_3 \\ \boldsymbol{\sigma}(\boldsymbol{\alpha}_2) = 2\boldsymbol{\alpha}_1 + 5\boldsymbol{\alpha}_2 + 8\boldsymbol{\alpha}_3 \\ \boldsymbol{\sigma}(\boldsymbol{\alpha}_3) = 3\boldsymbol{\alpha}_1 + 6\boldsymbol{\alpha}_2 + 9\boldsymbol{\alpha}_3 \end{cases}$$

从而有

$$\begin{cases} \boldsymbol{\sigma}(\boldsymbol{\alpha}_2) = 5\boldsymbol{\alpha}_2 + 8\boldsymbol{\alpha}_3 + 2\boldsymbol{\alpha}_1 \\ \boldsymbol{\sigma}(\boldsymbol{\alpha}_3) = 6\boldsymbol{\alpha}_2 + 9\boldsymbol{\alpha}_3 + 3\boldsymbol{\alpha}_1 \\ \boldsymbol{\sigma}(\boldsymbol{\alpha}_1) = 4\boldsymbol{\alpha}_2 + 7\boldsymbol{\alpha}_3 + \boldsymbol{\alpha}_1 \end{cases}$$

因此，$\boldsymbol{\sigma}$ 在基 $\boldsymbol{\alpha}_2, \boldsymbol{\alpha}_3, \boldsymbol{\alpha}_1$ 下的矩阵为 $B = \begin{pmatrix} 5 & 6 & 4 \\ 8 & 9 & 7 \\ 2 & 3 & 1 \end{pmatrix}$.

*习 题 三

1. 判别以下集合对于所指的运算是否构成实数域上的线性空间.

(1) 次数等于 n ($n \geqslant 1$) 的实系数多项式的全体，对于多项式的加法和数乘运算；

(2) n 阶实对称矩阵的全体，对于矩阵的加法和数乘运算；

(3) 平面上不平行于某一向量的全体向量，对于向量的加法和数乘运算；

(4) 主对角线上各元素之和为零的 n 阶方阵的全体，对于矩阵的加法和数乘运算.

2. 在 n 维线性空间 R^n 中，分量满足下列条件的全体向量 $\alpha = \begin{pmatrix} x_1 \\ x_2 \\ \vdots \\ x_n \end{pmatrix}$ 能否构成 R^n 的子空间.

(1) $x_1+x_2+\cdots+x_n=0$　(2) $x_1+x_2+\cdots+x_n=1$

3. 假设 $\boldsymbol{\alpha},\boldsymbol{\beta},\boldsymbol{\gamma}$ 是线性空间 V 中的向量，证明：它们的线性组合的全体构成 V 的子空间. 这个子空间叫做由 $\boldsymbol{\alpha},\boldsymbol{\beta},\boldsymbol{\gamma}$ 生成的子空间，记为 $L(\boldsymbol{\alpha},\boldsymbol{\beta},\boldsymbol{\gamma})$.

4. 设 $\boldsymbol{\alpha}_1,\boldsymbol{\alpha}_2,\cdots,\boldsymbol{\alpha}_s$ 和 $\boldsymbol{\beta}_1,\boldsymbol{\beta}_2,\cdots,\boldsymbol{\beta}_t$ 是线性空间 V_n 的两组向量，证明：生成子空间 $L(\boldsymbol{\alpha}_1,\boldsymbol{\alpha}_2,\cdots,\boldsymbol{\alpha}_s)$ 和 $L(\boldsymbol{\beta}_1,\boldsymbol{\beta}_2,\cdots,\boldsymbol{\beta}_t)$ 相等的充分必要条件是 $\boldsymbol{\alpha}_1,\boldsymbol{\alpha}_2,\cdots,\boldsymbol{\alpha}_s$ 和 $\boldsymbol{\beta}_1,\boldsymbol{\beta}_2,\cdots,\boldsymbol{\beta}_t$ 等价.

5. 试证在 R^4 中，由 $(1,1,0,0)^{\mathrm{T}},(1,0,1,1)^{\mathrm{T}}$ 生成的子空间与由 $(2,-1,3,3)^{\mathrm{T}},(0,1,-1,-1)^{\mathrm{T}}$ 生成的子空间相等.

6. 在 R^3 中，求向量 $\boldsymbol{\alpha}=(3,7,1)^{\mathrm{T}}$ 在基 $\boldsymbol{\alpha}_1=(1,3,5)^{\mathrm{T}},\boldsymbol{\alpha}_2=(6,3,2)^{\mathrm{T}},\boldsymbol{\alpha}_3=(3,1,0)^{\mathrm{T}}$ 下的坐标.

7. 设 W 是线性空间 V_n 的子空间，证明：若 W 的维数等于 V_n 的维数 n，则 $W=V_n$.

8. 设 W_1,W_2 是线性空间 V 的两个子空间，证明：V 的非空子集

$$W=\{\boldsymbol{\alpha}=\boldsymbol{\alpha}_1+\boldsymbol{\alpha}_2 \mid \boldsymbol{\alpha}_1\in W_1,\boldsymbol{\alpha}_2\in W_2\}$$

构成 V 的子空间. 这个子空间称为 W_1 与 W_2 的**和子空间**，记为 W_1+W_2.

9. 判定下列定义的变换，哪些是线性变换，哪些不是.

(1) 在线性空间 V 中，$A\boldsymbol{\xi}=\boldsymbol{\xi}+\boldsymbol{\alpha}$，其中 $\boldsymbol{\alpha}\in V$ 是一固定的向量；

(2) 在 P^3 中，$A(x_1,x_2,x_3)=(x_1^2,x_2+x_3,x_3^2)$；

(3) 在 P^3 中，$A(x_1,x_2,x_3)=(2x_1-x_2,x_2+x_3,x_1)$.

10. 在 P^3 中，求线性变换 $\mathbf{A}(x_1,x_2,x_3)=(2x_1-x_2,x_2+x_3,x_1)$ 在基 $\boldsymbol{\varepsilon}_1=(1,0,0)$，$\boldsymbol{\varepsilon}_2=(0,1,0)$，$\boldsymbol{\varepsilon}_3=(0,0,1)$ 下的矩阵.

第四章　线性方程组

线性方程组是线性代数的另一个重要研究内容，主要是利用第二章建立的矩阵的理论与方法，解决线性方程组的下述问题：

(1) 解的存在性：线性方程组有解的条件是什么？

(2) 解的个数：在有解的情况下，解有多少组？

(3) 解的结构：如果有无穷组解，那么解与解之间有什么关系？如何把所有的解全部表示出来？

本章将讨论线性方程组的基本解法和解的理论，并在 n 维向量组线性相关性的基础上，讨论线性方程组解的结构.

第一节　高斯消元法

我们已经知道，n 个未知量 m 个方程的线性方程组的一般形式为

$$\begin{cases} a_{11}x_1+a_{12}x_2+\cdots+a_{1n}x_n=b_1 \\ a_{21}x_1+a_{22}x_2+\cdots+a_{2n}x_n=b_2 \\ \cdots\cdots \\ a_{m1}x_1+a_{m2}x_2+\cdots+a_{mn}x_n=b_m \end{cases} \tag{1}$$

其中 $x_1,x_2,\cdots,x_n$ 是 n 个未知量，a_{ij} $(i=1,2,\cdots,m;j=1,2,\cdots,n)$ 为方程组的系数，$b_i(i=1,2,\cdots,m)$ 为常数项.

方程组(1) 也可用连加号来表示

$$\sum_{j=1}^{n}a_{ij}x_j=b_i \quad (i=1,2,\cdots,m) \tag{2}$$

方程组(1) 的矩阵形式为

$$A\boldsymbol{X}=\boldsymbol{b} \tag{3}$$

其中

$$A=\begin{pmatrix} a_{11} & a_{12} & \cdots & a_{1n} \\ a_{21} & a_{22} & \cdots & a_{2n} \\ \vdots & \vdots & & \vdots \\ a_{m1} & a_{m2} & \cdots & a_{mn} \end{pmatrix},\quad \boldsymbol{X}=\begin{pmatrix} x_1 \\ x_2 \\ \vdots \\ x_n \end{pmatrix},\quad \boldsymbol{b}=\begin{pmatrix} b_1 \\ b_2 \\ \vdots \\ b_m \end{pmatrix}$$

A 称为线性方程组(1) 的**系数矩阵**. 记

$$\widetilde{A}=(A\mid \boldsymbol{b})=\left(\begin{array}{cccc|c} a_{11} & a_{12} & \cdots & a_{1n} & b_1 \\ a_{21} & a_{22} & \cdots & a_{2n} & b_2 \\ \vdots & \vdots & & \vdots & \vdots \\ a_{m1} & a_{m2} & \cdots & a_{mn} & b_m \end{array}\right)$$

$\widetilde{A}$ 称为 A 的**增广矩阵**.

如果方程组(1)的常数项 $b_1, b_2, \cdots b_m$ 全为零,即 $\boldsymbol{b}=\boldsymbol{O}$,则称方程组(1)为**齐次线性方程组**,其矩阵形式为 $A\boldsymbol{X}=\boldsymbol{O}$;

若 $b_1, b_2, \cdots b_m$ 不全为零,即 $b \neq \boldsymbol{O}$,则称方程组(1)为**非齐次线性方程组**,其矩阵形式为 $A\boldsymbol{X}=\boldsymbol{b}$.

称 $A\boldsymbol{X}=\boldsymbol{O}$ 为非齐次线性方程组 $A\boldsymbol{X}=\boldsymbol{b}$ 对应的齐次线性方程组或导出方程组.

对于方程组(1),若以 n 个数组成的有序数组 $a_1, a_2, \cdots, a_n$ 替代未知数 $x_1, x_2, \cdots, x_n$ 使方程组(1)的每一个方程都成为恒等式,则称有序数组 $a_1, a_2, \cdots, a_n$ 是方程组(1)的一个**解**.

方程组(1)解的全体称为方程组(1)的**解集合**.解方程组就是求解方程组的解集合.

如果两个方程组有相同的解集合,则称它们是**同解**的.

如果方程组有解,则称方程组是**相容**的,否则,是**不相容**的.

显然,对于方程组(1),需要解决三个问题:

(1) 方程组有解的充分必要条件是什么?

(2) 如果方程组有解,它有多少组解?

(3) 怎样求解?

我们知道,方程组(1)由其系数和常数项完全确定,也就是由其系数矩阵 A 的增广矩阵 $\widetilde{A}$ 完全确定.因此,我们将从对增广矩阵 $\widetilde{A}$ 的研究入手,讨论线性方程组解的问题.

例 1　解方程组 $\begin{cases} 2x_1 - x_2 + 3x_3 = 1, \\ 4x_1 + 2x_2 + 5x_3 = 4, \\ 2x_1 \qquad + 2x_3 = 6. \end{cases}$

解　方程组系数矩阵的增广矩阵为

$$\widetilde{A} = \left(\begin{array}{ccc:c} 2 & -1 & 3 & 1 \\ 4 & 2 & 5 & 4 \\ 2 & 0 & 2 & 6 \end{array}\right)$$

首先,第一个方程的(-2)倍加到第二个方程上,第一个方程的(-1)倍加到第三个方程上,变化后的方程组(I)及其系数矩阵的增广矩阵分别为

$$(\text{I})\begin{cases} 2x_1 - x_2 + 3x_3 = 1 \\ \qquad 4x_2 - x_3 = 2 \\ \qquad\ \ x_2 - x_3 = 5 \end{cases} \quad \widetilde{A}_1 = \left(\begin{array}{ccc:c} 2 & -1 & 3 & 1 \\ 0 & 4 & -1 & 2 \\ 0 & 1 & -1 & 5 \end{array}\right)$$

然后,将方程组(I)的第三个方程的(-4)倍加到第二个方程上去,第二个方程与第三个方程互换位置,此时得到的方程组(II)及其系数矩阵的增广矩阵分别为

$$(\text{II})\begin{cases} 2x_1 - x_2 + 3x_3 = 1 \\ \qquad x_2 - x_3 = 5 \\ \qquad\quad 3x_3 = -18 \end{cases} \quad \widetilde{A}_2 = \left(\begin{array}{ccc:c} 2 & -1 & 3 & 1 \\ 0 & 1 & -1 & 5 \\ 0 & 0 & 3 & -18 \end{array}\right)$$

将方程组(II)的第三个方程两端除以 3,得到 $x_3=-6$,将其代入第二个方程,得到 $x_2=-1$;再将 $x_2=-1$ 和 $x_3=-6$ 代入第一个方程,得 $x_1=9$.从而得到的方程组(III)

及其系数矩阵的增广矩阵分别为

$$\text{(III)}\begin{cases}x_1 \qquad = 9\\ \quad x_2 \quad = -1\\ \qquad x_3 = -6\end{cases} \quad \widetilde{A}_3 = \left(\begin{array}{ccc:c}1 & 0 & 0 & 9\\ 0 & 1 & 0 & -1\\ 0 & 0 & 1 & -6\end{array}\right)$$

这样我们求得方程组的解为：$x_1 = 9, x_2 = -1, x_3 = -6$.

由上述求解过程可以看出，对线性方程组的化简施行了三种运算：

(1) 互换两个方程的位置；

(2) 用一个非零数乘以方程；

(3) 用某个数乘以某一方程然后加到另一方程上去.

我们称上述三种运算为**线性方程组的初等变换**. 显然，对方程组施行初等变换得到的方程组与原方程组同解.

利用初等变换将方程组化为行阶梯形式的方程组，再利用回代法解出未知量的过程，称为**高斯(Gauss) 消元法**.

例 1 的求解过程，即为高斯消元法.

可以看出，对方程组(1) 施行的初等变换，与未知量无关，只是对未知量的系数及常数项进行运算. 这些运算相当于对方程组系数矩阵的增广矩阵 $\widetilde{A}$ 进行了一系列仅限于行的初等变换

$$\widetilde{A} \xrightarrow{r_2-2r_1,r_3-2r_1} \widetilde{A}_1 \xrightarrow{r_2-4r_3,r_2\leftrightarrow r_3} \widetilde{A}_2 \xrightarrow{r_2-2r_1,r_3-2r_1,r_2+r_1,\frac{1}{3}r_3,r_3+r_2,-2r_3+r_1,\frac{1}{2}r_2} \widetilde{A}_3$$

因此，利用高斯消元法求解线性方程组可以转化为对其系数矩阵的增广矩阵 $\widetilde{A}$ 进行的一系列行初等变换.

对比矩阵的初等变换可以看出，对方程组(1) 施行上述同解变换，与对增广矩阵 $\overline{A}$ 施行行初等变换是等价的，而后者在表述上显然要比前一种方法简洁得多.

定理 1　若线性方程组 $A\boldsymbol{x} = \boldsymbol{b}$ 的增广矩阵$(A\boldsymbol{b})$ 经初等行变换化为(Ud)，则它与方程组 $Ux = d$ 是同解的.

证明略.

下面我们就以矩阵的初等变换为工具，一般性地讨论线性方程组(1) 的解法.

首先，在增广矩阵 $\widetilde{A}$ 的第一列选取一个非零元素，并通过交换两行的初等变换将该元素所在的行换到矩阵的第一行，这个非零元素称为该列的**主元**. 然后，第一行乘以适当的倍数加到其余各行，将第一列除主元以外的元素都变为零，得到下述矩阵

$$\widetilde{A}_1 = \begin{pmatrix}\otimes & * & * & \cdots & *\\ 0 & * & * & \cdots & *\\ \vdots & \vdots & \vdots & & \vdots\\ 0 & * & * & \cdots & *\end{pmatrix} \tag{4}$$

其中 $\otimes$ 表示非零数，$*$ 表示可以是零、也可以不是零的数.

再考虑 $\overline{A}_1$ 从第二行到第 m 行所形成的子矩阵

$$\begin{pmatrix} 0 & * & * & \cdots & * \\ \vdots & \vdots & \vdots & & \vdots \\ 0 & * & * & \cdots & * \end{pmatrix} \tag{5}$$

如果矩阵(5)第二列的元素不全为零,则通过交换两行的初等变换,将第一行、第二列交叉点处的元素变为非零元素,然后重复上述过程;否则,便从上述子矩阵的第三列找非零元素,….最后,增广矩阵 $\overline{A}$ 可变成下述形式的所谓**阶梯形矩阵**.

$$\widetilde{A}_l = \begin{pmatrix} \otimes & * & * & * & * & * & \cdots & * & * \\ 0 & \otimes & * & * & * & * & \cdots & * & * \\ 0 & 0 & 0 & \otimes & * & * & \cdots & * & * \\ \vdots & \vdots & \vdots & \vdots & \vdots & \vdots & & \vdots & \vdots \\ 0 & 0 & 0 & 0 & 0 & 0 & \cdots & \otimes & * \\ 0 & 0 & 0 & 0 & 0 & 0 & \cdots & 0 & * \\ 0 & 0 & 0 & 0 & 0 & 0 & \cdots & 0 & 0 \\ \vdots & \vdots & \vdots & \vdots & \vdots & \vdots & & \vdots & \vdots \\ 0 & 0 & 0 & 0 & 0 & 0 & \cdots & 0 & 0 \end{pmatrix}_{m\times(n+1)} \tag{6}$$

阶梯形矩阵 $\widetilde{A}_l$ 的特点:

(i) 矩阵的前若干行是非零行,主元是这些行中的第一个非零元素;

(ii) 每一个主元左下方的元素都是零.

显然,阶梯形矩阵的秩等于它的非零行的行数.

上述 $m\times(n+1)$ 矩阵 $\widetilde{A}_l$ 对应的线性方程组与 $\overline{A}$ 对应的方程组(1)是同解的,其中前 n 列是新方程组的系数矩阵,第 $n+1$ 列是新方程组右边的常数项组成的向量. $\overline{A}_l$ 中全为零的行(如果有的话)表示多余的方程,即这些方程可以由其余方程表示出来.这种方法称为解线性方程组的列主元消去法.

现在来回答本章开始提出的第一个问题:方程组(1)什么条件下有解.

从矩阵 $\widetilde{A}_l$ 可以看出,要使 $\widetilde{A}_l$ 对应的线性方程组有解,第 $n+1$ 列(即常数项向量)的最后一个 $*$ 代表的数必须为零.否则,无论未知量向量

$$\boldsymbol{X} = \begin{pmatrix} x_1 \\ x_2 \\ \vdots \\ x_n \end{pmatrix}$$

取什么值,该 $*$ 所在的方程都不会成立.

这一事实用矩阵语言表述,就是矩阵 $\widetilde{A}_l$ 的前 n 列构成的子矩阵的秩,与 $\overline{A}_l$ 的秩相等.因此,有下述定理

定理 2　线性方程组 $A\boldsymbol{x} = \boldsymbol{b}$ 有解的充分必要条件是

$$r(A\boldsymbol{b}) = r(A)$$

下面将要讨论第二个问题:在方程组(1)有解的情况下,解有多少个.

由于方程组(1)的系数矩阵的秩总是小于或等于 n,故分两种情况讨论.

(i) $r(A) = r(\widetilde{A}) = n$

此时，用列主元消去法，方程组(1)的增广矩阵可变为与之等价的下述矩阵

$$\begin{pmatrix} a'_{11} & a'_{12} & \cdots & a'_{1n} & b'_1 \\ 0 & a'_{22} & \cdots & a'_{2n} & b'_2 \\ \vdots & \vdots & & \vdots & \vdots \\ 0 & 0 & \cdots & a'_{nn} & b'_n \\ 0 & 0 & \cdots & 0 & 0 \\ \vdots & \vdots & & \vdots & \vdots \\ 0 & 0 & \cdots & 0 & 0 \end{pmatrix} \tag{7}$$

其中 $a'_{11},a'_{22},\cdots,a'_{nn}$ 都不等于零.

上述矩阵对应的方程组

$$\begin{cases} a'_{11}x_1 + a'_{12}x_2 + \cdots + a'_{1n}x_n = b'_1 \\ \qquad\quad a'_{22}x_2 + \cdots + a'_{2n}x_n = b'_2 \\ \qquad\qquad \cdots\cdots \\ \qquad\qquad\qquad a'_{nn}x_n = b'_n \end{cases} \tag{8}$$

与方程组(1)是同解的方程组.

由方程组(8)的第 n 个方程可以求出 x_n，将其代入第 $n-1$ 个方程可以求出 x_{n-1}，如此进行下去，最后将 $x_n,x_{n-1},\cdots,x_2$ 代入第 1 个方程可以求出 x_1. 从这个过程可以看出，此时方程组的解是唯一的.

(ii) $r(A)=r(\widetilde{A})=r<n$

此时，我们不妨假设用列主元消去法，方程组(1)的增广矩阵变成与之等价的下述矩阵

$$\begin{pmatrix} a'_{11} & a'_{12} & \cdots & a'_{1r} & \cdots & a'_{1n} & b'_1 \\ 0 & a'_{22} & \cdots & a'_{2r} & \cdots & a'_{2n} & b'_2 \\ \vdots & \vdots & & \vdots & & \vdots & \vdots \\ 0 & 0 & \cdots & a'_{rr} & \cdots & a'_{rn} & b'_r \\ 0 & 0 & \cdots & 0 & \cdots & 0 & 0 \\ \vdots & \vdots & & \vdots & & \vdots & \vdots \\ 0 & 0 & \cdots & 0 & \cdots & 0 & 0 \end{pmatrix} \tag{9}$$

其中 $a'_{11},a'_{22},\cdots,a'_{rr}$ 全不为零. 事实上，如果增广矩阵最后化成的阶梯形矩阵不是这种形式，我们总可以通过交换两列的初等变换(另外两种列初等变换不能用于解方程组，因为它们不是同解变换)化成(9)的形式. 当然，这样一来，矩阵(9)的前 n 列与 n 个未知量的对应关系也应随之改变.

矩阵(9)对应的线性方程组

$$\begin{cases} a'_{11}y_1 + a'_{12}y_2 + \cdots + a'_{1r}y_r + \cdots + a'_{1n}y_n = b'_1 \\ \qquad\quad a'_{22}y_2 + \cdots + a'_{2r}y_r + \cdots + a'_{2n}y_n = b'_2 \\ \qquad\qquad \cdots\cdots \\ \qquad\qquad\qquad a'_{rr}y_r + \cdots + a'_{rn}y_n = b'_r \end{cases} \tag{10}$$

其中 $y_1,y_2,\cdots,y_n$ 是方程组(1) 的未知量 $x_1,x_2,\cdots,x_n$ 的一个排列.

将方程组(10) 改写成下述形式

$$\begin{cases} a'_{11}y_1+a'_{12}y_2+\cdots+a'_{rr}y_r=b'_1-\cdots-a'_{1n}y_n \\ \qquad\qquad a'_{22}y_2+\cdots+a'_{2r}y_r=b'_2-\cdots-a'_{2n}y_n \\ \qquad\qquad\qquad\cdots\cdots \\ \qquad\qquad\qquad\qquad\qquad a'_{rr}y_r=b'_r-\cdots-a'_{rn}y_n \end{cases} \tag{11}$$

从方程组(11) 可以看出,对于 $y_{r+1},\cdots,y_n$ 的每一组给定的值,都可以得到原方程组(1) 的一组解.由于变量 $y_{r+1},\cdots,y_n$ 可以任意取值,故称为自由未知量.

由上面的讨论,可得:

定理 3　对于方程组(1) 有下述结论:

(i) 如果系数矩阵的秩 $\neq$ 增广矩阵的秩,则方程组无解;

(ii) 如果系数矩阵的秩 $=$ 增广矩阵的秩 $=n$,则方程组只有唯一解;

(iii) 如果系数矩阵的秩 $=$ 增广矩阵的秩 $<n$,则方程组有无穷多解.

例 2　解方程组 $\begin{cases} x_1+x_2+2x_3+3x_4=1, \\ x_1+2x_2+3x_3-x_4=-4, \\ 3x_1-x_2-x_3-2x_4=-4, \\ 2x_1+3x_2-x_3-x_4=-6. \end{cases}$

解　(1) 对增广矩阵 $\widetilde{A}$ 施以行的初等变换,化为行阶梯形矩阵 $\widetilde{B}$,判断方程组解的情况.

$$\widetilde{A}=(A\mid \boldsymbol{b})=\left(\begin{array}{cccc|c} 1 & 1 & 2 & 3 & 1 \\ 1 & 2 & 3 & -1 & -4 \\ 3 & -1 & -1 & -2 & -4 \\ 2 & 3 & -1 & -1 & -6 \end{array}\right) \xrightarrow[r_2-r_1]{\substack{r_4-2r_1,\\ r_3-3r}} \left(\begin{array}{cccc|c} 1 & 1 & 2 & 3 & 1 \\ 0 & 1 & 1 & -4 & -5 \\ 0 & -4 & -7 & -11 & -7 \\ 0 & 1 & -5 & -7 & -8 \end{array}\right)$$

$$\xrightarrow{\substack{r_4-r_2\\ r_3+4r_2}} \left(\begin{array}{cccc|c} 1 & 1 & 2 & 3 & 1 \\ & 1 & 1 & -4 & -5 \\ 0 & 0 & -3 & -27 & -27 \\ 0 & 0 & -6 & -3 & -3 \end{array}\right) \xrightarrow{\left(-\frac{1}{3}\right)r_3} \left(\begin{array}{cccc|c} 1 & 1 & 2 & 3 & 1 \\ 0 & 1 & 1 & -4 & -5 \\ 0 & 0 & 1 & 9 & 9 \\ 0 & 0 & -6 & -3 & -3 \end{array}\right)$$

$$\xrightarrow{r_4+6r_3} \left(\begin{array}{cccc|c} 1 & 1 & 2 & 3 & 1 \\ 0 & 1 & 1 & -4 & -5 \\ 0 & 0 & 1 & 9 & 9 \\ 0 & 0 & 0 & 51 & 51 \end{array}\right)=\widetilde{B}$$

可见,$r(\widetilde{A})=r(A)=4=n$(未知量的个数),故方程组有解且有唯一解.

(2) 对行阶梯形矩阵 $\widetilde{B}$ 继续施行行变换,化为简化行阶梯形矩阵,并写出同解方程组.

$$\widetilde{B}\xrightarrow{\frac{1}{51}\cdot r_4} \left(\begin{array}{cccc|c} 1 & 1 & 2 & 3 & 1 \\ 0 & 1 & 1 & -4 & -5 \\ 0 & 0 & 1 & 9 & 9 \\ 0 & 0 & 0 & 1 & 1 \end{array}\right) \xrightarrow[r_1-r_2]{\substack{r_3-r_1\\ r_2-r_3}} \left(\begin{array}{cccc|c} 1 & 0 & 0 & -2 & -3 \\ 0 & 1 & 0 & -13 & -14 \\ 0 & 0 & 1 & 9 & 9 \\ 0 & 0 & 0 & 1 & 1 \end{array}\right)$$

$$\xrightarrow[r_3-9r_4]{\substack{r_1+2r_4\\ r_2+13r_4}}\left(\begin{array}{cccc:c}1&0&0&0&-1\\0&1&0&0&-1\\0&0&1&0&0\\0&0&0&1&1\end{array}\right)=\widetilde{C}.$$

与 $\widetilde{C}$ 对应的方程组为 $\begin{cases}x_1=-1,\\x_2=-1,\\x_3=0,\\x_4=1.\end{cases}$ 此即原方程组的解.

例 3 解方程组 $\begin{cases}x_1-2x_2+3x_3-4x_4=4,\\ \qquad x_2-x_3+x_4=-3,\\x_1+3x_2\qquad-3x_4=1,\\ \quad-7x_2+3x_3+x_4=-3.\end{cases}$

解 由于

$$\widetilde{A}=(A\mid \boldsymbol{b})=\left(\begin{array}{cccc:c}1&-2&3&-4&4\\0&1&-1&1&-3\\1&3&0&-3&1\\0&-7&3&1&-3\end{array}\right)\xrightarrow{r_3-r_1}\left(\begin{array}{cccc:c}1&-2&3&-4&4\\0&1&-1&1&-3\\0&5&-3&1&-3\\0&-7&3&1&-3\end{array}\right)$$

$$\xrightarrow[r_3-5r_2]{r_4+7r_2}\left(\begin{array}{cccc:c}1&-2&3&-4&4\\0&1&-1&1&-3\\0&0&2&-4&12\\0&0&-4&8&-24\end{array}\right)\xrightarrow{r_4+2r_3}\left(\begin{array}{cccc:c}1&-2&3&-4&4\\0&1&-1&1&-3\\0&0&2&-4&12\\0&0&0&0&0\end{array}\right)=\widetilde{B}$$

可见 $r(\widetilde{A})=r(A)=3<n$(未知量的个数),故方程组有解且有无穷多解.

用行变换进一步化简矩阵

$$\widetilde{B}\xrightarrow[\frac{1}{2}\cdot r_3]{r_1+2r_2}\left(\begin{array}{cccc:c}1&0&1&-2&-2\\0&1&-1&1&-3\\0&0&1&-2&6\\0&0&0&0&0\end{array}\right)\xrightarrow[r_2+r_3]{r_1-r_3}\left(\begin{array}{cccc:c}1&0&0&0&-8\\0&1&0&-1&3\\0&0&1&-2&6\\0&0&0&0&0\end{array}\right)$$

所以,简化行阶梯形矩阵对应的方程组为

$$\begin{cases}x_1=-8\\x_2-x_4=3\\x_3-2x_4=6\end{cases}$$

该方程组含有 $n-r(A)=4-3=1$ 个自由未知量. 取 x_4 为自由未知量,令 $x_4=k$,

则方程组的解为 $\begin{cases}x_1=-8,\\x_2=3+k,\\x_3=6+2k,\\x_4=k.\end{cases}$ 其中 k 为任意常数.

例 4　解线性方程组$\begin{cases} x_1 + x_2 + x_3 = 1, \\ x_1 + 2x_2 - 5x_3 = 2, \\ 2x_1 + 3x_2 - 4x_3 = 5. \end{cases}$

解　由于

$$\widetilde{A} = (A \mid \boldsymbol{b}) = \left(\begin{array}{ccc:c} 1 & 1 & 1 & 1 \\ 1 & 2 & -5 & 2 \\ 2 & 3 & -4 & 5 \end{array}\right) \xrightarrow[r_2 - r_1]{r_3 - 2r_1} \left(\begin{array}{ccc:c} 1 & 1 & 1 & 1 \\ 0 & 1 & -6 & 1 \\ 0 & 1 & -6 & 3 \end{array}\right) \xrightarrow{r_3 - r_2} \left(\begin{array}{ccc:c} 1 & 1 & 1 & 1 \\ 0 & 1 & -6 & 1 \\ 0 & 0 & 0 & -2 \end{array}\right)$$

所以 $r(\widetilde{A}) = 3 \neq r(A) = 2$，方程组无解.

在方程组有无穷多个解的情况下，我们不可能一个一个地写出这些解.那么，这无穷多个解之间有什么关系?能否用有限个解把这无穷多个解表示出来?我们先研究齐次线性方程组的解的结构.

第二节　齐次线性方程组解的结构

齐次线性方程组 $AZ = \mathbf{0}$ 的解具有下述性质.

性质 1　(1) 若 $\boldsymbol{\alpha}_1, \boldsymbol{\alpha}_2$ 是 $A\boldsymbol{x} = \mathbf{0}$ 的解，则 $\boldsymbol{\alpha}_1 + \boldsymbol{\alpha}_2$ 也是 $A\boldsymbol{x} = \mathbf{0}$ 的解.

证　由 $A\boldsymbol{\alpha}_1 = \mathbf{0}, A\boldsymbol{\alpha}_2 = \mathbf{0}$，得

$$A(\boldsymbol{\alpha}_1 + \boldsymbol{\alpha}_2) = A\boldsymbol{\alpha}_1 + A\boldsymbol{\alpha}_2 = \mathbf{0} + \mathbf{0} = \mathbf{0}$$

故 $\boldsymbol{\alpha}_1 + \boldsymbol{\alpha}_2$ 是 $A\boldsymbol{x} = \mathbf{0}$ 的解.

(2) 若 $\boldsymbol{\alpha}$ 是 $A\boldsymbol{x} = \mathbf{0}$ 的解，k 为任意常数，则 $k\boldsymbol{\alpha}$ 也是 $A\boldsymbol{x} = \mathbf{0}$ 的解.

证　由 $A\boldsymbol{\alpha} = \mathbf{0}$，得

$$A(k\boldsymbol{\alpha}) = kA\boldsymbol{\alpha} = k\mathbf{0} = \mathbf{0}$$

故 $k\boldsymbol{\alpha}$ 是 $A\boldsymbol{x} = \mathbf{0}$ 的解.

综合(1)，(2) 可得：若 $\boldsymbol{\alpha}_1, \boldsymbol{\alpha}_2, \cdots, \boldsymbol{\alpha}_s$ 是 $A\boldsymbol{x} = \mathbf{0}$ 的解，则 $k\boldsymbol{\alpha}_1 + k_2\boldsymbol{\alpha}_2 + \cdots + k_s\boldsymbol{\alpha}_s$ 也是 $A\boldsymbol{x} = \mathbf{0}$ 的解，其中 $k_1, k_2, \cdots, k_s$ 为任意常数，这表明齐次线性方程组的解的线性组合仍是它的解.

性质 1 说明，对于齐次线性方程组，两个解的和仍是方程组的解，两个解的差也还是方程组的解.

设齐次线性方程组 $AZ = \mathbf{0}$ 的系数矩阵经过列主元消去法得到下述矩阵(必要的话，适当进行交换两列的变换)

$$\begin{pmatrix} a'_{11} & a'_{12} & \cdots & a'_{1r} & \cdots & a'_{1n} \\ 0 & a'_{22} & \cdots & a'_{2r} & \cdots & a'_{2n} \\ \vdots & \vdots & & \vdots & & \vdots \\ 0 & 0 & \cdots & a'_{rr} & \cdots & a'_{rn} \\ 0 & 0 & \cdots & 0 & \cdots & 0 \\ \vdots & \vdots & & \vdots & & \vdots \\ 0 & 0 & \cdots & 0 & \cdots & 0 \end{pmatrix} \tag{12}$$

当系数矩阵的秩 $r < n$ 时，矩阵(12) 对应的齐次线性方程组为

$$\begin{cases} a'_{11}y_1 + a'_{12}y_2 + \cdots + a'_{1r}y_r = -a'_{1(r+1)}y_{r+1} \cdots - a'_{1n}y_n \\ \qquad a'_{22}y_2 + \cdots + a'_{2r}y_2 = -a'_{2(r+1)}y_{r+1} \cdots - a'_{2n}y_n \\ \qquad \cdots\cdots \\ \qquad\qquad a'_{rr}y_r = -a'_{r(r+1)}y_{r+1} \cdots - a'_{rn}y_n \end{cases} \tag{13}$$

其中 $y_1, y_2, \cdots, y_n$ 是齐次线性方程组(2) 的未知量 $x_1, x_2, \cdots, x_n$ 的一个排列.

在方程组(13) 中，令自由未知量 $y_{r+1}, \cdots, y_n$ 分别取下述 $n-r$ 个 $n-r$ 维单位向量：

$$\begin{pmatrix} y_{r+1} \\ y_{r+2} \\ \vdots \\ y_n \end{pmatrix} = \begin{pmatrix} 1 \\ 0 \\ \vdots \\ 0 \end{pmatrix}, \begin{pmatrix} 0 \\ 1 \\ \vdots \\ 0 \end{pmatrix}, \cdots, \begin{pmatrix} 0 \\ 0 \\ \vdots \\ 1 \end{pmatrix} \tag{14}$$

分别将它们代入方程组(13)，得到相应的 $y_1, y_2, \cdots, y_r$ 的值，从而得到方程组(13) 的 $n-r$ 个解向量 $\boldsymbol{\xi}_1, \boldsymbol{\xi}_2, \cdots, \boldsymbol{\xi}_{n-r}$.

下面证明，这 $n-r$ 个解向量具有性质：

(i) $\boldsymbol{\xi}_1, \boldsymbol{\xi}_2, \cdots, \boldsymbol{\xi}_{n-r}$ 线性无关；

(ii) 方程组(13) 的任意一个解向量都可以由 $\boldsymbol{\xi}_1, \boldsymbol{\xi}_2, \cdots, \boldsymbol{\xi}_{n-r}$ 线性表示.

对 $\boldsymbol{\xi}_1, \boldsymbol{\xi}_2, \cdots, \boldsymbol{\xi}_{n-r}$ 构成的矩阵进行行初等变换(用后面的 $n-r$ 行将前面的 r 行变为零)，得

$$(\boldsymbol{\xi}_1, \boldsymbol{\xi}_2, \cdots, \boldsymbol{\xi}_{n-r})_{n\times(n-r)} = \begin{pmatrix} * & * & \cdots & * \\ \vdots & \vdots & & \vdots \\ * & * & \cdots & * \\ 1 & 0 & \cdots & 0 \\ 0 & 1 & \cdots & 0 \\ \vdots & \vdots & & \vdots \\ 0 & 0 & \cdots & 1 \end{pmatrix} \to \begin{pmatrix} 0 & 0 & \cdots & 0 \\ \vdots & \vdots & & \vdots \\ 0 & 0 & \cdots & 0 \\ 1 & 0 & \cdots & 0 \\ 0 & 1 & \cdots & 0 \\ \vdots & \vdots & & \vdots \\ 0 & 0 & \cdots & 1 \end{pmatrix} \tag{15}$$

上面的最后一个矩阵的秩为 $n-r$，即解向量 $\boldsymbol{\xi}_1, \boldsymbol{\xi}_2, \cdots, \boldsymbol{\xi}_{n-r}$ 的秩为 $n-r$，因此 $\boldsymbol{\xi}_1, \boldsymbol{\xi}_2, \cdots, \boldsymbol{\xi}_{n-r}$ 线性无关.

再证方程组(13) 的任意一个解 $\boldsymbol{\xi}$ 都可以由 $\boldsymbol{\xi}_1, \boldsymbol{\xi}_2, \cdots, \boldsymbol{\xi}_{n-r}$ 线性表示. 设

$$\boldsymbol{\xi} = (c_1, \cdots, c_r, c_{r+1}, \cdots, c_n)^{\mathrm{T}} \tag{16}$$

由于 $\boldsymbol{\xi}_1, \boldsymbol{\xi}_2, \cdots, \boldsymbol{\xi}_{n-r}$ 是(13) 的解，所以它们的线性组合

$$c_{r+1}\boldsymbol{\xi}_1 + c_{r+2}\boldsymbol{\xi}_2 + \cdots + c_n\boldsymbol{\xi}_{n-r} \tag{17}$$

也是(13) 的一个解. 比较(16) 和(17) 的最后 $n-r$ 个分量得知，自由未知量有相同的值，从而这两个解完全一样，即

$$\boldsymbol{\xi} = c_{r+1}\boldsymbol{\xi}_1 + c_{r+2}\boldsymbol{\xi}_2 + \cdots + c_n\boldsymbol{\xi}_{n-r} \tag{18}$$

这就是说，方程组(13) 的任意一个解 $\boldsymbol{\xi}$ 都能表示成 $\boldsymbol{\xi}_1, \boldsymbol{\xi}_2, \cdots, \boldsymbol{\xi}_{n-r}$ 的线性组合.

定义 1 齐次线性方程组(2) 的一组解 $\boldsymbol{\xi}_1, \boldsymbol{\xi}_2, \cdots, \boldsymbol{\xi}_t$ 称为它的一个基础解系，如果：

(i) $\boldsymbol{\xi}_1, \boldsymbol{\xi}_2, \cdots, \boldsymbol{\xi}_t$ 线性无关；

(ii) 方程组(2) 的任意一个解向量都可以由 $\boldsymbol{\xi}_1, \boldsymbol{\xi}_2, \cdots, \boldsymbol{\xi}_t$ 线性表示.

注意：

(1) 从基础解系的定义看出，所谓齐次线性方程组的基础解系实际上就是 $A\boldsymbol{x}=\mathbf{0}$ 的全部解的集合 S 的一个最大无关组 $\boldsymbol{\alpha}_1,\boldsymbol{\alpha}_2,\cdots,\boldsymbol{\alpha}_t$，而 $A\boldsymbol{x}=\mathbf{0}$ 的任一解都可由该最大线性无关组表示，又极大线性无关组的任一线性组合

$$\boldsymbol{x}=k\boldsymbol{\alpha}_1+k_2\boldsymbol{\alpha}_2+\cdots+k_t\boldsymbol{\alpha}_t$$

都是 $A\boldsymbol{x}=\mathbf{0}$ 的解，故上式就是 $A\boldsymbol{x}=\mathbf{0}$ 的全部解，称它为齐次线性方程组 $A\boldsymbol{x}=\mathbf{0}$ 的通解.

(2) 上面的讨论就是一个具体的求齐次线性方程组基础解系的方法. 设 $\boldsymbol{\xi}_1,\boldsymbol{\xi}_2,\cdots,\boldsymbol{\xi}_t$ 是齐次线性方程组的一个基础解系，则方程组的任一个解都可以表示成下述形式

$$\boldsymbol{\xi}=k_1\boldsymbol{\xi}_1+k_2\boldsymbol{\xi}_2+\cdots+k_t\boldsymbol{\xi}_t$$

要求齐次线性方程组的通解，关键是求出它的基础解系.

下面我们通过具体的例子来讲述基础解系的求法.

例 5　求下列齐次线性方程组的一个基础解系.

$$\begin{cases} x_1-2x_2+x_3-2x_4-x_5=0 \\ 2x_1-x_2+3x_3-x_4+x_5=0 \\ x_1+x_2+2x_3+x_4+2x_5=0 \end{cases}$$

解　用初等行变换将系数矩阵化为行最简形

$$A=\begin{pmatrix} 1 & -2 & 1 & -2 & -1 \\ 2 & -1 & 3 & -1 & 1 \\ 1 & 1 & 2 & 1 & 2 \end{pmatrix} \xrightarrow[r_3-r_1]{r_2-2r_1} \begin{pmatrix} 1 & -2 & 1 & -2 & -1 \\ 0 & 3 & 1 & 3 & 3 \\ 0 & 3 & 1 & 3 & 3 \end{pmatrix}$$

$$\xrightarrow{r_3-r_2} \begin{pmatrix} 1 & -2 & 1 & -2 & -1 \\ 0 & 3 & 1 & 3 & 3 \\ 0 & 0 & 0 & 0 & 0 \end{pmatrix} \xrightarrow[r_1+2r_2]{r_2\times\frac{1}{3}} \begin{pmatrix} 1 & 0 & \frac{5}{3} & 0 & 1 \\ 0 & 1 & \frac{1}{3} & 1 & 1 \\ 0 & 0 & 0 & 0 & 0 \end{pmatrix}$$

同解方程组为 $\begin{cases} x_1=-\frac{5}{3}x_3 \qquad -x_5, \\ x_2=-\frac{1}{3}x_3-x_4-x_5. \end{cases}$

令 $x_3=k_1,x_4=k_2,x_5=k_3$，得方程组的全部解

$$\begin{cases} x_1=-\frac{5}{3}k_1 \qquad -k_3 \\ x_2=-\frac{1}{3}k_1-k_2-k_3 \\ x_3=k_1 \\ x_4=k_2 \\ x_5=k_3 \end{cases}$$

写成向量形式

$$\begin{pmatrix} x_1 \\ x_2 \\ x_3 \\ x_4 \\ x_5 \end{pmatrix} = k_1 \begin{pmatrix} -\frac{5}{3} \\ -\frac{1}{3} \\ 1 \\ 0 \\ 0 \end{pmatrix} + k_2 \begin{pmatrix} 0 \\ -1 \\ 0 \\ 1 \\ 0 \end{pmatrix} + k_3 \begin{pmatrix} -1 \\ -1 \\ 0 \\ 0 \\ 1 \end{pmatrix} \tag{1}$$

则 $\boldsymbol{\alpha}_1 = \begin{pmatrix} -\frac{5}{3} \\ -\frac{1}{3} \\ 1 \\ 0 \\ 0 \end{pmatrix}$，$\boldsymbol{\alpha}_2 = \begin{pmatrix} 0 \\ -1 \\ 0 \\ 1 \\ 0 \end{pmatrix}$，$\boldsymbol{\alpha}_3 = \begin{pmatrix} -1 \\ -1 \\ 0 \\ 0 \\ 1 \end{pmatrix}$就是此方程组的一个基础解系.

证明如下：

因为基本单位向量组$\begin{pmatrix} 1 \\ 0 \\ 0 \end{pmatrix}$，$\begin{pmatrix} 0 \\ 1 \\ 0 \end{pmatrix}$，$\begin{pmatrix} 0 \\ 0 \\ 1 \end{pmatrix}$是线性无关的，而 $\boldsymbol{\alpha}_1, \boldsymbol{\alpha}_2, \boldsymbol{\alpha}_3$ 是由它们各添加两个分量得到的，故 $\boldsymbol{\alpha}_1, \boldsymbol{\alpha}_2, \boldsymbol{\alpha}_3$ 也线性无关. 又由式(1)知，此方程组的任一解可由 $\boldsymbol{\alpha}_1, \boldsymbol{\alpha}_2, \boldsymbol{\alpha}_3$ 线性表示，故 $\boldsymbol{\alpha}_1, \boldsymbol{\alpha}_2, \boldsymbol{\alpha}_3$ 是此方程组的解集的一个最大无关组，即此齐次线性方程组的一个基础解系.

从例 5 的解题过程可以发现：

(1) 齐次线性方程组的基础解系所含解向量的个数等于自由未知量的个数$n-r(A)$；

(2) 当自由未知量构成的向量依次取基本单位向量，就得到齐次线性方程组的一个基础解系.

综上所述，我们有：

定理 4　设 n 元齐次线性方程组 $A\boldsymbol{x} = \boldsymbol{0}$ 的系数矩阵的秩 $r(A) = r$，且 $r < n$，则 $A\boldsymbol{x} = \boldsymbol{0}$ 有基础解系，且它的基础解系含 $n-r$ 个解向量 $\boldsymbol{\alpha}_1, \boldsymbol{\alpha}_2, \cdots, \boldsymbol{\alpha}_{n-r}$，它的通解为

$$\boldsymbol{x} = k_1\boldsymbol{\alpha}_1 + k_2\boldsymbol{\alpha}_2 + \cdots + k_{n-r}\boldsymbol{\alpha}_{n-r}$$

其中 $k_1, k_2, \cdots k_{n-r}$ 为任意常数.

推论　对于齐次线性方程组 $A\boldsymbol{x} = \boldsymbol{0}$，当且仅当系数矩阵的秩 $r = n$ 时只有零解.

当齐次线性方程组所含方程的个数与未知量的个数相等时，利用行列式还可以将方程组的解的情况描述为：

定理 5　齐次线性方程组(2) 有非零解的充分必要条件是系数矩阵 A 的行列式 $|A| = 0$.

例 6　求齐次线性方程组

$$\begin{cases} x_1 - x_2 + 5x_3 - x_4 = 0 \\ x_1 + x_2 - 2x_3 + 3x_4 = 0 \\ 3x_1 - x_2 + 8x_3 + x_4 = 0 \\ x_1 + 3x_2 - 9x_3 + 7x_4 = 0 \end{cases}$$

的基础解系.

解　对系数矩阵施行行初等变换,得

$$A=\begin{pmatrix}1&-1&5&-1\\1&1&-2&3\\3&-1&8&1\\1&3&-9&7\end{pmatrix}\xrightarrow[r_4-r_1]{\substack{r_2-r_1\\r_3-3r_1}}\begin{pmatrix}1&-1&5&-1\\0&2&-7&4\\0&2&-7&4\\0&4&-14&8\end{pmatrix}$$

$$\xrightarrow[r_4-2r_2]{r_3-r_2}\begin{pmatrix}1&-1&5&-1\\0&2&-7&4\\0&0&0&0\\0&0&0&0\end{pmatrix}=B\ \text{（阶梯形矩阵）}$$

$$\xrightarrow{2r_1}\begin{pmatrix}2&-2&10&-2\\0&2&-7&4\\0&0&0&0\\0&0&0&0\end{pmatrix}\xrightarrow{r_1+r_2}\begin{pmatrix}2&0&3&2\\0&2&-7&4\\0&0&0&0\\0&0&0&0\end{pmatrix}$$

$$\xrightarrow[\frac{1}{2}r_2]{\frac{1}{2}r_1}\begin{pmatrix}1&0&\frac{3}{2}&1\\0&1&-\frac{7}{2}&2\\0&0&0&0\\0&0&0&0\end{pmatrix}=C\ \text{（行最简形矩阵）}$$

与原方程组同解的齐次线性方程组为

$$\begin{cases}x_1\quad+\dfrac{3}{2}x_3+\ x_4=0\\ \quad x_2-\dfrac{7}{2}x_3+2x_4=0\end{cases}$$

即$\begin{cases}x_1=-\dfrac{3}{2}x_3-\ x_4,\\ x_2=\ \dfrac{7}{2}x_3-2x_4\end{cases}$（其中 x_3,x_4 是自由未知量）.

令$(x_1,x_2)^{\mathrm T}=(1,0)^{\mathrm T},(0,1)^{\mathrm T}$,得到方程组的一个基础解系

$$\boldsymbol{\xi}_1=\left(-\frac{3}{2},\frac{7}{2},1,0\right)^{\mathrm T},\quad \boldsymbol{\xi}_2=(-1,-2,0,1)^{\mathrm T}$$

例 7　解齐次线性方程组

$$\begin{cases}x_1+x_2+x_3+x_4=0\\x_1+x_2-x_3-x_4=0\end{cases}$$

解　对系数矩阵施行行初等变换,得

$$A=\begin{pmatrix}1&1&1&1\\1&1&-1&-1\end{pmatrix}\to\begin{pmatrix}1&1&1&1\\0&0&-2&-2\end{pmatrix}=B\ \text{（阶梯形矩阵）}$$

$$\to\begin{pmatrix}1&1&0&0\\0&0&1&1\end{pmatrix}=C\ \text{（行最简形矩阵）}$$

与原方程组同解的齐次线性方程组为

$$\begin{cases} x_1 + x_2 \qquad\qquad = 0 \\ \qquad\qquad x_3 + x_4 = 0 \end{cases}$$

即$\begin{cases} x_1 = -x_2, \\ x_3 = -x_4 \end{cases}$ (其中 x_2, x_4 是自由未知量).

令$\begin{pmatrix} x_2 \\ x_4 \end{pmatrix} = \begin{pmatrix} 1 \\ 0 \end{pmatrix}, \begin{pmatrix} 0 \\ 1 \end{pmatrix}$得基础解系

$$\boldsymbol{\xi}_1 = (-1,1,0,0)^{\mathrm{T}}, \quad \boldsymbol{\xi}_2 = (0,0,-1,1)^{\mathrm{T}}$$

所以,方程组的通解为

$$\boldsymbol{\xi} = k_1(-1,1,0,0)^{\mathrm{T}} + k_2(0,0,-1,1)^{\mathrm{T}} \quad (k_1, k_2 \text{ 为任意常数})$$

例 8 问当 λ 为何值时,齐次线性方程组

$$\begin{cases} (\lambda-3)x_1 - x_2 = 0 \\ 4x_1 + (\lambda+1)x_2 = 0 \\ -4x_1 + 8x_2 + (\lambda+2)x_3 = 0 \end{cases}$$

有非零解,并求出它的非零解.

解 上述齐次线性方程组有非零解的充分必要条件是它的系数行列式

$$\begin{vmatrix} \lambda-3 & -1 & 0 \\ 4 & \lambda+1 & 0 \\ -4 & 8 & \lambda+2 \end{vmatrix} = 0$$

即$(\lambda-1)^2(\lambda+2) = 0$,从而当 $\lambda = -2$ 和 $\lambda = 1$ 时方程组有非零解.

(i) 当 $\lambda = -2$ 时,齐次线性方程组成为

$$\begin{cases} -5x_1 - x_2 = 0 \\ 4x_1 - x_2 = 0 \\ -4x_1 + 8x_2 = 0 \end{cases}$$

这时系数矩阵为 $A = \begin{pmatrix} -5 & -1 & 0 \\ 4 & -1 & 0 \\ -1 & 8 & 0 \end{pmatrix}$,对这个矩阵施行行初等变换,得

$$A = \begin{pmatrix} -5 & -1 & 0 \\ 4 & -1 & 0 \\ -1 & 8 & 0 \end{pmatrix} \xrightarrow{r_1 + r_2} \begin{pmatrix} -1 & 0 & 0 \\ 4 & -1 & 0 \\ -1 & 8 & 0 \end{pmatrix} \xrightarrow[r_3 - r_1]{r_2 + 4r_1} \begin{pmatrix} -1 & 0 & 0 \\ 0 & -1 & 0 \\ 0 & 8 & 0 \end{pmatrix}$$

$$\xrightarrow{r_3 + 8r_2} \begin{pmatrix} -1 & 0 & 0 \\ 0 & -1 & 0 \\ 0 & 0 & 0 \end{pmatrix} = B \quad (\text{阶梯形矩阵})$$

$$\xrightarrow[-r_2]{-r_1} \begin{pmatrix} 1 & 0 & 0 \\ 0 & 1 & 0 \\ 0 & 0 & 0 \end{pmatrix} = C \quad (\text{行最简形矩阵})$$

与原方程组同解的齐次线性方程组为

$$\begin{cases} x_1 + 0x_3 = 0 \\ x_2 + 0x_3 = 0 \end{cases}$$

即 $\begin{cases} x_1 = 0, \\ x_2 = 0 \end{cases}$ (其中 x_3 为自由未知量).

令 $x_3 = 1$,得方程组的一个基础解系为

$$\boldsymbol{\xi}_1 = (0,0,1)^{\mathrm{T}}$$

方程组的全部非零解为

$$\boldsymbol{\xi} = k_1\boldsymbol{\xi}_1 = k_1(0,0,1)^{\mathrm{T}}$$

其中 k_1 为任意非零常数.

(ii) 当 $\lambda = 1$ 时,原齐次线性方程组成为

$$\begin{cases} -2x_1 - x_2 = 0 \\ 4x_1 + 2x_2 = 0 \\ -4x_1 + 8x_2 + 3x_3 = 0 \end{cases}$$

这时的系数矩阵为 $A = \begin{pmatrix} -2 & -1 & 0 \\ 4 & 2 & 0 \\ -4 & 8 & 3 \end{pmatrix}$,对这个矩阵施行行初等变换,得

$$A = \begin{pmatrix} -2 & -1 & 0 \\ 4 & 2 & 0 \\ -4 & 8 & 3 \end{pmatrix} \xrightarrow{r_3 + r_2} \begin{pmatrix} -2 & -1 & 0 \\ 4 & 2 & 0 \\ 0 & 10 & 3 \end{pmatrix} \xrightarrow{r_2 + 2r_1} \begin{pmatrix} -2 & -1 & 0 \\ 0 & 0 & 0 \\ 0 & 10 & 3 \end{pmatrix}$$

$$\xrightarrow[r_2 \leftrightarrow r_3]{10r_1} \begin{pmatrix} -20 & -10 & 0 \\ 0 & 10 & 3 \\ 0 & 0 & 0 \end{pmatrix} = B \quad (\text{阶梯形矩阵})$$

$$\xrightarrow{r_1 + r_2} \begin{pmatrix} -20 & 0 & 3 \\ 0 & 10 & 3 \\ 0 & 0 & 0 \end{pmatrix} \xrightarrow[\frac{1}{10}r_2]{-\frac{1}{20}r_1} \begin{pmatrix} 1 & 0 & -\frac{3}{20} \\ 0 & 1 & \frac{3}{10} \\ 0 & 0 & 0 \end{pmatrix} = C \quad (\text{行最简形矩阵})$$

与原方程组同解的齐次线性方程组为

$$\begin{cases} x_1 - \dfrac{3}{20}x_3 = 0 \\ x_2 + \dfrac{3}{10}x_3 = 0 \end{cases}$$

即 $\begin{cases} x_1 = \dfrac{3}{20}x_3, \\ x_2 = -\dfrac{3}{10}x_3 \end{cases}$ (其中 x_3 为自由未知量).

令 $x_3 = 20$,得方程组的一个基础解系为

$$\boldsymbol{\xi}_1 = (x_1, x_2, x_3)^{\mathrm{T}} = (3, -6, 20)^{\mathrm{T}}$$

方程组的全部非零解为

$$\boldsymbol{\xi} = k_1\boldsymbol{\xi}_1 = k_1(3, -6, 20)^{\mathrm{T}}$$

其中 k_1 为任意非零常数.

例 9 设 A 是 $m\times n$ 矩阵,B 是 $n\times s$ 矩阵,且 $AB=\boldsymbol{O}$,证明 $r(A)+r(B)\leqslant n$.

证 $AB = A(\boldsymbol{b}_1, \boldsymbol{b}_2, \cdots, \boldsymbol{b}_s) = (A\boldsymbol{b}_1, A\boldsymbol{b}_2, \cdots, A\boldsymbol{b}_s) = \boldsymbol{O}$

故 $A\boldsymbol{b}_j = \boldsymbol{0}\ (j=1,2,\cdots,s)$,即 B 的 s 个列向量都是 $A\boldsymbol{x}=\boldsymbol{0}$ 的解,这 s 个解的秩 $r(B)\leqslant n-r(A)$ ($A\boldsymbol{x}=\boldsymbol{0}$ 解集的秩),即 $r(A)+r(B)\leqslant n$.

第三节　非齐次线性方程组解的结构

现在讨论非齐次线性方程组(1)的解的结构.

设给定非齐次线性方程组 $A\boldsymbol{x}=\boldsymbol{b}$,称 $A\boldsymbol{x}=\boldsymbol{0}$ 为 $A\boldsymbol{x}=\boldsymbol{b}$ 对应的齐次线性方程组(或称 $A\boldsymbol{x}=\boldsymbol{0}$ 为 $A\boldsymbol{x}=\boldsymbol{b}$ 的导出组):

当系数矩阵的秩 = 增广矩阵的秩 $=r<n$ 时,非齐次线性方程组(1)有无穷多组解.这无穷多个解都与(1)对应的齐次线性方程组(2)的基础解系有密切关系.这种关系可以用下述两个性质反映.

性质 1 非齐次线性方程组(1)的两个解的差是它对应的齐次线性方程组(2)的解.

证 设 $\boldsymbol{\eta}_1, \boldsymbol{\eta}_2$ 是方程组(1)的两个解,即

$$A\boldsymbol{\eta}_1 = B,\quad A\boldsymbol{\eta}_2 = B$$

则由

$$A(\boldsymbol{\eta}_1 - \boldsymbol{\eta}_2) = A\boldsymbol{\eta}_1 - A\boldsymbol{\eta}_2 = B - B = O$$

可知,$\boldsymbol{\eta}_1 - \boldsymbol{\eta}_2$ 是

$$A\boldsymbol{X} = O$$

的解.

性质 2 线性方程组(1)的一个解与它对应的齐次线性方程组(2)的解之和还是方程组(1)的解.

证 设 $\boldsymbol{\eta}$ 是方程组(1)的一个解,$\boldsymbol{\xi}$ 是它对应的齐次线性方程组(2)的一个解,即

$$A\boldsymbol{\eta} = B,\quad A\boldsymbol{\xi} = O$$

则由

$$A(\boldsymbol{\eta}+\boldsymbol{\xi}) = A\boldsymbol{\eta} + A\boldsymbol{\xi} = B + O = B$$

可知 $\boldsymbol{\eta}+\boldsymbol{\xi}$ 是方程组(1)的解.

由此可以推出非齐次线性方程组的解的结构定理.

定理 6 如果 $\boldsymbol{\eta}_0$ 是线性方程组(1)的一个特解,$\boldsymbol{\xi}_1, \boldsymbol{\xi}_2, \cdots, \boldsymbol{\xi}_{n-r}$ 是(1)对应的齐次线性方程组(2)的基础解系,则方程组(1)的全部解为

$$\boldsymbol{\eta} = \boldsymbol{\eta}_0 + k_1\boldsymbol{\xi}_1 + k_2\boldsymbol{\xi}_2 + \cdots k_{n-r}\boldsymbol{\xi}_{n-r}$$

其中 $k_1, k_2 \cdots, k_{n-r}$ 为任意实数.

证 设 $\boldsymbol{\eta}$ 是线性方程组(1)的任意一个解,令 $\boldsymbol{\gamma} = \boldsymbol{\eta} - \boldsymbol{\eta}_0$,则 $\boldsymbol{\gamma}$ 是(1)对应的齐次线性方程组(2)的一个解,从而 $\boldsymbol{\gamma}$ 可以用(2)的基础解系线性表示出来,即

$$\boldsymbol{\gamma} = k_1\boldsymbol{\xi}_1 + k_2\boldsymbol{\xi}_2 + \cdots k_{n-r}\boldsymbol{\xi}_{n-r}$$

于是方程组(1) 的任一个解都可以表示为

$$\boldsymbol{\eta}=\boldsymbol{\eta}_0+k_1\boldsymbol{\xi}_1+k_2\boldsymbol{\xi}_2+\cdots k_{n-r}\boldsymbol{\xi}_{n-r}$$

一般称 $\boldsymbol{\eta}=\boldsymbol{\eta}_0+k_1\boldsymbol{\xi}_1+k_2\boldsymbol{\xi}_2+\cdots k_{n-r}\boldsymbol{\xi}_{n-r}$ 为非齐次线性方程组 $A\boldsymbol{x}=\boldsymbol{b}$ 的通解,它表明非齐次线性方程组的通解等于它的一个特解加上对应的齐次线性方程组的通解. 所以根据此定理,求 $A\boldsymbol{x}=\boldsymbol{b}$ 的通解,关键是求出它的一个特解 $\boldsymbol{\eta}_0$ 和对应的齐次方程组 $A\boldsymbol{x}=\boldsymbol{0}$ 的基础解系 $\boldsymbol{\xi}_1,\boldsymbol{\xi}_2,\cdots,\boldsymbol{\xi}_{n-r}$.

例 10　求非齐次线性方程组

$$\begin{cases}x_1-x_2+5x_3-x_4=1\\x_1+x_2-2x_3+3x_4=3\\3x_1-x_2+8x_3+x_4=5\\x_1+3x_2-9x_3+7x_4=5\end{cases}$$

的通解.

解　对增广矩阵 $\overline{A}$ 施行行初等变换

$$\overline{A}=\begin{pmatrix}1&-1&5&-1&1\\1&1&-2&3&3\\3&-1&8&1&5\\1&3&-9&7&5\end{pmatrix}\xrightarrow[r_4-r_1]{\substack{r_2-r_1\\r_3-3r_1}}\begin{pmatrix}1&-1&5&-1&1\\0&2&-7&4&2\\0&2&-7&4&2\\0&4&-14&8&4\end{pmatrix}$$

$$\xrightarrow[r_4-2r_2]{r_3-r_2}\begin{pmatrix}1&-1&5&-1&1\\0&2&-7&4&2\\0&0&0&0&0\\0&0&0&0&0\end{pmatrix}=\overline{B}$$

因为 $r(A)=r(\overline{A})$,所以方程组有解,继续施行行初等变换

$$\xrightarrow{2r_1}\begin{pmatrix}2&-2&10&-2&2\\0&2&-7&4&2\\0&0&0&0&0\\0&0&0&0&0\end{pmatrix}\xrightarrow{r_1+r_2}\begin{pmatrix}2&0&3&2&4\\0&2&-7&4&2\\0&0&0&0&0\\0&0&0&0&0\end{pmatrix}$$

$$\xrightarrow[\frac{1}{2}r_2]{\frac{1}{2}r_1}\begin{pmatrix}1&0&\frac{3}{2}&1&2\\0&1&-\frac{7}{2}&2&1\\0&0&0&0&0\\0&0&0&0&0\end{pmatrix}=\overline{C}$$

与原方程组同解的齐次线性方程组为

$$\begin{cases}x_1+\frac{3}{2}x_3+x_4=2\\x_2-\frac{7}{2}x_3+2x_4=1\end{cases}$$

即$\begin{cases} x_1 = 2 - \dfrac{3}{2}x_3 - x_4, \\ x_2 = 1 + \dfrac{7}{2}x_3 - 2x_4 \end{cases}$ （其中 x_3,x_4 为自由未知量）.

令$(x_3,x_4)^T=(0,0)^T$,得到非齐次方程组的一个解

$$\boldsymbol{\eta}_0=(x_1,x_2,x_3,x_4)^T=(2,1,0,0)^T$$

对应的齐次方程组(即导出方程组)为

$$\begin{cases} x_1 = -\dfrac{3}{2}x_3 - x_4 \\ x_2 = \dfrac{7}{2}x_3 - 2x_4 \end{cases} \quad \text{（其中 } x_3,x_4 \text{ 为自由未知量）}$$

令$(x_1,x_2)^T=(1,0)^T,(0,1)^T$,得到对应齐次方程组的一个基础解系

$$\boldsymbol{\xi}_1=\left(-\frac{3}{2},\frac{7}{2},1,0\right)^T,\quad \boldsymbol{\xi}_2=(-1,-2,0,1)^T$$

方程组的通解为

$$\boldsymbol{\xi}=\boldsymbol{\eta}_0+k_1\boldsymbol{\xi}_1+k_2\boldsymbol{\xi}_2=(2,1,0,0)^T+k_1\left(-\frac{3}{2},\frac{7}{2},1,0\right)^T+k_2(-1,-2,0,1)^T$$

其中 k_1,k_2 为任意常数.

例 11 设$\boldsymbol{\beta}_1=(1,2,-1)^T,\boldsymbol{\beta}_2=(2,-1,0)^T$是三元非齐次线性方程组$A\boldsymbol{x}=\boldsymbol{b}$的两个解,且$r(A)=2$,求此方程组的通解.

解 $A\boldsymbol{x}=\boldsymbol{b}$的通解等于它的一个解(取作$\boldsymbol{\beta}_1$或$\boldsymbol{\beta}_2$)加上对应的齐次方程组的通解,而$A\boldsymbol{x}=\boldsymbol{0}$的通解可表为它的一个基础解系的线性组合,因此问题的关键是求$A\boldsymbol{x}=\boldsymbol{0}$的基础解系,由$n-r(A)=3-2=1$知,$A\boldsymbol{x}=\boldsymbol{0}$的基础解系只含1个解向量,这个解向量可由$A\boldsymbol{x}=\boldsymbol{b}$的两解之差得到:

$$\boldsymbol{\beta}_1-\boldsymbol{\beta}_2=(-1,3,-1)^T$$

故$A\boldsymbol{x}=\boldsymbol{b}$的通解为

$$\boldsymbol{x}=\begin{pmatrix}1\\2\\-1\end{pmatrix}+k\begin{pmatrix}-1\\3\\-1\end{pmatrix},\quad \text{其中 } k \text{ 为任意常数}$$

阅读与思考　华罗庚与联立线性方程组

据说,在修建万里长江第一桥——武汉长江大桥时,华罗庚先生曾为此解了一个具有一百个未知数的线性方程组,这在当时的条件下,难度是可想而知的.不过,解线性方程组却是我们文明古国的优良传统.我国是世界上最早的文明国家之一,很早以前,我们的祖先在渔猎农事活动中就接触到了计算和测量,并在这方面积累了大量的知识.

万里长城和大运河是我国古代文明的伟大成就.战国时期战争连绵,燕、赵、秦三国为了抵御来自北方的侵扰,建筑了长城;秦始皇统一全国,把它们连接起来.后来,汉朝和明朝都大规模修筑过长城.长城

由西至东，在险峻起伏的山岭上绵延数千公里，是世界上仅有的巨大土石建筑. 沟通南北的大运河，长达一千七百多公里，朴实壮观，是非常杰出的水利工程. 我国人民在长城和运河的建造过程中积累了大量的几何测量、数字计算和土木工程方面的知识.

我国古代的计算不是用记数文字直接进行，而是用算筹，很有特色. 在开始的时候，人们是用一些小树枝来计数，一根小树枝代表一头牲畜、一堆谷物或者一件农具. 后来，逐渐形成了一套计算方法，小树枝也慢慢变成了竹制、铁制、牙制的小棍，外形规格齐整，这就是算筹. 筹算可以进行整数和分数的加、减、乘、除、开方等各种运算. 直到元、明以前，筹算一直是我国的主要计算方法.

筹算的记数法既是十进，又按位值分别表示不同单位，和现代记数法相似. 著名的数学著作《九章算术》，大约编于公元四、五十年间的东汉初期. 这部书是采用问题集的形式编的，共有 260 个问题，分成方田、粟米、衰分、少广、商功、均输、盈不足、方程和勾股 9 章. 其中方程章讲的是正负数算法，包括各种三元一次和四元一次联立方程的解法.《九章算术》的内容丰富多彩，包括了许多算术、几何、代数和三角的知识，是一部非常杰出的数学专著，它对我国数学的发展影响深远.

《九章算术》不只在中国数学史上占有十分重要的地位，而且影响远及国外. 朝鲜和日本都曾经用它作为教科书. 欧洲在中世纪的一些算法，例如分数和比例就很可能是从中国传入印度、再经阿拉伯传入欧洲的. 在阿拉伯和欧洲的早期数学著作中，把“盈不足”称为“中国算法”就是一个证明. 现在，《九章算术》已作为世界科学名著，被译成许多种文字出版.

华罗庚先生主要从事解析数论、矩阵几何学、典型群、自守函数论、多复变函数论、偏微分方程、高维数值积分等领域的研究与教授工作并取得突出成就. 20 世纪 40 年代，他解决了高斯完整三角和的估计这一历史难题，得到了最佳误差阶估计(此结果在数论中有着广泛的应用)；对 G. H. 哈代与 J. E. 李特尔伍德关于华林问题及 E. 赖特关于塔里问题的结果作了重大的改进，至今仍是最佳纪录.

在代数方面，证明了历史长久遗留的一维射影几何的基本定理；给出了体的正规子体一定包含在它的中心之中这个结果的一个简单而直接的证明，被称为嘉当-布饶尔-华定理. 其专著《堆垒素数论》系统地总结、发展与改进了哈代与李特尔伍德圆法、维诺格拉多夫三角和估计方法及他本人的方法，发表多年来其主要结果仍居世界领先地位，先后被译为俄、匈、日、德、英文出版，成为 20 世纪经典数论著作之一. 其专著《多个复变典型域上的调和分析》以精密的分析和矩阵技巧，结合群表示论，具体给出了典型域的完整正交系，从而给出了柯西与泊松核的表达式. 这项工作在调和分析、复分析、微分方程等研究中有着广泛深入的影响，曾获中国自然科学奖一等奖. 他倡导应用数学与计算机的研制，曾出版《统筹方法平话》、《优选学》等多部著作并在中国推广应用. 与王元教授合作在近代数论方法应用研究方面获重要成果，被称为“华-王方法”. 在发展数学教育和科学普及方面做出了重要贡献. 发表研究论文 200 多篇，并有专著和科普性著作数十种.

1946 年秋天，华罗庚迫于国内白色恐怖，不得已，决定出国继续进行科学研究. 他应美国普林斯顿大学魏尔教授邀请访问美国. 在美国的 4 年，华罗庚先后担任过普林斯顿大学讲师、伊利诺大学教授等. 这期间，他研究的范围扩大到多复变函数，自守函数和矩阵几何.

1946 年冬天，华罗庚在美国治好了他的腿疾. 1950 年，祖国解放的消息传到美国，华罗庚毅然放弃了国外优厚的待遇，放弃了伊利诺大学终身教授的职务，带领全家登上一艘邮船于 1950 年 2 月从美国动身回国. 在香港，他给留美的中国学生写了一封公开信，动员大家回国参加社会主义建设，表达了他深切的爱国之情. 1950 年的 3 月 16 日，华罗庚到达北京，回清华大学担任教授，受到了全校师生的热烈欢迎. 1950 年由美国回国，担任清华大学教授. 1952 年 7 月中国科学院数学研究所正式成立，华罗庚任所长至 1984 年. 其间还担任过中国科学院数理化学部学部委员，副主任，中国科学院副院长等职.

1953 年华罗庚随中国科学院访苏代表团，访问了苏联，回国后他依照苏联的模式于 1956 年在中国倡导筹办中学生数学竞赛活动，因为反右倾，文化大革命等一系列政治活动曾一度中断，直至 1978 年才得以全面恢复. 最为可贵的是华罗庚从不摆大数学家的架子，没有将中学数学竞赛看成不值一顾之事，而是甘当小学生，跳下水去，和大家一起想，一起做，无怪大家都折服他.

1953 年《堆垒素数论》中文版出版. 1953—1956 年亲自领导组织了"数论导引"和"哥德巴赫猜想" 两个讨论班，带出了一批优秀的学生. 这些学生在各自的工作中为发展我国的数学事业作出了贡献. 1957 年所著《多复变函数论典型域上的调和分析》获国家一等奖. 1957 年又出版了 60 多万字的《数论导引》，此书是华罗庚多年来辛勤工作心血的结晶. 其中有大量未公开发表的结果，以及三角和方面的基本材料、华林问题和塔内问题等. 1958 年中国科技大学成立，华罗庚担任数学系主任，并亲自教授高等数学、多复变函数论，并著有《高等数学引论》第一卷，作为讲义. 后又担任中国科技大学副校长. 1959 年《指数和的估计及其在数论中的应用》一书在东德出版，1963 年被译成中文. 1962 年著《从单位圆谈起》，并到一些大学讲学，带领一批人开展偏微分方程组的研究工作，并取得了很好的结果. 1963 年《典型群》出版. 1963 年开始在中国科技大学用系统的 SEMINAR 指导大量的研究生，培养了一批又一批的优秀人才. 文化大革命期间，华罗庚遭到四人帮的屡次刁难、迫害，幸有毛主席和周总理的关心、保护，才免于"四人帮" 的加害. 即使这样，亦挨过批斗，被抄了家，丢失了许多重要文件和手稿. 1958 年大跃进后，华罗庚开始研究把优选法和统筹学应用于工农业生产. 他全心全意投入到数学普及工作中去，义无反顾地干了近 20 年，足迹遍布大半个中国从大兴安岭到珠江两岸，从东海之滨到天山南北到处都留下了他的足迹. 曾到过 20 多个工矿企业深入生产第一线传授科学方法，解决实际问题. 优选法和统筹学的推广与传播十几年来从一个车间、一个村庄迅速传遍了全中国. 1964 年写出《统筹方法平话》和《统筹方法平话及其补充》. 1967 年著有《优选法》和《优选法平话》.《统筹方法平话》和《优选法平话》用通俗易懂的语言、形象生动的方法使得妇孺都能明白、掌握应用，取得了增加生产、提高质量、降低消耗的效果. 华罗庚被誉为"人民的数学家". 这期间，他还与王元教授合作开展了近代数论方法在近似分析上的应用的研究，所取得的结果被称为"华 - 王方法". 华罗庚教授在数学领域的研究工作既广泛又具有开创性，发表论文 150 多篇，著作 10 本，他的一些研究成果在国际数学界被称"华算子"、"华 - 方程"、"华 - 定理"、"华 - 不等式"、"华 - 恒等式" 等. 1977 年 4 月，华罗庚被任命为中国科学院副院长. 1977 年 5 月，华罗庚与数学所多人参加了"全国科学大会"，数学所获得多项奖励. 1979 年，中国科学院将数学所分成了三个所，数学研究所、应用数学研究所与系统科学研究所. 华罗庚任前两个所的所长. 1979 年华罗庚在近古稀之年再次横渡英吉利海峡，访问了英国．这次访问历时 8 个月，以伯明翰大学为基地．在英国各地讲学．这中间，还应邀到法国、荷兰、西德访问了一个多月．在伦敦数学学会组织的报告会上他向英国的数学家们介绍了在中国把数学方法交给群众的方法．外国同行感到很新奇．

1979 年华罗庚光荣地加入了中国共产党，实现了他 50 年来的愿望．邓颖超亲切地称呼他为“老同志，新党员”．

1979 年 11 月应法国高等科学院的邀请访问法国，南锡大学授予他荣誉博士学位．1980 年、1983 年两度访问美国．1981 年 5 月 11 日，华罗庚当选中国科学院第四次学部大会主席团委员．华罗庚不再担任中国科学院副院长及其他行政职务．1982 年，香港中文大学授予华罗庚名誉理学博士．1982 年 4 月 27 日又被美国科学院选为外籍院士，并于 1984 年去美国科学院参加院士会议，他在签名册上用中文签了名．1983 年，当选为第三世界科学院院士．1984 年，华罗庚接受了美国伊利诺大学的名誉理学博士．1985 年，德国巴伐利亚科学院选举华罗庚为院士．华罗庚的学术成就之高，使得他可以被选为任何学术团体的会员或任何科学院的院士．1985 年上海教育出版社出版了《华罗庚科普著作选集》，并于北京科学会堂隆重举行了赠书仪式．1985 年，华罗庚被选为全国政协委员．

习　题　四

1. 求下列齐次线性方程组的通解．

(1) $\begin{cases} x-y+2z=0 \\ 3x-5y-z=0 \\ 3x-7y-8z=0 \end{cases}$

(2) $\begin{cases} x_1+x_2+2x_3+2x_4+7x_5=0 \\ 2x_1+3x_2+4x_3+5x_4=0 \\ 3x_1+5x_2+6x_3+8x_4=0 \end{cases}$

(3) $\begin{cases} x_1+x_2-3x_4-x_5=0 \\ x_1-x_2+2x_3-x_4=0 \\ 4x_1-2x_2+6x_3+3x_4-4x_5=0 \\ 2x_1+4x_2-2x_3+4x_4-7x_5=0 \end{cases}$

2. 当 λ 取何值时，方程组 $\begin{cases} 4x+3y+z=\lambda x, \\ 3x-4y+7z=\lambda y, \\ x+7y-6z=\lambda z \end{cases}$ 有非零解？

3. 求解下列非齐次线性方程组．

(1) $\begin{cases} x_1-2x_2+x_3+x_4=1 \\ x_1-2x_2+x_3-x_4=-1 \\ x_1-2x_2+x_3+5x_4=5 \end{cases}$

(2) $\begin{cases} 2x_1-x_2+3x_3-x_4=1 \\ 3x_1-2x_2-2x_3+3x_4=3 \\ x_1-x_2-5x_3+4x_4=2 \\ 7x_1-5x_2-9x_3+10x_4=8 \end{cases}$

(3) $\begin{cases} x_1+x_2-3x_3=-1 \\ 2x_1+x_2-2x_3=1 \\ x_1+2x_2-3x_3=1 \\ x_1+x_2+x_3=100 \end{cases}$

4. 讨论下述线性方程组中,λ 取何值时有解、无解、有唯一解.并在有解时求出其解.

$$\begin{cases} (\lambda+3)x_1+x_2+2x_3=\lambda \\ \lambda x_1+(\lambda-1)x_2+x_3=\lambda \\ 3(\lambda+1)x_1+\lambda x_2+(\lambda+3)x_3=3 \end{cases}$$

5. 写出一个以 $x=c_1\begin{pmatrix}2\\-3\\1\\0\end{pmatrix}+c_2\begin{pmatrix}-2\\4\\0\\1\end{pmatrix}$ 为通解的齐次线性方程组.

6. 设线性方程组

$$\begin{cases} a_{11}x_1+a_{12}x_2+\cdots+a_{1n}x_n=0 \\ \cdots\cdots \\ a_{m1}x_1+a_{m2}x_2+\cdots+a_{mn}x_n=0 \end{cases}$$

的解都是 $b_1x_1+b_2x_2+\cdots+b_nx_n=0$ 的解,试证 $\boldsymbol{\beta}=(b_1,b_2,\cdots,b_n)^{\mathrm{T}}$ 是向量组 $\boldsymbol{\alpha}_1=(a_{11},a_{12},\cdots,a_{1n})^{\mathrm{T}},\boldsymbol{\alpha}_2=(a_{21},a_{22},\cdots,a_{2n})^{\mathrm{T}},\cdots,\boldsymbol{\alpha}_m=(a_{m1},a_{m2},\cdots,a_{mn})^{\mathrm{T}}$ 的线性组合.

7. 试证明:$r_{AB}=r_B$ 的充分必要条件是齐次线性方程组 $ABX=O$ 的解都是 $BX=O$ 的解.

8. 证明:$r_A=1$ 的充分必要条件是存在非零列向量 $\boldsymbol{a}$ 及非零行向量 $\boldsymbol{b}^{\mathrm{T}}$,使 $A=\boldsymbol{ab}^{\mathrm{T}}$.

补　充　题

1. 设 A 是 $m\times n$ 矩阵,$A\boldsymbol{X}=O$ 是非其次线性方程组 $A\boldsymbol{X}=\boldsymbol{b}$ 所对应齐次线性方程组,则下列结论正确的是(　　).

A. 若 $A\boldsymbol{X}=O$ 仅有零解,则 $A\boldsymbol{X}=B$ 有唯一解

B. 若 $A\boldsymbol{X}=O$ 有非零解,则 $A\boldsymbol{X}=B$ 有无穷多个解

C. 若 $A\boldsymbol{X}=B$ 有无穷多个解,则 $A\boldsymbol{X}=O$ 仅有零解

D. 若 $A\boldsymbol{X}=B$ 有无穷多个解,则 $A\boldsymbol{X}=O$ 有非零解

2. 设 A 为 n 阶实矩阵,A^{T} 是 A 的转置矩阵,则对于线性方程组(i)$A\boldsymbol{X}=O$;(ii) $A^{\mathrm{T}}\boldsymbol{X}A=O$,必有(　　).

A. (II) 的解是(I) 的解,(I) 的解也是(II) 的解

B. (II) 的解是(I) 的解,但(I) 的解不是(II) 的解

C. (I) 的解不是(II) 的解,(II) 的解也不是(I) 的解

D. (I) 的解是(II) 的解,但(II) 的解不是(I) 的解

3. 设线性方程组 $A\boldsymbol{X}=B$ 有 n 个未知量,m 个方程组,且 $r(A)=r$,则此方程组(　　).

A. $r=m$ 时,有解　　B. $r=n$ 时,有唯一解

C. $m=n$ 时,有唯一解　　D. $r<n$ 时,有无穷多解

4. 论 λ 取何值时,下述方程组有解,并求解:

$$\begin{cases}\lambda x+y+z=1\\ x+\lambda y+z=\lambda\\ x+y+\lambda z=\lambda^2\end{cases}$$

5. 若 $\boldsymbol{\eta}_1,\boldsymbol{\eta}_2,\boldsymbol{\eta}_3$ 是某齐次线性方程组的一个基础解系，证明：$\boldsymbol{\eta}_1+\boldsymbol{\eta}_2,\boldsymbol{\eta}_2+\boldsymbol{\eta}_3,\boldsymbol{\eta}_3+\boldsymbol{\eta}_1$ 也是该方程组的一个基础解系.

6. 设四元非齐次线性方程组的系数矩阵的秩为 3，已知 $\boldsymbol{\xi}_1,\boldsymbol{\xi}_2,\boldsymbol{\xi}_3$ 是它的 3 个解向量，且

$$\boldsymbol{\xi}_1=\begin{pmatrix}2\\3\\4\\5\end{pmatrix},\quad \boldsymbol{\xi}_2+\boldsymbol{\xi}_3=\begin{pmatrix}1\\2\\3\\4\end{pmatrix}$$

求该方程组的通解.

7. 设 $\boldsymbol{\xi}^*$ 是非齐次线性方程组 $A\boldsymbol{X}=b$ 的一个解，$\boldsymbol{\eta}_1,\boldsymbol{\eta}_2,\cdots,\boldsymbol{\eta}_{n-r}$ 是它对应的齐次线性方程组的一个基础解系，证明：

(1) $\boldsymbol{\xi}^*,\boldsymbol{\eta}_1,\boldsymbol{\eta}_2,\cdots,\boldsymbol{\eta}_{n-r}$ 线性无关；

(2) $\boldsymbol{\xi}^*,\boldsymbol{\xi}^*+\boldsymbol{\eta}_1,\boldsymbol{\xi}^*+\boldsymbol{\eta}_2,\cdots,\boldsymbol{\xi}^*+\boldsymbol{\eta}_{n-r}$ 线性无关.

8. 设线性方程组

$$\begin{cases}a_{11}x_1+a_{12}x_2+\cdots+a_{1n}x_n=b_1\\ a_{21}x_1+a_{22}x_2+\cdots+a_{2n}x_n=b_2\\ \cdots\cdots\\ a_{n1}x_1+a_{n2}x_2+\cdots+a_{nn}x_n=b_n\end{cases}$$

的系数矩阵的秩等于矩阵

$$\begin{pmatrix}a_{11}&a_{12}&\cdots&a_{1n}&b_1\\ a_{21}&a_{22}&\cdots&a_{2n}&b_2\\ \vdots&\vdots&&\vdots&\vdots\\ a_{n1}&a_{n2}&\cdots&a_{nn}&b_n\\ b_1&b_2&\cdots&b_n&0\end{pmatrix}$$

的秩，试证这个方程组有解.

9. 设 A 是 n 阶方阵，A^* 是 A 的伴随矩阵，证明：

$$r_{A^*}=\begin{cases}n, & \text{当 } r_A=n\\ 1, & \text{当 } r_A=n-1\\ 0, & \text{当 } r_A<n-1\end{cases}$$

10. 设 A 是 $n\times n$ 阶方阵，证明：$A\boldsymbol{X}=A\boldsymbol{Y}$，且 $r_A=n$，则 $\boldsymbol{X}=\boldsymbol{Y}$.

第五章　相似矩阵与二次型的化简

形式最简单的矩阵是对角矩阵.在实际应用中,经常需要将一个方阵化为对角矩阵.而其中起重要作用的是矩阵的特征值与特征向量,例如在经济管理的许多定量分析模型中,经常会遇到矩阵的特征值和特征向量的问题.因此,矩阵的特征值与特征向量是重要的数学概念,具有广泛的应用.本章将在介绍矩阵的特征值与特征向量、相似矩阵、正交矩阵等概念的基础上,研究方阵相似于对角矩阵的问题,最后讨论二次型的化简问题.

第一节　方阵的特征值与特征向量

一、引例——"农业经济"发展与环保

"农业经济"发展与环境的问题已成为21世纪各国政府关注的重点:为了定量分析污染与"农业经济"发展水平的关系.有人提出了以下的"农业经济"增长模型:设 x_0 是某地区目前的污染水平(以空气或河湖水质的某种污染指数为测量单位),y_0 是目前的"农业经济"发展水平(以某种"农业经济"发展指数为测算单位).若干年后(例如5年后)的污染水平和"农业经济"发展水平分别记为 x_1 和 y_1,它们之间的关系是

$$x_1 = 3x_0 + y_0, \quad y_1 = 2x_0 + 2y_0$$

写成矩阵形式,就是

$$\begin{pmatrix} x_1 \\ y_1 \end{pmatrix} = \begin{pmatrix} 3 & 1 \\ 2 & 2 \end{pmatrix} \begin{pmatrix} x_0 \\ y_0 \end{pmatrix} \quad 或 \quad \boldsymbol{\alpha}_1 = A\boldsymbol{\alpha}_0$$

其中 $\boldsymbol{\alpha}_1 = \begin{pmatrix} x_1 \\ y_1 \end{pmatrix}, \boldsymbol{\alpha}_0 = \begin{pmatrix} x_0 \\ y_0 \end{pmatrix}, A = \begin{pmatrix} 3 & 1 \\ 2 & 2 \end{pmatrix}$.

如果当前的 $\boldsymbol{\alpha}_0 = (x_0, y_0)^{\mathrm{T}} = (1,1)^{\mathrm{T}}$,则

$$\boldsymbol{\alpha}_1 = \begin{pmatrix} x_1 \\ y_1 \end{pmatrix} = \begin{pmatrix} 3 & 1 \\ 2 & 2 \end{pmatrix} \begin{pmatrix} 1 \\ 1 \end{pmatrix} = \begin{pmatrix} 4 \\ 4 \end{pmatrix} = 4\begin{pmatrix} 1 \\ 1 \end{pmatrix}$$

即 $A\boldsymbol{\alpha}_0 = 4\boldsymbol{\alpha}_0$.由此可预测若干年后的污染水平与"农业经济"发展水平.

$$\boldsymbol{\alpha}_n = 4\boldsymbol{\alpha}_{n-1} = 4^2\boldsymbol{\alpha}_{n-2} = \cdots = 4^n\boldsymbol{\alpha}_0$$

以上运算中,表达式 $A\boldsymbol{\alpha}_0 = 4\boldsymbol{\alpha}_0$ 反应了矩阵 A 的特征值 4 和特征向量 $\boldsymbol{\alpha}_0$ 的关系问题,

类似的问题还有很多,下面我们将就特征值和特征向量问题作深入研究.为此,先给出特征值和特征向量的概念.

二、特征值与特征向量的概念

定义 1　设 A 为 n 阶方阵,如果对于数 λ 和非零向量 $\boldsymbol{X}$,有下式成立

$$A\boldsymbol{X} = \lambda\boldsymbol{X} \tag{1}$$

则称 λ 为矩阵 A 的**特征值**,称向量 $\boldsymbol{X}$ 为矩阵 A 的属于特征值 λ 的**特征向量**.

由定义知,方阵 A 的特征向量 x 是满足式(1)的非零向量.

容易验证:$x=\begin{pmatrix}1\\1\end{pmatrix}$是 $A=\begin{pmatrix}3&1\\2&2\end{pmatrix}$的对应于特征值 $\lambda=4$ 的特征向量.

从定义不难得出以下结论:

将式(1)改写成

$$(\lambda E-A)\boldsymbol{\alpha}=0 \tag{2}$$

根据定义,n 阶矩阵 A 的特征值 λ,使得齐次线性方程组(2)有非零解的 λ 值,即满足方程

$$|\lambda E-A|=0 \tag{3}$$

的 λ 都是 A 的特征值,故 A 的特征值是一元方程 $|\lambda E-A|=0$ 的根. 而 A 的属于特征值 λ 的特征向量 $\boldsymbol{\alpha}$ 是齐次线性方程组

$$(\lambda E-A)\boldsymbol{X}=0 \tag{4}$$

的非零解.

由齐次线性方程组解得性质,不难得到:

(i) 如果 $\boldsymbol{\alpha}$ 是 A 的属于特征值 λ 的特征向量,则 $k\boldsymbol{\alpha}$ ($k\neq 0$ 为任意常数)也是 A 的属于 λ 的特征向量;

由此可见,特征向量不是被特征值所唯一确定的. 反之,一个特征向量只能属于一个特征值.(读者可自己验证)

(ii) 如果 $\boldsymbol{\alpha}_1,\boldsymbol{\alpha}_2$ 都是 A 的属于特征值 λ 的特征向量,则 $k_1\boldsymbol{\alpha}_1+k_2\boldsymbol{\alpha}_2$(其中 k_1,k_2 不同时为零)也是 A 的属于特征值 λ 的特征向量.

综合结论(i)(ii),矩阵的特征向量有下述性质:

性质 1　设 $\boldsymbol{X}_1,\boldsymbol{X}_2,\cdots,\boldsymbol{X}_m$ 都是矩阵 A 的属于特征值 λ 的特征向量,如果它们的线性组合 $k_1\boldsymbol{X}_1+k_2\boldsymbol{X}_2+\cdots+k_m\boldsymbol{X}_m\neq\boldsymbol{O}$,则 $k_1\boldsymbol{X}_1+k_2\boldsymbol{X}_2+\cdots+k_m\boldsymbol{X}_m$ 也是矩阵 A 的属于特征值 λ 的特征向量.

下面研究矩阵 A 的特征值和特征向量的求法.

注意到方程组(4)有非零解的充分必要条件是系数行列式

$$|\lambda E-A|=0 \tag{5}$$

而

$$|\lambda E-A|=\begin{vmatrix}\lambda-a_{11}&-a_{12}&\cdots&-a_{1n}\\-a_{21}&\lambda-a_{22}&\cdots&-a_{2n}\\\vdots&\vdots&&\vdots\\-a_{n1}&-a_{n2}&\cdots&\lambda-a_{nn}\end{vmatrix} \tag{5}$$

是关于 λ 的一元 n 次多项式(称为矩阵 A 的**特征多项式**),方程(4)是一个一元 n 次方程(称为矩阵 A 的**特征方程**),而矩阵 A 的特征值就是 A 的特征方程的根. 由于在复数范围内,特征方程恰好有 n 个根(重根按重数计算),因此,n 阶方阵在复数范围内有 n 个特征值.

对于矩阵 A 的每一个特征值 λ_0,解齐次线性方程组

$$(\lambda_0E-A)\boldsymbol{X}=\boldsymbol{O} \tag{6}$$

求出它的全部非零解向量，就得到了 A 的属于特征值 λ_0 的全部特征向量.

根据前面的讨论，可得求方阵 A 的特征值和特征向量的步骤如下：

(1) 求出 A 的特征方程 $|A-\lambda E|=0$ 的全部根，它们就是 A 的全部特征值；

(2) 对 A 的每一个特征值 λ_i，求出齐次线性方程组 $(A-\lambda_i E)\boldsymbol{x}=\boldsymbol{0}$ 的全部非零解，它们就是 A 的对应于 λ_i 的全部特征向量.

例 1 求矩阵 $A=\begin{pmatrix}1 & -3 & 3\\ 3 & -5 & 3\\ 6 & -6 & 4\end{pmatrix}$ 的特征值和特征向量.

解 由特征方程

$$|\lambda E-A|=\begin{vmatrix}\lambda-1 & 3 & -3\\ -3 & \lambda+5 & -3\\ -6 & 6 & \lambda-4\end{vmatrix}=\begin{vmatrix}\lambda+2 & 3 & -3\\ \lambda+2 & \lambda+5 & -3\\ 0 & 6 & \lambda-4\end{vmatrix}$$

$$=(\lambda+2)\begin{vmatrix}1 & 3 & -3\\ 1 & \lambda+5 & -3\\ 0 & 6 & \lambda-4\end{vmatrix}=(\lambda+2)^2(\lambda-4)=0$$

解得矩阵 A 有 2 重特征值 $\lambda_1=\lambda_2=-2$，有单特征值 $\lambda_3=4$.

对于特征值 $\lambda_1=\lambda_2=-2$，解方程组

$$(-2E-A)\boldsymbol{X}=\boldsymbol{O}$$

即

$$\begin{pmatrix}-3 & 3 & -3\\ -3 & 3 & -3\\ -6 & 6 & -6\end{pmatrix}\begin{pmatrix}x_1\\ x_2\\ x_3\end{pmatrix}=\begin{pmatrix}0\\ 0\\ 0\end{pmatrix}$$

得基础解系

$$\boldsymbol{\xi}_1=\begin{pmatrix}1\\ 1\\ 0\end{pmatrix},\quad \boldsymbol{\xi}_2=\begin{pmatrix}-1\\ 0\\ 1\end{pmatrix}$$

所以矩阵 A 对应于特征值 $\lambda_1=\lambda_2=-2$ 的全部特征向量为

$$\boldsymbol{X}=k_1\boldsymbol{\xi}_1+k_2\boldsymbol{\xi}_2\quad(k_1,k_2\text{ 不全为零})$$

对应于特征值 $\lambda_3=4$，解方程组 $(4E-A)\boldsymbol{X}=\boldsymbol{O}$，即

$$\begin{pmatrix}3 & 3 & -3\\ -3 & 9 & -3\\ -6 & 6 & 0\end{pmatrix}\begin{pmatrix}x_1\\ x_2\\ x_3\end{pmatrix}=\begin{pmatrix}0\\ 0\\ 0\end{pmatrix}$$

得基础解系 $\boldsymbol{\xi}_3=\begin{pmatrix}1\\ 1\\ 2\end{pmatrix}$，所以矩阵 A 的对应于特征值 $\lambda_3=4$ 的全部特征向量为 $\boldsymbol{X}=k_3\boldsymbol{\xi}_3$ $(k_3\neq 0)$.

例 2 求矩阵 $A=\begin{pmatrix}4 & 2 & -5\\ 6 & 4 & -9\\ 5 & 3 & -7\end{pmatrix}$ 的特征值与特征向量.

解 由特征方程

$$|\lambda E-A|=\begin{vmatrix}\lambda-4 & -2 & 5\\ -6 & \lambda-4 & 9\\ -5 & -3 & \lambda+7\end{vmatrix}=(\lambda-1)\lambda^2=0$$

解得 A 有单特征值 $\lambda_1=1$，有二重特征值 $\lambda_2=\lambda_3=0$.

对于 $\lambda_1=1$，解方程组 $(E-A)\boldsymbol{X}=\boldsymbol{O}$，即

$$\begin{pmatrix}-3 & -2 & 5\\ -6 & -3 & 9\\ -5 & -3 & 8\end{pmatrix}\begin{pmatrix}x_1\\ x_2\\ x_3\end{pmatrix}=\begin{pmatrix}0\\ 0\\ 0\end{pmatrix}$$

得基础解系

$$\boldsymbol{\xi}_1=\begin{pmatrix}1\\ 1\\ 1\end{pmatrix}$$

所以矩阵 A 的对应于特征值 $\lambda_1=1$ 的全部特征向量为 $\boldsymbol{X}=k_1\boldsymbol{\xi}_1\ (k_1\neq 0)$.

对于特征值 $\lambda_2=\lambda_3=0$，解方程组 $(0E-A)\boldsymbol{X}=\boldsymbol{O}$，即

$$\begin{pmatrix}-4 & -2 & 5\\ -6 & -4 & 9\\ -5 & -3 & 7\end{pmatrix}\begin{pmatrix}x_1\\ x_2\\ x_3\end{pmatrix}=\begin{pmatrix}0\\ 0\\ 0\end{pmatrix}$$

得基础解系 $\boldsymbol{\xi}_2=\begin{pmatrix}1\\ 3\\ 2\end{pmatrix}$，所以 A 的对应于特征值 $\lambda_2=\lambda_3=0$ 的全部特征值为 $\boldsymbol{X}=k_2\boldsymbol{\xi}_2\ (k_2\neq 0)$.

三、特征值与特征向量的性质

矩阵的特征值与特征向量除了前面给出的性质 1 外，还有下述重要性质：

性质 2 n 阶矩阵 A 与它的转置矩阵 A^{T} 有相同的特征值.

证 由于

$$|\lambda E-A|=|(\lambda E-A)^{\mathrm{T}}|=|\lambda E-A^{\mathrm{T}}|$$

所以 A 与 A^{T} 有相同特征多项式，故有相同的特征值.

注意：A^{T} 和 A 有相同的特征值，但不一定有相同的特征向量，请读者以 $A=\begin{pmatrix}1 & 1\\ 0 & 1\end{pmatrix}$ 为例进行验证.

性质 3 如果 n 阶方阵 $A=(a_{ij})$ 的全部特征值为 $\lambda_1,\lambda_2,\cdots,\lambda_n$（$k$ 重特征值算作 k 个特征值），则

$$\lambda_1+\lambda_2+\cdots+\lambda_n=\sum_{i=1}^{n}a_{ii} \tag{7}$$

$$\lambda_1\lambda_2\cdots\lambda_n=|A| \tag{8}$$

矩阵 A 的主对角线上元素的和称为矩阵 A 的迹，记为 $\mathrm{Tr}(A)$，即

$$\mathrm{Tr}(A)=a_{11}+a_{22}+\cdots+a_{nn} \tag{9}$$

例如，对于二阶矩阵 $A=(a_{ij})_{2\times 2}$，A 的特征方程为

$$|\lambda E-A|=\begin{vmatrix}\lambda-a_{11} & -a_{12}\\ -a_{21} & \lambda-a_{22}\end{vmatrix}=\lambda^2-(a_{11}+a_{22})\lambda+|A|=0$$

如果 A 的特征值是 λ_1,λ_2，即 λ_1,λ_2 是上述特征方程的根，则由代数方程的根与系数的关系，就有

$$\lambda_1+\lambda_2=a_{11}+a_{22},\quad \lambda_1\lambda_2=|A|$$

性质 3 的一般证明从略.

推论 n 阶矩阵 A 可逆的充分必要条件是它的任一特征值不等于零.

证 必要性. 设 A 可逆，则 $|A|\neq 0$，所以

$$|0E-A|=|-A|=(-1)^n|A|\neq 0$$

即 0 不是 A 的特征值.

充分性. 设 A 的任一特征值不等于零. 假定 A 不可逆，则 $|A|=0$，于是

$$|0E-A|=|-A|=(-1)^n|A|=0$$

所以 $\lambda=0$ 是 A 的一个特征值. 与已知条件矛盾，故 A 可逆.

性质 4 设 λ 是可逆方阵 A 的一个特征值，$\boldsymbol{X}$ 是它对应的特征向量，若 $\lambda\neq 0$，则 λ^{-1} 是 A^{-1} 的一个特征值，且 $\boldsymbol{X}$ 也是 A^{-1} 的对应于 λ^{-1} 的特征向量.

证 由性质 2 可知，若 A 是可逆矩阵，即 $|A|\neq 0$，则 A 的任一个特征值都不为零.

若 $\boldsymbol{X}$ 是 A 的属于特征值 λ 的特征向量，则 $A\boldsymbol{X}=\lambda\boldsymbol{X}$，因而

$$A^{-1}\boldsymbol{X}=\lambda^{-1}\boldsymbol{X}\tag{10}$$

即 λ^{-1} 是 A^{-1} 的特征值，$\boldsymbol{X}$ 也是 A^{-1} 的对应于 λ^{-1} 的特征向量.

性质 5 设 λ 是方阵 A 的一个特征值，$\boldsymbol{X}$ 为对应的特征向量，m 是一个正整数，则 λ^m 是 A^m 的一个特征值，$\boldsymbol{X}$ 为对应的特征向量.

证 由于 $A\boldsymbol{X}=\lambda\boldsymbol{X}$，两端左乘 A，得

$$A^2\boldsymbol{X}=\lambda A\boldsymbol{X}$$

把 $A\boldsymbol{X}=\lambda\boldsymbol{X}$ 代入上式，得

$$A^2\boldsymbol{X}=\lambda^2\boldsymbol{X}$$

依次类推，可得 $A^m\boldsymbol{X}=\lambda^m\boldsymbol{X}$. 因为 $\boldsymbol{X}\neq\boldsymbol{O}$，所以 λ^m 是 A^m 的一个特征值，$\boldsymbol{X}$ 为对应的特征向量.

推论 设 λ 是方阵 A 的一个特征值，则 $k_m\lambda^m+k_{m-1}\lambda^{m-1}+\cdots+k_1\lambda+k_0$ 是矩阵

$$k_mA^m+k_{m-1}A^{m-1}+\cdots+k_1A+k_0E$$

的一个特征值（m 为正整数）.

证 设 $\boldsymbol{X}$ 是矩阵 A 的对应于特征值 λ 的特征向量，则由性质 4，有

$$A^i\boldsymbol{X}=\lambda^i\boldsymbol{X}\quad(i=1,2,\cdots,m)$$

所以

$$\begin{aligned}&(k_mA^m+k_{m-1}A^{m-1}+\cdots+k_1A+k_0E)\boldsymbol{X}\\=&k_m(A^m\boldsymbol{X})+k_{m-1}(A^{m-1}\boldsymbol{X})+\cdots+k_1(A\boldsymbol{X})+k_0(E\boldsymbol{X})\\=&k_m\lambda^m\boldsymbol{X}+k_{m-1}\lambda^{m-1}\boldsymbol{X}+\cdots+k_1\lambda\boldsymbol{X}+k_0\boldsymbol{X}\\=&(k_m\lambda^m+k_{m-1}\lambda^{m-1}+\cdots+k_1\lambda+k_0)\boldsymbol{X}\end{aligned}$$

可见 $k_m\lambda^m + k_{m-1}\lambda^{m-1} + \cdots + k_1\lambda + k_0$ 是矩阵 $k_mA^m + k_{m-1}A^{m-1} + \cdots + k_1A + k_0E$ 的一个特征值.

性质 6　设 $\lambda_1,\lambda_2,\cdots,\lambda_m$ 是矩阵 A 的互不相同的特征值,$\boldsymbol{X}_i$ $(i = 1,2,\cdots,m)$ 是属于特征值 λ_i 的特征向量,则 $\boldsymbol{X}_1,\boldsymbol{X}_2,\cdots,\boldsymbol{X}_m$ 线性无关. 即属于不同特征值的特征向量线性无关.

证　用数学归纳法. 当 $m = 1$ 时,因 $\boldsymbol{X}_1$ 为 λ_1 对应的特征向量,$\boldsymbol{X}_1$ 必然为非零向量,从而必线性无关.

假设当 $m = k$ 时结论成立,即 k 个互异的特征值 $\lambda_1,\lambda_2,\cdots,\lambda_k$ 对应的特征向量 $\boldsymbol{X}_1$, $\boldsymbol{X}_2,\cdots,\boldsymbol{X}_k$ 线性无关. 则当 $m = k+1$ 时,设有 $k+1$ 个数 $a_1,a_2,\cdots,a_k,a_{k+1}$,使得

$$a_1\boldsymbol{X}_1 + a_2\boldsymbol{X}_2 + \cdots + a_k\boldsymbol{X}_k + a_{k+1}\boldsymbol{X}_{k+1} = 0 \tag{11}$$

成立. 等式两端乘以 λ_{k+1},得

$$a_1\lambda_{k+1}\boldsymbol{X}_1 + a_2\lambda_{k+1}\boldsymbol{X}_2 + \cdots + a_k\lambda_{k+1}\boldsymbol{X}_k + a_{k+1}\lambda_{k+1}\boldsymbol{X}_{k+1} = 0 \tag{12}$$

式(11) 两端左乘 A,即有

$$a_1\lambda_1\boldsymbol{X}_1 + a_2\lambda_2\boldsymbol{X}_2 + \cdots + a_k\lambda_k\boldsymbol{X}_k + a_{k+1}\lambda_{k+1}\boldsymbol{X}_{k+1} = 0 \tag{13}$$

式(13) 减去式(12),得

$$a_1(\lambda_1 - \lambda_{k+1})\boldsymbol{X}_1 + a_2(\lambda_2 - \lambda_{k+1})\boldsymbol{X}_2 + \cdots + a_k(\lambda_k - \lambda_{k+1})\boldsymbol{X}_k = 0$$

根据归纳法假设,$\boldsymbol{X}_1,\boldsymbol{X}_2,\cdots,\boldsymbol{X}_k$ 线性无关,于是

$$a_i(\lambda_i - \lambda_{k+1}) = 0 \quad (i = 1,2,\cdots,k)$$

因 $\lambda_i - \lambda_{k+1} \neq 0$ $(i \leqslant k)$,所以 $a_i = 0$ $(i = 1,2,\cdots,k)$. 这时式(11) 变成 $a_{k+1}\boldsymbol{X}_{k+1} = 0$. 又因 $\boldsymbol{X}_{k+1} \neq 0$,所以只有 $a_{k+1} = 0$. 即 $\boldsymbol{X}_1,\boldsymbol{X}_2,\cdots,\boldsymbol{X}_{k+1}$ 线性无关.

综上所述,结论成立.

性质 6 可推广到多个特征值的形式:设 $\lambda_1,\lambda_2,\cdots,\lambda_m$ 是矩阵 A 的互不相同的特征值,$\boldsymbol{X}_{i1},\boldsymbol{X}_{i2},\cdots,\boldsymbol{X}_{ik_i}$ 是属于 λ_i 的线性无关的特征向量$(i = 1,2,\cdots,m)$. 则向量组

$$\boldsymbol{X}_{11},\boldsymbol{X}_{12},\cdots,\boldsymbol{X}_{1k_1},\cdots,\boldsymbol{X}_{m1},\boldsymbol{X}_{m2},\cdots,\boldsymbol{X}_{mk_m}$$

也是线性无关的.

A 的线性无关的特征向量的个数和 A 的特征值有什么样的关系呢?对此我们有如下定理.

定理 1　若 λ_0 是 n 阶矩阵 A 的 k 重特征值,则 A 的属于 λ_0 的线性无关特征向量最多有 k 个.

证明略.

第二节　相似矩阵与矩阵的对角化

定义 2　设 A,B 都是 n 阶方阵,如果存在一个 n 阶可逆矩阵 P,使得

$$P^{-1}AP = B \tag{14}$$

则称方阵 A 与方阵 B **相似**,或 A 相似于 B,记为 $A \sim B$.

相似是矩阵之间的一种关系,它具有下列简单性质.

(i) **反身性**:$A \sim A$.

事实上,对矩阵 A,存在同阶单位矩阵 E,使得

$$E^{-1}AE = A$$

(ii) **对称性**:若 $A \sim B$,则 $B \sim A$.

事实上,若 $A \sim B$,则存在同阶可逆方阵 P,使得

$$P^{-1}AP = B \quad 或 \quad A = PBP^{-1} = (P^{-1})^{-1}BP^{-1}$$

令 $C = P^{-1}$,则有

$$C^{-1}BC = A$$

故 $B \sim A$.

(iii) **传递性**:若 $A \sim B, B \sim C$,则 $A \sim C$.

事实上,由于 $A \sim B, B \sim C$,所以存在可逆矩阵 P, Q,使得

$$P^{-1}AP = B, \quad Q^{-1}BQ = C$$

从而有

$$C = Q^{-1}BQ = Q^{-1}(P^{-1}AP)Q = (Q^{-1}P^{-1})A(PQ) = (PQ)^{-1}A(PQ)$$

由于方阵 PQ 可逆,所以由定义知 $A \sim C$.

相似矩阵有下述重要性质:

定理 2 设方阵 A 与 B 相似,则:

(i) $|\lambda E - A| = |\lambda E - B|$ (15)

即相似矩阵有相同的特征多项式(从而有相同的特征值);

(ii) $|A| = |B|$,即相似矩阵有相同的行列式;

(iii) $\mathrm{Tr}(A) = \mathrm{Tr}(B)$,即相似矩阵有相同的迹;

(iv) $r(A) = r(B)$,即相似矩阵有相同的秩.

证 仅证明(i).由于 $A \sim B$,所以存在可逆矩阵 P,使得

$$P^{-1}AP = B$$

从而有

$$|\lambda E - B| = |\lambda E - P^{-1}AP| = |P^{-1}(\lambda E - A)P| = |P^{-1}||\lambda E - A||P| = |\lambda E - A|$$

注意:上述定理的逆命题不成立,即有相同特征多项式的方阵不一定相似.例如下列两个方阵

$$A = \begin{pmatrix} 1 & 1 \\ 0 & 1 \end{pmatrix}, \quad E = \begin{pmatrix} 1 & 0 \\ 0 & 1 \end{pmatrix}$$

有相同的特征多项式 $(\lambda - 1)^2$,但 A 与 E 不相似.因为若有 $P^{-1}AP = E$,则 $A = PEP^{-1} = E$,即单位矩阵只能与它自身相似.因此,有相同的特征多项式(或特征值),只是同阶方阵相似的必要条件,而不是充分条件.

例 3 设三阶方阵 A 相似于矩阵 $D = \begin{pmatrix} 1 & -1 & 0 \\ 2 & 2 & 0 \\ 0 & 0 & 3 \end{pmatrix}$.求 $|A|$.

解 显然,$|D| = 12$.由定理 1(ii) 知,$|A| = |D|$,所以有

$$|A| = |D| = 12$$

由定理 1 知,相似矩阵有许多共同的性质.因此,如果一个方阵 A 与一个较简单的矩

阵 B 相似，则可以通过研究 B 的性质，获得 A 的若干性质. 最简单的矩阵是对角矩阵，所以，下面讨论方阵相似于对角阵的问题.

如果方阵 A 相似于一个对角阵，则称矩阵 A **可对角化**. 并非任何一个方阵都可以对角化（例如矩阵 $A=\begin{pmatrix}1 & 1\\0 & 1\end{pmatrix}$ 就不能对角化，请思考为什么？），因此，需要先讨论矩阵可对角化的条件.

定理 3　如果 n 阶方阵 A 相似于对角阵

$$\Lambda=\mathrm{diag}(\lambda_1,\lambda_2,\cdots,\lambda_n),$$

则 $\lambda_1,\lambda_2,\cdots,\lambda_n$ 就是 A 的全部特征值.

证　因为 A 与 Λ 相似，故 A 与 Λ 有相同的特征值，而对角阵 Λ 的全部特征值是它的主对角线上的元素 $\lambda_1,\lambda_2,\cdots,\lambda_n$，由此即得结论.

定理 4　（方阵可对角化的充要条件）n 阶方阵 A 与对角矩阵相似的充分必要条件是 A 有 n 个线性无关的特征向量.

证　必要性. 设 A 与对角阵 $\Lambda=\mathrm{diag}(\lambda_1,\lambda_2,\cdots,\lambda_n)$ 相似，则存在可逆矩阵 P，使得

$$P^{-1}AP=\mathrm{diag}(\lambda_1,\lambda_2,\cdots,\lambda_n)$$

即

$$AP=P\mathrm{diag}(\lambda_1,\lambda_2,\cdots,\lambda_n)$$

设可逆矩阵 P 按列分块为 $P=(\boldsymbol{X}_1,\boldsymbol{X}_2,\cdots,\boldsymbol{X}_n)$，则 $\boldsymbol{X}_1,\boldsymbol{X}_2,\cdots,\boldsymbol{X}_n$ 线性无关，$\boldsymbol{X}_i\neq O\ (i=1,2,\cdots,n)$，从而有

$$A\boldsymbol{X}_i=\lambda_i\boldsymbol{X}_i\quad(i=1,2,\cdots,n)$$

即 $\boldsymbol{X}_i$ 为 A 的属于特征值 λ_i 的特征向量. 由 P 可逆知 A 有 n 个线性无关的特征向量.

充分性. 设 A 有 n 个线性无关的特征向量 $\boldsymbol{X}_1,\boldsymbol{X}_2,\cdots,\boldsymbol{X}_n$，它们分别属于 A 的特征值 $\lambda_1,\lambda_2,\cdots,\lambda_n$，即有 $A\boldsymbol{X}_i=\lambda_i\boldsymbol{X}_i\ (i=1,2,\cdots,n)$，写成矩阵的形式就是

$$(A\boldsymbol{X}_1,A\boldsymbol{X}_2,\cdots,A\boldsymbol{X}_n)=(\lambda_1\boldsymbol{X}_1,\lambda_2\boldsymbol{X}_2,\cdots,\lambda_n\boldsymbol{X}_n)$$

从而

$$A(\boldsymbol{X}_1,\boldsymbol{X}_2,\cdots,\boldsymbol{X}_n)=(\boldsymbol{X}_1,\boldsymbol{X}_2,\cdots,\boldsymbol{X}_n)\mathrm{diag}(\lambda_1,\lambda_2,\cdots,\lambda_n),$$

令 $P=(\boldsymbol{X}_1,\boldsymbol{X}_2,\cdots,\boldsymbol{X}_n)$，则 P 可逆（因为 P 的 n 个列向量线性无关），且有

$$AP=P\mathrm{diag}(\lambda_1,\lambda_2,\cdots,\lambda_n)$$

则

$$P^{-1}AP=\mathrm{diag}(\lambda_1,\lambda_2,\cdots,\lambda_n)$$

所以 A 相似于对角矩阵.

当 n 阶方阵 A 有 n 个互不相同的特征值时，A 有 n 个线性无关的特征向量，于是有：

推论（方阵可对角化的充分条件）　如果 n 阶方阵 A 有 n 个互不相同的特征值，则 A 必相似于对角矩阵.

根据上述定理，n 阶方阵 A 是否相似于对角矩阵，取决于 A 是否有 n 个线性无关的特征向量. 当 A 有 n 个线性无关的特征向量时，A 必可对角化，这时，以这 n 个线性无关的特征向量为列向量作成可逆矩阵 P，则有

$$P^{-1}AP=\mathrm{diag}(\lambda_1,\lambda_2,\cdots,\lambda_n)$$

其中$\lambda_1,\lambda_2,\cdots,\lambda_n$是$A$的全部特征值(重根按重数计算). 应该注意,$P$的第$j$列$\boldsymbol{X}_j$为$A$的属于特征值$\lambda_j$的特征向量($j=1,2,\cdots,n$),所以$P$的列向量$\boldsymbol{X}_1,\boldsymbol{X}_2,\cdots,\boldsymbol{X}_n$的排列次序,必须与对角矩阵主对角线上元素$\lambda_1,\lambda_2,\cdots,\lambda_n$的排列次序对应一致. 当$\lambda_1,\lambda_2,\cdots,\lambda_n$的排列次序改变时,$\boldsymbol{X}_1,\boldsymbol{X}_2,\cdots,\boldsymbol{X}_n$的排列次序也要随之改变,反过来也一样.

将一个矩阵化为对角阵时,并不需要知道各个特征值的全部特征向量,只要知道它们的极大线性无关组,即方程组(6)的一个基础解系就够了.

定理5 n阶矩阵A与对角阵相似的充要条件是A的每个k重特征值λ恰好对应有k个线性无关的特征向量(即矩阵$\lambda E-A$的秩为$n-k$).

证明略.

现在来看例1、例2中的方阵的对角化问题.

例1中的三阶方阵A有3个线性无关的特征向量

$$\boldsymbol{X}_1=\begin{pmatrix}1\\1\\0\end{pmatrix},\quad \boldsymbol{X}_2=\begin{pmatrix}-1\\0\\1\end{pmatrix},\quad \boldsymbol{X}_3=\begin{pmatrix}1\\1\\2\end{pmatrix}$$

(它们分别属于特征值$-2,-2,4$)所以A可以对角化.

令$P=(\boldsymbol{X}_1,\boldsymbol{X}_2,\boldsymbol{X}_3)=\begin{pmatrix}1&-1&1\\1&0&1\\0&1&2\end{pmatrix}$,则$P$可逆,且有

$$P^{-1}AP=\begin{pmatrix}-2&&\\&-2&\\&&4\end{pmatrix}$$

但若令$P=(\boldsymbol{X}_1,\boldsymbol{X}_3,\boldsymbol{X}_2)$,则对应的对角矩阵为$P^{-1}AP=\mathrm{diag}(-2,4,-2)$.

对于例2,由于矩阵A的二重特征值$\lambda_2=\lambda_3=0$只有一个线性无关的特征向量,即三阶方阵A总共只有2个线性无关的特征向量,所以矩阵A不能对角化.

例4 设矩阵$A=\begin{pmatrix}4&6&0\\-3&-5&0\\-3&-6&1\end{pmatrix}$.

(1) 判断A是否与对角阵相似;若相似,求与A相似的对角阵Λ和相似变换P;

(2) 求A^{100}.

解 (1) 因为$|\lambda E-A|=(\lambda+2)(\lambda-1)^2$,所以$A$有特征值$\lambda_1=-2,\lambda_2=\lambda_3=1$.

对$\lambda_1=-2$,解方程组$(-2E-A)\boldsymbol{X}=0$,得基础解系$\boldsymbol{X}_1=(-1,1,1)^{\mathrm{T}}$.

对$\lambda_2=\lambda_3=1$,解方程组$(E-A)\boldsymbol{X}=0$,得基础解系$\boldsymbol{X}_2=(-2,1,0)^{\mathrm{T}}$,$\boldsymbol{X}_3=(0,0,1)^{\mathrm{T}}$.

显然A有3个线性无关的特征向量,所以A与对角阵$\Lambda=\begin{pmatrix}-2&&\\&1&\\&&1\end{pmatrix}$相似.

以$\boldsymbol{X}_1,\boldsymbol{X}_2,\boldsymbol{X}_3$作为列向量,得相似变换矩阵

$$P=\begin{pmatrix}-1 & -2 & 0\\ 1 & 1 & 0\\ 1 & 0 & 1\end{pmatrix}\quad 有\quad P^{-1}AP=\begin{pmatrix}-2 & & \\ & 1 & \\ & & 1\end{pmatrix}$$

需要注意，$\boldsymbol{X}_1,\boldsymbol{X}_2,\boldsymbol{X}_3$ 对应于 $\lambda_1,\lambda_2,\lambda_3$ 的次序.

(2) 因 $A=P^{-1}\Lambda P$，故

$$A^2=P\begin{pmatrix}-2 & & \\ & 1 & \\ & & 1\end{pmatrix}P^{-1}P\begin{pmatrix}-2 & & \\ & 1 & \\ & & 1\end{pmatrix}P^{-1}=P\begin{pmatrix}-2 & & \\ & 1 & \\ & & 1\end{pmatrix}^2P^{-1}$$

类似可得 $A^{100}=P\begin{pmatrix}-2 & & \\ & 1 & \\ & & 1\end{pmatrix}^{100}P^{-1}$.

又由 $P^{-1}=\begin{pmatrix}1 & 2 & 0\\ -1 & -1 & 0\\ -1 & -2 & 1\end{pmatrix}$，得

$$A^{100}=\begin{pmatrix}-1 & -2 & 0\\ 1 & 1 & 0\\ 1 & 0 & 1\end{pmatrix}\begin{pmatrix}2^{100} & & \\ & 1 & \\ & & 1\end{pmatrix}\begin{pmatrix}1 & 2 & 0\\ -1 & -1 & 0\\ -1 & -2 & 1\end{pmatrix}$$

$$=\begin{pmatrix}-2^{100}+2 & -2^{101}+2 & 0\\ 2^{100}-1 & 2^{101}-1 & 0\\ 2^{100}-1 & 2^{101}-2 & 1\end{pmatrix}$$

例 5　设矩阵 $A=\begin{pmatrix}0 & 0 & 1\\ x & 1 & y\\ 1 & 0 & 0\end{pmatrix}$ 可相似于一个对角阵，试讨论 x,y 应满足的条件.

解　矩阵 A 的特征多项式

$$|\lambda E-A|=\begin{vmatrix}\lambda & 0 & -1\\ -x & \lambda-1 & -y\\ -1 & 0 & \lambda\end{vmatrix}=(\lambda-1)^2(\lambda+1)$$

所以 A 的特征值为 $\lambda_1=\lambda_2=1,\lambda_3=-1$. 根据定理，对于二重特征值 $\lambda_1=\lambda_2=1$，矩阵 A 应有两个线性无关的特征向量，故对应齐次线性方程组 $(E-A)\boldsymbol{X}=0$ 的系数矩阵 $(E-A)$ 的秩 $r(E-A)=1$，又

$$E-A=\begin{pmatrix}1 & 0 & -1\\ -x & 0 & -y\\ -1 & 0 & 1\end{pmatrix}\to\begin{pmatrix}1 & 0 & -1\\ 0 & 0 & x+y\\ 0 & 0 & 0\end{pmatrix}$$

由此可得：A 可对角化时，必有 $x+y=0$.

第三节　二次型与二次型的化简

二次型的理论起源于解析几何中的二次曲线和二次曲面方程的化简问题. 我们知道，

平面上中心在原点的二次曲线方程

$$ax^2+bxy+cy^2=0 \tag{16}$$

可以用适当的坐标变换

$$\begin{cases}x=x'\cos\theta-y'\sin\theta\\ y=x'\sin\theta+y'\cos\theta\end{cases} \tag{17}$$

化成只含有平方项的形式

$$a'x'^2+c'y'^2=0 \tag{18}$$

由(18)可以方便地确定二次曲线(16)的形状.

对于空间上的二次曲面也可以类似地这样做.

一般地,

定义 3 含有 n 个变量的二次齐次函数

$$\begin{aligned}f(x_1,x_2,\cdots,x_n)=a_{11}x_1^2&+2a_{12}x_1x_2+2a_{13}x_1x_3+\cdots+2a_{1n}x_1x_n\\ &+\quad a_{22}x_2^2+2a_{23}x_2x_3+\cdots+2a_{2n}x_2x_n\\ &\qquad+\cdots\cdots\\ &\qquad\qquad+\quad a_{nn}x_n^2\end{aligned} \tag{19}$$

称为二次型.

本书假定二次型的系数 a_{ij} $(i,j=1,2,\cdots,n)$ 都是实数.

令

$$A=\begin{pmatrix}a_{11}&a_{12}&\cdots&a_{1n}\\ a_{21}&a_{22}&\cdots&a_{2n}\\ \vdots&\vdots&&\vdots\\ a_{n1}&a_{n2}&\cdots&a_{nn}\end{pmatrix},\quad \boldsymbol{X}=(x_1,x_2,\cdots,x_n)^{\mathrm{T}}$$

其中 $a_{ij}=a_{ji}$ $(i,j=1,2,\cdots n)$(即 A 为实对称矩阵),则由式(19)定义的二次型 $f(x_1,x_2,\cdots,x_n)$ 可以表示为

$$f(x_1,x_2,\cdots,x_n)=\boldsymbol{X}^{\mathrm{T}}A\boldsymbol{X} \tag{20}$$

对称矩阵 A 称为二次型(19)的**系数矩阵**,矩阵 A 的秩称为二次型(19)的秩. 二次型的性态将完全由它的系数矩阵 A 确定.

同二次曲线和二次曲面一样,为了研究二次型的性态,需要通过一定的线性变换将二次型化成只含有平方项的形式(称为二次型的**标准形式**或**标准形**).

第四节 正交变换与二次型的标准形

先考察坐标变换(17)是如何把一般的二次曲线方程化为标准形的. 令

$$C=\begin{pmatrix}\cos\theta&-\sin\theta\\ \sin\theta&\cos\theta\end{pmatrix},\quad \boldsymbol{X}=\begin{pmatrix}x\\ y\end{pmatrix},\quad \boldsymbol{Y}=\begin{pmatrix}x'\\ y'\end{pmatrix} \tag{21}$$

则坐标变换(17)可以写为

$$\boldsymbol{X}=C\boldsymbol{Y} \tag{22}$$

当旋转角 θ 确定以后,上述矩阵 C 就是一个常数矩阵. 由于 $\boldsymbol{X}$ 的各分量与 $\boldsymbol{Y}$ 的各分量间的

关系是线性关系，故坐标变换(22) 称为**线性变换**.

一、线性变换

定义 4　称两组变量 $x_1, x_2, \cdots x_n$ 与 $y_1, y_2, \cdots y_n$ 的如下关系

$$\begin{cases} x_1 = c_{11}y_1 + c_{12}y_2 + \cdots\cdots + c_{1n}y_n \\ x_2 = c_{21}y_1 + c_{22}y_2 + \cdots\cdots + c_{2n}y_n \\ \cdots\cdots \\ x_n = c_{n1}y_1 + c_{n2}y_2 + \cdots\cdots + c_{nn}y_n \end{cases} \tag{23}$$

为由 $x_1, x_2, \cdots, x_n$ 到 $y_1, y_2, \cdots, y_n$ 得一个线性变换.

令

$$C = (c_{ij}) = \begin{pmatrix} c_{11} & c_{12} & \cdots & c_{1n} \\ c_{21} & c_{22} & \cdots & c_{2n} \\ \vdots & \vdots & & \vdots \\ c_{n1} & c_{n2} & \cdots & c_{nn} \end{pmatrix}, \quad \boldsymbol{Y} = \begin{pmatrix} y_1 \\ y_2 \\ \vdots \\ y_n \end{pmatrix}$$

则式(23) 可写为

$$\boldsymbol{X} = C\boldsymbol{Y} \tag{24}$$

其中 C 称为线性变换的系数矩阵.

若 C 非奇异矩阵，则式(24) 称为非奇异线性变换，并称

$$\boldsymbol{Y} = C^{-1}\boldsymbol{X} \tag{25}$$

为 $\boldsymbol{X} = C\boldsymbol{Y}$ 的逆变换.

若线性变换的系数矩阵 C 满足 $C^{\mathrm{T}}C = E$(称为正交矩阵)，则称此线性变换为正交变换. 显然，正交变换必为非奇异线性变换.

一般有：

定义 5　设 A 为 n 阶方阵，如果 $A^{\mathrm{T}}A = E$(或者 $A^{-1} = A^{\mathrm{T}}$，或者 $AA^{\mathrm{T}} = E$)，则称 A 为正交矩阵.

正交矩阵具有下列性质：

(2) 若 A 为正交矩阵，则 A^{T}(或 A^{-1}) 也是正交矩阵；

(3) 若 A, B 都是 n 阶正交矩阵，则 AB 也是正交矩阵.

(i) 矩阵 C 为正交矩阵的充分必要条件为 $C^{-1} = C^{\mathrm{T}}$；　(24)

(ii) 若 A 为正交矩阵，则 A^{T}(或 A^{-1}) 也是正交矩阵；

(iii) 正交矩阵的逆矩阵仍为正交矩阵；

(iv) 两正交矩阵之积仍为正交矩阵；

(v) 正交矩阵 C 是满秩的，且 $|C| = 1$ 或 $|C| = -1$；

正交矩阵最重要的特性由下面的定理给出.

定理 6　n 阶方阵 A 为正交矩阵的充分必要条件是：它的 n 个行(或列) 向量是一组两两正交的单位向量.

证　将 A 按列分块为 $A = (\boldsymbol{\alpha}_1, \boldsymbol{\alpha}_2, \cdots, \boldsymbol{\alpha}_n)$，按分块矩阵的运算法则，有

$$A^{\mathrm{T}}A=\begin{pmatrix}\boldsymbol{\alpha}_1^{\mathrm{T}}\\\boldsymbol{\alpha}_2^{\mathrm{T}}\\\vdots\\\boldsymbol{\alpha}_n^{\mathrm{T}}\end{pmatrix}(\boldsymbol{\alpha}_1,\boldsymbol{\alpha}_2,\cdots,\boldsymbol{\alpha}_n)=\begin{pmatrix}\boldsymbol{\alpha}_1^{\mathrm{T}}\boldsymbol{\alpha}_1 & \boldsymbol{\alpha}_1^{\mathrm{T}}\boldsymbol{\alpha}_2 & \cdots & \boldsymbol{\alpha}_1^{\mathrm{T}}\boldsymbol{\alpha}_n\\\boldsymbol{\alpha}_2^{\mathrm{T}}\boldsymbol{\alpha}_1 & \boldsymbol{\alpha}_2^{\mathrm{T}}\boldsymbol{\alpha}_2 & \cdots & \boldsymbol{\alpha}_2^{\mathrm{T}}\boldsymbol{\alpha}_n\\\vdots & \vdots & & \vdots\\\boldsymbol{\alpha}_n^{\mathrm{T}}\boldsymbol{\alpha}_1 & \boldsymbol{\alpha}_n^{\mathrm{T}}\boldsymbol{\alpha}_2 & \cdots & \boldsymbol{\alpha}_n^{\mathrm{T}}\boldsymbol{\alpha}_n\end{pmatrix}$$

A 为正交矩阵的充要条件是上式右端矩阵为单位矩阵，即

$$\boldsymbol{\alpha}_i^{\mathrm{T}}\boldsymbol{\alpha}_j=\begin{cases}1, & i=j\\0, & i\neq j\end{cases}\quad(i,j=1,2,\cdots,n)$$

也就是 A 的 n 个列向量是一组两两正交的单位向量.

同理可证:A 为正交矩阵的充要条件是:它的 n 个行向量是一组两两正交的单位向量.

例 3 判别矩阵 $A=\begin{pmatrix}\cos\theta & \sin\theta\\-\sin\theta & \cos\theta\end{pmatrix}$是否为正交矩阵?

解 $A^{\mathrm{T}}A=\begin{pmatrix}\cos\theta & -\sin\theta\\\sin\theta & \cos\theta\end{pmatrix}\begin{pmatrix}\cos\theta & \sin\theta\\-\sin\theta & \cos\theta\end{pmatrix}=\begin{pmatrix}1 & 0\\0 & 1\end{pmatrix}$

故 A 是正交矩阵.

也可以这样判定:因为 A 的 2 个列向量是正交的单位向量，故 A 是正交矩阵.

所以(22) 给出的变换为正交变换.

例 4 设 $\boldsymbol{\alpha}$ 是 n 维单位列向量，证明:$H=E-2\boldsymbol{\alpha}\boldsymbol{\alpha}^{\mathrm{T}}$ 是对称正交矩阵.

证 因为

$$H^{\mathrm{T}}=(E-2\boldsymbol{\alpha}\boldsymbol{\alpha}^{\mathrm{T}})^{\mathrm{T}}=E^{\mathrm{T}}-2(\boldsymbol{\alpha}^{\mathrm{T}})^{\mathrm{T}}\boldsymbol{\alpha}^{\mathrm{T}}=E-2\boldsymbol{\alpha}\boldsymbol{\alpha}^{\mathrm{T}}=H$$

故 H 是对称矩阵.

由 $\boldsymbol{\alpha}^{\mathrm{T}}\boldsymbol{\alpha}=1$ 及$H^{\mathrm{T}}=H$，得

$$\begin{aligned}H^{\mathrm{T}}H=H^2&=(E-2\boldsymbol{\alpha}\boldsymbol{\alpha}^{\mathrm{T}})^2=E^2-4E\boldsymbol{\alpha}\boldsymbol{\alpha}^{\mathrm{T}}+4(\boldsymbol{\alpha}\boldsymbol{\alpha}^{\mathrm{T}})^2\\&=E-4\boldsymbol{\alpha}\boldsymbol{\alpha}^{\mathrm{T}}+4(\boldsymbol{\alpha}\boldsymbol{\alpha}^{\mathrm{T}})(\boldsymbol{\alpha}\boldsymbol{\alpha}^{\mathrm{T}})=E-4\boldsymbol{\alpha}\boldsymbol{\alpha}^{\mathrm{T}}+4\boldsymbol{\alpha}(\boldsymbol{\alpha}^{\mathrm{T}}\boldsymbol{\alpha})\boldsymbol{\alpha}^{\mathrm{T}}\\&=E-4\boldsymbol{\alpha}\boldsymbol{\alpha}^{\mathrm{T}}+4\boldsymbol{\alpha}\boldsymbol{\alpha}^{\mathrm{T}}=E\end{aligned}$$

故 H 是正交矩阵.

例 5 设 P 是 n 阶正交矩阵，$\boldsymbol{x}$ 是 n 维列向量，则称线性变换 $\boldsymbol{x}=P\boldsymbol{y}$ 为正交变换. 试证:正交变换不改变向量的长度.

证
$$\begin{aligned}\|\boldsymbol{x}\|^2&=\boldsymbol{x}^{\mathrm{T}}\boldsymbol{x}=(P\boldsymbol{y})^{\mathrm{T}}(P\boldsymbol{y})=\boldsymbol{y}^{\mathrm{T}}P^{\mathrm{T}}P\boldsymbol{y}=\boldsymbol{y}^{\mathrm{T}}(P^{\mathrm{T}}P)\boldsymbol{y}\\&=\boldsymbol{y}^{\mathrm{T}}E\boldsymbol{y}=\boldsymbol{y}^{\mathrm{T}}\boldsymbol{y}=\|\boldsymbol{y}\|^2\end{aligned}$$

故 $\|\boldsymbol{y}\|=\|\boldsymbol{x}\|$，即正交变换不改变向量的长度.

用正交变换化简二次型能够保持向量的长度不变. 对于二次曲线和二次曲面而言，就意味着不改变曲线和曲面的形状. 这是正交变换化二次型为标准形的最大优点.

对于一般的二次型(20)，设正交变换

$$\boldsymbol{X}=C\boldsymbol{Y}\tag{25}$$

将其化为标准形式

$$g(y_1,y_2,\cdots,y_n)=\boldsymbol{Y}^{\mathrm{T}}\Lambda\boldsymbol{Y}=\lambda_1y_1{}^2+\lambda_2y_2^2+\cdots\lambda_ny_n^2\tag{26}$$

其中 $\Lambda=\mathrm{diag}(\lambda_1,\lambda_2,\cdots,\lambda_n)$，则两个二次型之间的关系为

$$\boldsymbol{X}^{\mathrm{T}}A\boldsymbol{X}=(C\boldsymbol{Y})^{\mathrm{T}}A(C\boldsymbol{Y})=\boldsymbol{Y}^{\mathrm{T}}(C^{\mathrm{T}}AC)\boldsymbol{Y}=\boldsymbol{Y}^{\mathrm{T}}\Lambda\boldsymbol{Y}\tag{27}$$

即有

$$C^{\mathrm{T}}AC = C^{-1}AC = \Lambda \tag{28}$$

这就是前后两个二次型的矩阵的关系.与之相应,我们引入矩阵合同的概念.

定义 6 设 A,B 为 n 阶矩阵,若存在非奇异矩阵 C,使得

$$B = C^{\mathrm{T}}AC$$

则称 A 与 B 是合同的(或 A 合同于 B).

可见二次型作非奇异线性变换后,前后两个二次型的矩阵是合同的.合同是矩阵之间的一种关系.容易证明合同关系满足:

(1) 反身性:$A \sim A$;

(2) 对称性:$A \sim B$,则 $B \sim A$;

(3) 传递性:若 $A \sim B, B \sim C$,则 $A \sim C$.

合同矩阵还具有如下性质:

定理 7 若 A 与 B 合同,则 $r(A) = r(B)$.

证 因 $B = C^{\mathrm{T}}AC$,故 $r(A) \leqslant r(B)$.

又因 C 为非奇异矩阵,有 $A = (C^{\mathrm{T}})^{-1}BC^{-1}$,从而 $r(A) \leqslant r(B)$,于是

$$r(A) = r(B)$$

定理 7 表明,非奇异线性变换 $\boldsymbol{X} = C\boldsymbol{Y}$ 将原二次型 $f = \boldsymbol{X}^{\mathrm{T}}A\boldsymbol{X}$ 化为新二次型 $\boldsymbol{Y}^{\mathrm{T}}B\boldsymbol{Y}$ 后其秩不发生改变.二次型的这一性质使我们得以从新二次型的某些性质推知原二次型的有关性质.

为了求出一个满足式(28)的正交矩阵 C,下面给出实对称矩阵的特征值与特征向量的一个重要性质.

二、实对称阵的相似对角化

实对称阵的特征值与特征向量具有如下重要性质.

定理 8 实对称阵的特征值都是实数.

本定理不证.

定理 9 实对称阵的不同的特征值对应的特征向量是正交的.

证 设 A 是实对称阵且 $A\boldsymbol{x}_1 = \lambda_1\boldsymbol{x}_1, A\boldsymbol{x}_2 = \lambda_2\boldsymbol{x}_2$,其中 $\lambda_1 \neq \lambda_2, \boldsymbol{x}_1 \neq \boldsymbol{0}, \boldsymbol{x}_2 \neq \boldsymbol{0}$,现在要证 $\boldsymbol{x}_1^{\mathrm{T}}\boldsymbol{x}_2 = 0$.

由 $A\boldsymbol{x}_1 = \lambda_1\boldsymbol{x}_1$,得 $(A\boldsymbol{x}_1)^{\mathrm{T}} = (\lambda_1\boldsymbol{x}_1)^{\mathrm{T}}$,即 $\lambda_1\boldsymbol{x}_1^{\mathrm{T}} = \boldsymbol{x}_1^{\mathrm{T}}A^{\mathrm{T}} = \boldsymbol{x}_1^{\mathrm{T}}A$.

用 $\boldsymbol{x}_2$ 右乘上式两边,得

$$\lambda_1\boldsymbol{x}_1^{\mathrm{T}}\boldsymbol{x}_2 = \boldsymbol{x}_1^{\mathrm{T}}A^{\mathrm{T}}\boldsymbol{x}_2 = \boldsymbol{x}_1^{\mathrm{T}}(A\boldsymbol{x}_2) = \lambda_2\boldsymbol{x}_1^{\mathrm{T}}\boldsymbol{x}_2$$

于是有 $(\lambda_1 - \lambda_2)\boldsymbol{x}_1^{\mathrm{T}}\boldsymbol{x}_2 = 0$,因为 $\lambda_1 \neq \lambda_2$,故 $\boldsymbol{x}_1^{\mathrm{T}}\boldsymbol{x}_2 = 0$,即 $\boldsymbol{x}_1$ 与 $\boldsymbol{x}_2$ 正交.

定理 10 设 A 为 n 阶实对称阵,则必有正交矩阵 P,使

$$P^{-1}AP = P^{\mathrm{T}}AP = \Lambda$$

为对角矩阵.

本定理不证明.

由定理 10 得出:任意实对称矩阵必与对角阵相似.

实对称阵 A 相似对角化的步骤如下:

(1) 求出 A 的 n 个特征值 $\lambda_1, \lambda_2, \cdots, \lambda_n$;

(2) 对每一个特征值 λ_i，求出 λ_i 对应的线性无关的特征向量，即 $(A-\lambda_i E)\boldsymbol{x}=\boldsymbol{0}$ 的基础解系，并将它们正交化、单位化，从而求出 A 的 n 个两两正交的单位特征向量 $\boldsymbol{p}_1,\boldsymbol{p}_2,\cdots,\boldsymbol{p}_n$；

(3) 令 $P=(\boldsymbol{p}_1,\boldsymbol{p}_2,\cdots,\boldsymbol{p}_n)$，则 P 为正交矩阵，且 $P^{-1}AP=\Lambda$ 为对角矩阵.

例 6 设 $A=\begin{pmatrix}0&1&1\\1&0&1\\1&1&0\end{pmatrix}$，求一个正交矩阵 P，使 $P^{-1}AP$ 为对角矩阵.

解 A 的特征多项式

$$|A-\lambda E|=\begin{vmatrix}-\lambda&1&1\\1&-\lambda&1\\1&1&-\lambda\end{vmatrix}=(2-\lambda)(\lambda+1)^2$$

故 A 的特征值为 $\lambda_1=2,\lambda_2=\lambda_3=-1$.

对 $\lambda_1=2$，解方程组 $(A-2E)\boldsymbol{x}=\boldsymbol{0}$，

$$A-2E=\begin{pmatrix}-2&1&1\\1&-2&1\\1&1&-2\end{pmatrix}\sim\begin{pmatrix}1&0&-1\\0&1&-1\\0&0&0\end{pmatrix}$$

得基础解系 $\begin{pmatrix}1\\1\\1\end{pmatrix}$，单位化得 $\boldsymbol{p}_1=\frac{1}{\sqrt{3}}\begin{pmatrix}1\\1\\1\end{pmatrix}$.

对 $\lambda_2=\lambda_3=-1$，解方程组 $(A+E)\boldsymbol{x}=\boldsymbol{0}$，

$$A+E=\begin{pmatrix}1&1&1\\1&1&1\\1&1&1\end{pmatrix}\sim\begin{pmatrix}1&1&1\\0&0&0\\0&0&0\end{pmatrix}$$

得基础解系 $\begin{pmatrix}-1\\1\\0\end{pmatrix},\begin{pmatrix}-1\\0\\1\end{pmatrix}$，正交化，得

$$\boldsymbol{\alpha}_1=\begin{pmatrix}-1\\1\\0\end{pmatrix},\quad \boldsymbol{\alpha}_2=\begin{pmatrix}-1\\0\\1\end{pmatrix}-\frac{1}{2}\begin{pmatrix}-1\\1\\0\end{pmatrix}=\frac{1}{2}\begin{pmatrix}-1\\-1\\2\end{pmatrix}$$

单位化得 $\boldsymbol{p}_2=\frac{1}{\sqrt{2}}\begin{pmatrix}-1\\1\\0\end{pmatrix},\boldsymbol{p}_3=\frac{1}{\sqrt{6}}\begin{pmatrix}-1\\-1\\2\end{pmatrix}$.

令

$$P=(\boldsymbol{p}_1,\boldsymbol{p}_2,\boldsymbol{p}_3)=\begin{pmatrix}\frac{1}{\sqrt{3}}&-\frac{1}{\sqrt{2}}&-\frac{1}{\sqrt{6}}\\\frac{1}{\sqrt{3}}&\frac{1}{\sqrt{2}}&-\frac{1}{\sqrt{6}}\\\frac{1}{\sqrt{3}}&0&\frac{2}{\sqrt{6}}\end{pmatrix}$$

则 P 为正交矩阵，且

$$P^{-1}AP = \Lambda = \begin{pmatrix} 2 & & \\ & -1 & \\ & & -1 \end{pmatrix}$$

例 7　已知三阶实对称阵 A 的特征值为 $1,1,-2$，且 A 的对应于 -2 的特征向量为 $(1,-1,-1)^{\mathrm{T}}$，求 A.

解　本题的关键是要求出 A 的对应于 $\lambda_1=\lambda_2=1$ 的特征向量.

设 A 的对应于 $\lambda_1=\lambda_2=1$ 的特征向量为 $(x_1,x_2,x_3)^{\mathrm{T}}$，由定理 9 知，$(x_1,x_2,x_3)^{\mathrm{T}}$ 与 $(1,-1,-1)^{\mathrm{T}}$ 正交，于是有

$$x_1 - x_2 - x_3 = 0$$

其基础解系为 $(1,1,0)^{\mathrm{T}},(1,0,1)^{\mathrm{T}}$.

令 $P = \begin{pmatrix} 1 & 1 & 1 \\ 1 & 0 & -1 \\ 0 & 1 & -1 \end{pmatrix}$，则 $P^{-1}AP = \Lambda = \begin{pmatrix} 1 & & \\ & 1 & \\ & & -2 \end{pmatrix}$，从而

$$A = P\Lambda P^{-1} = \begin{pmatrix} 1 & 1 & 1 \\ 1 & 0 & -1 \\ 0 & 1 & -1 \end{pmatrix}\begin{pmatrix} 1 & & \\ & 1 & \\ & & -2 \end{pmatrix}\frac{1}{3}\begin{pmatrix} 1 & 2 & -1 \\ 1 & -1 & 2 \\ 1 & -1 & -1 \end{pmatrix}$$

$$= \begin{pmatrix} 0 & 1 & 1 \\ 1 & 0 & -1 \\ 1 & -1 & 0 \end{pmatrix}$$

如果你不想求 P^{-1}，可将 $\begin{pmatrix} 1 \\ 1 \\ 0 \end{pmatrix}$，$\begin{pmatrix} 1 \\ 0 \\ 1 \end{pmatrix}$ 正交化，得 $\begin{pmatrix} 1 \\ 1 \\ 0 \end{pmatrix}$，$\frac{1}{2}\begin{pmatrix} 1 \\ -1 \\ 2 \end{pmatrix}$，再单位化得

$$\boldsymbol{p}_1 = \frac{1}{\sqrt{2}}\begin{pmatrix} 1 \\ 1 \\ 0 \end{pmatrix}, \quad \boldsymbol{p}_2 = \frac{1}{\sqrt{6}}\begin{pmatrix} 1 \\ -1 \\ 2 \end{pmatrix}$$

将 $\begin{pmatrix} 1 \\ -1 \\ -1 \end{pmatrix}$ 单位化得 $\boldsymbol{p}_3 = \frac{1}{\sqrt{3}}\begin{pmatrix} 1 \\ -1 \\ -1 \end{pmatrix}$，并令 $P=(\boldsymbol{p}_1,\boldsymbol{p}_2,\boldsymbol{p}_3)$，则

$$P^{-1}AP = \Lambda, \quad 从而 \quad A = P\Lambda P^{-1} = P\Lambda P^{\mathrm{T}}$$

对实对称矩阵，如果某一个特征值是其特征方程的 l $(l>1)$ 重根，则解相应的线性方程组可以得到 l 个线性无关的特征向量(证明略). 用正交变换化二次型为标准形时，需要将这 l 个线性无关的特征向量化为 l 个正交的特征向量，采用的方法，就是第二章介绍的施密特正交化方法.

第五节　化二次型为标准形

怎样才能找到适当的非奇异线性变换将已知的二次型化为标准形呢？本节介绍以下

两种方法.

1. 正交变换法

正交变换法是实二次型化标准形的方法. 如前所述,二次型化为标准形的问题,实际上就是对称矩阵合同于对角阵的问题. 对实二次型 $f = \boldsymbol{X}^{\mathrm{T}}A\boldsymbol{X}$,因矩阵 A 是实对称矩阵,故由定理 10,A 必与对角阵正交相似,亦即存在正交矩阵 Q,使得

$$Q^{-1}AQ = \Lambda = \mathrm{diag}(\lambda_1, \lambda_2, \cdots, \lambda_n)$$

其中,$\lambda_1, \lambda_2, \cdots, \lambda_n$ 为 A 的特征值. 因为对正交矩阵 Q,有 $Q^{-1} = Q^{\mathrm{T}}$,所以

$$Q^{-1}AQ = \Lambda$$

即实对称阵必与对角阵 Λ 合同. 于是对实二次型,我们利用正交矩阵 Q 做正交变换 $\boldsymbol{X} = Q\boldsymbol{Y}$,则实二次型

$$\begin{aligned} f = \boldsymbol{X}^{\mathrm{T}}A\boldsymbol{X} &= (Q\boldsymbol{Y})^{\mathrm{T}}A(Q\boldsymbol{Y}) = \boldsymbol{Y}^{\mathrm{T}}Q^{\mathrm{T}}AQ\boldsymbol{Y} = \boldsymbol{Y}^{\mathrm{T}}\Lambda\boldsymbol{Y} \\ &= \lambda_1 y_1^2 + \lambda_2 y_2^2 + \cdots + \lambda_n y_n^2 \end{aligned}$$

即正交变换 $\boldsymbol{X} = Q\boldsymbol{Y}$ 将实二次型化为标准形. 于是,我们有如下定理.

定理 11 任意一个实二次型都可经过正交变换化为标准形,且标准形中平方项的系数就是原实二次型矩阵 A 的全部特征值.

将实二次型化为标准形的正交变换法的步骤是:

第一步:求出矩阵 A 的所有不同的特征值 $\lambda_1, \lambda_2, \cdots, \lambda_s$,设它们的重数依次为 $n_1, n_2, \cdots, n_s$,其中 $n_1 + n_2 + \cdots + n_s = n$;

第二步:对于每一个特征值 λ_i,求出它的一个极大线性无关特征向量组(即齐次方程组 $(\lambda_i E - A)\boldsymbol{X} = \boldsymbol{O}$ 的一个基础解系,含有 n_i 个向量);

第三步:把每一个特征值 λ_i 对应的 n_i 个极大线性无关特征向量组先正交化($n_i > 1$ 时)、再标准化(显然,正交化、标准化后得到的向量组仍然是该特征值的一个极大线性无关特征向量组);

第四步:把上面得到的所有 λ_i 对应的标准正交向量组合在一起,便得到一个由 n 个 n 维向量组成的标准正交向量组.

设这个标准正交向量组为

$$\underbrace{\boldsymbol{\eta}_1, \cdots, \boldsymbol{\eta}_{n_1}}_{\lambda_1}, \underbrace{\boldsymbol{\eta}_{n_1+1}, \cdots, \boldsymbol{\eta}_{n_1+n_2}}_{\lambda_2}, \cdots, \underbrace{\boldsymbol{\eta}_{n_1+\cdots+n_{s-1}}, \cdots, \boldsymbol{\eta}_n}_{\lambda_s}$$

则有

$$\begin{aligned} &A\boldsymbol{\eta}_i = \lambda_1 \boldsymbol{\eta}_i \ (i = 1, \cdots, n_1) \\ &A\boldsymbol{\eta}_i = \lambda_2 \boldsymbol{\eta}_i \ (i = n_1 + 1, \cdots, n_1 + n_2) \\ &\cdots\cdots \\ &A\boldsymbol{\eta}_i = \lambda_s \boldsymbol{\eta}_i \ (i = n_1 + \cdots + n_{s-1} + 1, \cdots, n) \end{aligned}$$

于是

$$A(\boldsymbol{\eta}_1, \cdots, \boldsymbol{\eta}_n) = (\boldsymbol{\eta}_1, \cdots, \boldsymbol{\eta}_n)\mathrm{diag}(\lambda_1, \cdots, \lambda_1, \cdots, \lambda_s, \cdots, \lambda_s),$$

令

$$Q = (\boldsymbol{\eta}_1, \cdots, \boldsymbol{\eta}_n), \quad \Lambda = \mathrm{diag}(\lambda_1, \cdots, \lambda_1, \cdots, \lambda_s, \cdots, \lambda_s),$$

则 $AQ=Q\Lambda$，即有 $Q^{-1}AQ=\Lambda$. 由于 Q 是正交矩阵，所以 $Q^{-1}=Q^{\mathrm{T}}$，于是还有 $Q^{\mathrm{T}}AQ=\Lambda$.

上面，我们对于对称矩阵 A，构造出正交矩阵 Q，将矩阵 A 化成了对角形式(对角线上的元素就是矩阵 A 的全部特征值，重根按重数计算). 等价地，做正交变换

$$\boldsymbol{X}=Q\boldsymbol{Y}$$

二次型(20) 便可以化为标准形式

$$\begin{aligned}f(x_1,x_2,\cdots,x_n)&=\boldsymbol{X}^{\mathrm{T}}A\boldsymbol{X}=(Q\boldsymbol{Y})^{\mathrm{T}}A(Q\boldsymbol{Y})=\boldsymbol{Y}^{\mathrm{T}}(Q^{\mathrm{T}}AQ)\boldsymbol{Y}=\boldsymbol{Y}^{\mathrm{T}}\Lambda\boldsymbol{Y}\\&=\lambda_1y_1^2+\cdots+\lambda_1y_{n_1}^2+\cdots+\lambda_sy_{n_1+\cdots+n_{s-1}+1}^2+\cdots+\lambda_sy_n^2\end{aligned}$$

例 7　用正交变换化二次型 $f=4x_1^2+4x_2^2+4x_3^2+4x_1x_2+4x_1x_3+4x_2x_3$ 为标准形.

解　二次型的矩阵为 $A=\begin{pmatrix}4&2&2\\2&4&2\\2&2&4\end{pmatrix}$.

故矩阵 A 的特征方程为

$$|\lambda E-A|=\begin{vmatrix}\lambda-4&-2&-2\\-2&\lambda-4&-2\\-2&-2&\lambda-4\end{vmatrix}=(\lambda-2)^2(\lambda-8)=0,$$

所以 A 的特征值为 $\lambda_1=\lambda_2=2$，$\lambda_3=8$.

对于 $\lambda_1=\lambda_2=2$，解齐次线性方程组 $(2E-A)\boldsymbol{X}=\boldsymbol{O}$，得基础解系

$$\boldsymbol{\xi}_1=\begin{pmatrix}-1\\1\\0\end{pmatrix},\quad \boldsymbol{\xi}_2=\begin{pmatrix}-1\\0\\1\end{pmatrix}.$$

因为 $\boldsymbol{\xi}_1,\boldsymbol{\xi}_2$ 不正交，把 $\boldsymbol{\xi}_1,\boldsymbol{\xi}_2$ 正交化，得

$$\boldsymbol{\eta}_1=\begin{pmatrix}-1\\1\\0\end{pmatrix},\quad \boldsymbol{\eta}_2=\begin{pmatrix}-\frac{1}{2}\\-\frac{1}{2}\\1\end{pmatrix}.$$

对于 $\lambda_3=8$，解齐次线性方程组 $(8E-A)\boldsymbol{X}=\boldsymbol{O}$，得基础解系 $\boldsymbol{\xi}_3=\begin{pmatrix}1\\1\\1\end{pmatrix}$.

将 $\boldsymbol{\eta}_1,\boldsymbol{\eta}_2,\boldsymbol{\xi}_3$ 单位化，得

$$\boldsymbol{\gamma}_1=\begin{pmatrix}-\frac{1}{\sqrt{2}}\\\frac{1}{\sqrt{2}}\\0\end{pmatrix},\quad \boldsymbol{\gamma}_2=\begin{pmatrix}-\frac{1}{\sqrt{6}}\\-\frac{1}{\sqrt{6}}\\\frac{2}{\sqrt{6}}\end{pmatrix},\quad \boldsymbol{\gamma}_3=\begin{pmatrix}\frac{1}{\sqrt{3}}\\\frac{1}{\sqrt{3}}\\\frac{1}{\sqrt{3}}\end{pmatrix},$$

于是得正交矩阵

$$C=(\boldsymbol{\gamma}_1,\boldsymbol{\gamma}_2,\boldsymbol{\gamma}_3)=\begin{pmatrix}-\frac{1}{\sqrt{2}} & -\frac{1}{\sqrt{6}} & \frac{1}{\sqrt{3}}\\ \frac{1}{\sqrt{2}} & -\frac{1}{\sqrt{6}} & \frac{1}{\sqrt{3}}\\ 0 & \frac{2}{\sqrt{6}} & \frac{1}{\sqrt{3}}\end{pmatrix}.$$

即通过正交变换

$$\begin{pmatrix}x_1\\ x_2\\ x_3\end{pmatrix}=\begin{pmatrix}-\frac{1}{\sqrt{2}} & -\frac{1}{\sqrt{6}} & \frac{1}{\sqrt{3}}\\ \frac{1}{\sqrt{2}} & -\frac{1}{\sqrt{6}} & \frac{1}{\sqrt{3}}\\ 0 & \frac{2}{\sqrt{6}} & \frac{1}{\sqrt{3}}\end{pmatrix}\begin{pmatrix}y_1\\ y_2\\ y_3\end{pmatrix}$$

将二次型化为标准形(注意 $\boldsymbol{\gamma}_1,\boldsymbol{\gamma}_2,\boldsymbol{\gamma}_3$ 与 $\lambda_1,\lambda_2,\lambda_3$ 的次序相对应)

$$f=2y_1^2+2y_2^2+8y_3^2$$

例 8 (1) 已知二次型 $f=ax_1^2+3x_2^2+3x_3^2+4x_2x_3$ 通过正交变换 $\boldsymbol{X}=C\boldsymbol{Y}$ 化为标准形 $f=y_1^2+2y_2^2+5y_3^2$,求参数 a 及正交变换矩阵 C.

(2) 已知二次型 $f=x_1^2+x_2^2+x_3^2+2ax_1x_2+2bx_2x_3+2x_1x_3$ 通过正交变换 $\boldsymbol{X}=C\boldsymbol{Y}$ 化为标准形 $f=y_2^2+2y_3^2$,求参数 a,b.

解 (1) 依题意,二次型与其标准形的矩阵分别为

$$A=\begin{pmatrix}a & 0 & 0\\ 0 & 3 & 2\\ 0 & 2 & 3\end{pmatrix},\quad \Lambda=\begin{pmatrix}1 & & \\ & 2 & \\ & & 5\end{pmatrix}.$$

且 $C^{-1}AC=\Lambda$,即矩阵 A 与矩阵 Λ 相似,则 A 与 Λ 有相同的特征值,所以 A 的特征值为 1, 2, 5,从而 $\mathrm{Tr}(A)=a+3+3=1+2+5$,得 $a=2$.

对 $\lambda_1=1,\lambda_2=2,\lambda_3=5$ 分别求得特征向量

$$\boldsymbol{\xi}_1=\begin{pmatrix}0\\ 1\\ -1\end{pmatrix},\quad \boldsymbol{\xi}_2=\begin{pmatrix}1\\ 0\\ 0\end{pmatrix},\quad \boldsymbol{\xi}_3=\begin{pmatrix}0\\ 1\\ 1\end{pmatrix}$$

由于特征值互不相同,则 $\boldsymbol{\xi}_1,\boldsymbol{\xi}_2,\boldsymbol{\xi}_3$ 为正交向量组,将它们单位化,得正交矩阵

$$C=\begin{pmatrix}0 & 1 & 0\\ \frac{1}{\sqrt{2}} & 0 & \frac{1}{\sqrt{2}}\\ -\frac{1}{\sqrt{2}} & 0 & \frac{1}{\sqrt{2}}\end{pmatrix}$$

注:本例中参数 a 还可以这样求得:因 $A\sim\Lambda$,则 $|A|=|\Lambda|$,即 $5a=10$,故 $a=2$.

(2) 依题意,二次型与其标准形的矩阵分别为

$$A=\begin{pmatrix}1 & a & 1\\ a & 1 & b\\ 1 & b & 1\end{pmatrix},\quad \Lambda=\begin{pmatrix}0 & & \\ & 1 & \\ & & 2\end{pmatrix}$$

由于$C^{-1}AC=\Lambda$,即$A\sim\Lambda$,所以A的特征值为0,1,2,故

$$|0E-A|=-(a-b)^2=0,\quad |1E-A|=-2ab=0.$$

得$a=b=0$.

注:用正交变换化二次型为标准形,其标准形的系数就是对应矩阵A的特征值.

2. 拉格朗日配方法

下面通过例题来介绍化二次型为标准形的配方法.这种方法简单易懂,实际上是中学代数里二次三项式配平方法的推广.

拉格朗日配方法的步骤:

(1) 若二次型含有x_i的平方项,则先把含有x_i的乘积项集中,然后配方,再对其余的变量同样进行,直到都配成平方项为止,经过非退化线性变换,就得到标准形;

(2) 若二次型中不含有平方项,但是$a_{ij}\neq 0$ $(i\neq j)$,则先作可逆线性变换
$\begin{cases}x_i=y_i-y_j,\\ x_j=y_i+y_j,\\ x_k=y_k\end{cases}$ $(k=1,2,\cdots,n$且$k\neq i,j)$化二次型为含有平方项的二次型,然后再按1中方法配方.

例9　化二次型

$$f(x_1,x_2,x_3)=x_1^2+2x_2^2+2x_1x_2+2x_1x_3+6x_2x_3$$

为标准形,并求出所用的可逆性变换.

解　如果二次型含有某一变量的平方,就先集中含该变量的各项进行配方.本例中,我们先集中含x_1的各项(当然也可以先集中含x_2的各项)配方,再集中含x_2的各项配方,如此继续下去,直到配成平方和为止.

$$\begin{aligned}f&=x_1^2+2(x_2+x_3)x_1+2x_2^2+6x_2x_3\\&=[x_1^2+2(x_2+x_3)x_1+(x_2+x_3)^2]-(x_2+x_3)^2+2x_2^2+6x_2x_3\\&=(x_1+x_2+x_3)^2+{x_2}^2+4x_2x_3-x_3^2\\&=(x_1+x_2+x_3)^2+(x_2^2+4x_2x_3+4x_3^2)-4x_3^2-x_3^2\\&=(x_1+x_2+x_3)^2+(x_2+2x_3)^2-5x_3^2\end{aligned}$$

令

$$\begin{cases}y_1=x_1+x_2+x_3\\ y_2=x_2+2x_3\\ y_3=x_3\end{cases}\quad 即\quad \begin{cases}x_1=y_1-y_2+y_3\\ x_2=y_2-2y_3\\ x_3=y_3\end{cases}$$

则此变换将原二次型化为标准形

$$f=y_1^2+y_2^2-5y_3^2$$

其中变换矩阵为$C=\begin{pmatrix}1 & -1 & 1\\ 0 & 1 & -2\\ 0 & 0 & 1\end{pmatrix}$,其中$|C|=\begin{vmatrix}1 & -1 & 0\\ 0 & 1 & -1\\ 0 & 0 & 1\end{vmatrix}\neq 0$,$C$可逆.

例 10 用配方法将二次型 $f(x_1,x_2,x_3)=x_1x_2+2x_1x_3$ 化为标准形.

解 与例 2 不同的是,这个二次型只有混合项,没有平方项. 若只将 $2x_1x_3$ 项配成

$$2x_1x_3=(x_1+x_3)^3-x_1^2-x_3^2$$

这种配方,将不能满足把某个变量一次配完的原则. 这里我们先让二次型出现平方项. 令

$$\begin{cases}x_1=y_1+y_2\\x_2=y_1-y_2\\x_3=y_3\end{cases}\quad 即\quad \begin{pmatrix}x_1\\x_2\\x_3\end{pmatrix}=\begin{pmatrix}1&1&0\\1&-1&0\\0&0&1\end{pmatrix}\begin{pmatrix}y_1\\y_2\\y_3\end{pmatrix}$$

则原二次型化为

$$\begin{aligned}f(x_1,x_2,x_3)&=(y_1+y_2)(y_1-y_2)+2(y_1+y_2)y_3\\&=y_1^2-y_2^2+2y_1y_3+2y_2y_3\\&=(y_1+y_3)-(y_2-y_3)^2\end{aligned}$$

再令 $\begin{cases}z_1=y_1+y_3,\\z_2=y_2-y_3,\\z_3=y_3,\end{cases}$ 即 $\begin{cases}y_1=z_1-z_3,\\y_2=z_2+z_3,\\y_3=z_3,\end{cases}$ 写成矩阵形式为

$$\begin{pmatrix}y_1\\y_2\\y_3\end{pmatrix}=\begin{pmatrix}1&0&-1\\0&1&1\\0&0&1\end{pmatrix}\begin{pmatrix}z_1\\z_2\\z_3\end{pmatrix}$$

即原二次型化为标准形

$$f(x_1,x_2,x_3)=z_1^2-z_2^2$$

所做的可逆线性替换为

$$\begin{aligned}\begin{pmatrix}x_1\\x_2\\x_3\end{pmatrix}&=\begin{pmatrix}1&1&0\\1&-1&0\\0&0&1\end{pmatrix}\begin{pmatrix}y_1\\y_2\\y_3\end{pmatrix}\\&=\begin{pmatrix}1&1&0\\1&-1&0\\0&0&1\end{pmatrix}\begin{pmatrix}1&0&-1\\0&1&1\\0&0&1\end{pmatrix}\begin{pmatrix}z_1\\z_2\\z_3\end{pmatrix}\\&=\begin{pmatrix}1&1&0\\1&-1&-2\\0&0&1\end{pmatrix}\begin{pmatrix}z_1\\z_2\\z_3\end{pmatrix}\end{aligned}$$

3. 主轴问题

由于正交变换不改变曲线的形状,故常把二次型用正交变换化为标准形以确定二次曲面的类型和形状,称此类问题为主轴问题.

例 11 设二次曲面 S 在直角坐标系下的方程为

$$2x_1^2+5x_2^2+5x_3^2+4x_1x_2-4x_1x_3-8x_2x_3=1$$

试确定曲面的类型以及对称轴(主轴)的方向.

解 曲面 S 的方程左端是一个三元实二次型

$$f = 2x_1^2 + 5x_2^2 + 5x_3^2 + 4x_1x_2 - 4x_1x_3 - 8x_2x_3$$

为确定曲面的类型,将二次型用正交变换化为标准形.

二次型的矩阵为 $A = \begin{pmatrix} 2 & 2 & -2 \\ 2 & 5 & -4 \\ -2 & -4 & 5 \end{pmatrix}$,由矩阵 A 的特征值方程

$$|\lambda E - A| = -(\lambda - 10)(\lambda - 1)^2 = 0$$

得特征值为 $\lambda_1 = 10, \lambda_2 = \lambda_3 = 1$.

对于 $\lambda_1 = 10$,解 $(10E - A)\boldsymbol{X} = 0$,得基础解系 $\boldsymbol{\xi}_1 = (1,2,-2)^{\mathrm{T}}$;

对于 $\lambda_2 = \lambda_3 = 1$,解 $(E - A)\boldsymbol{X} = 0$,得基础解系

$$\boldsymbol{\xi}_2 = (0,1,1)^{\mathrm{T}},\quad \boldsymbol{\xi}_3 = (2,0,1)^{\mathrm{T}}$$

将 $\boldsymbol{\xi}_2, \boldsymbol{\xi}_3$ 正交化,得 $\boldsymbol{\eta}_2 = \begin{pmatrix} 0 \\ 1 \\ 1 \end{pmatrix}, \boldsymbol{\eta}_3 = \begin{pmatrix} 2 \\ -\frac{1}{2} \\ \frac{1}{2} \end{pmatrix}$;

将 $\boldsymbol{\xi}_1\ \boldsymbol{\eta}_2, \boldsymbol{\eta}_3$ 单位化,得

$$\boldsymbol{\gamma}_1 = \begin{pmatrix} \frac{1}{3} \\ \frac{2}{3} \\ -\frac{2}{3} \end{pmatrix},\quad \boldsymbol{\gamma}_2 = \begin{pmatrix} 0 \\ \frac{1}{\sqrt{2}} \\ \frac{1}{\sqrt{2}} \end{pmatrix},\quad \boldsymbol{\gamma}_3 = \begin{pmatrix} \frac{2\sqrt{2}}{3} \\ -\frac{1}{3\sqrt{2}} \\ \frac{1}{3\sqrt{2}} \end{pmatrix}$$

于是得正交矩阵

$$C = (\boldsymbol{\gamma}_1, \boldsymbol{\gamma}_2, \boldsymbol{\gamma}_3) = \begin{pmatrix} \frac{1}{3} & 0 & \frac{2\sqrt{2}}{3} \\ \frac{2}{3} & \frac{1}{\sqrt{2}} & -\frac{1}{3\sqrt{2}} \\ -\frac{2}{3} & \frac{1}{\sqrt{2}} & \frac{1}{3\sqrt{2}} \end{pmatrix}$$

则正交变换 $\boldsymbol{X} = C\boldsymbol{Y}$ 将二次曲面 S 变为

$$\frac{y_1^2}{(\sqrt{1/10})^2} + \frac{y_2^2}{1^2} + \frac{y_3^2}{1^2} = 1$$

可见二次曲面 S 是一个椭球面,3 个半轴长分别为 $\frac{1}{\sqrt{\lambda_i}}\ (i = 1,2,3)$,且在原坐标系 $Ox_1x_2x_3$ 下,曲面的 3 个对称轴(主轴)的方向分别是特征向量 $\boldsymbol{\gamma}_1, \boldsymbol{\gamma}_2, \boldsymbol{\gamma}_3$ 的方向.

正交变换在几何上表示对坐标轴做旋转变换. 在直角坐标系 $Ox_1x_2x_3$ 中,若二次曲面 $f = \boldsymbol{X}^{\mathrm{T}}A\boldsymbol{X}$ 的 3 个对称轴与坐标轴 x_1, x_2, x_3 不重合,则对坐标轴 x_1, x_2, x_3 做正交变换 $\boldsymbol{X} = C\boldsymbol{Y}$,使坐标系 $Ox_1x_2x_3$ 变换为 Oy_1, y_2, y_3,在新的坐标系 Oy_1, y_2, y_3 下,坐标轴 y_1, y_2, y_3 与曲面的对称轴重合,从而使曲面方程为标准方程.

在直角坐标系 $Ox_1x_2x_3$ 中，坐标轴 x_1,x_2,x_3 上的单位矢量分别为

$$\boldsymbol{e}_1=(1,0,0)^{\mathrm{T}},\quad \boldsymbol{e}_2=(0,1,0)^{\mathrm{T}},\quad \boldsymbol{e}_3=(0,0,1)^{\mathrm{T}}$$

它们是R^3 的标准正交基. 若设正交矩阵 $C=(\boldsymbol{\gamma}_1,\boldsymbol{\gamma}_2,\boldsymbol{\gamma}_3)$，则$\boldsymbol{\gamma}_1,\boldsymbol{\gamma}_2,\boldsymbol{\gamma}_3$ 也是R^3 的标准正交基. 因 $C\boldsymbol{e}_i=\boldsymbol{\gamma}_i,i=1,2,3$，可知正交变换 $\boldsymbol{X}=C\boldsymbol{Y}$ 把标准正交基$\boldsymbol{e}_1,\boldsymbol{e}_2,\boldsymbol{e}_3$ 变为标准正交基 $\boldsymbol{\gamma}_1,\boldsymbol{\gamma}_2,\boldsymbol{\gamma}_3$，即 A 的标准正交的特征向量 $\boldsymbol{\gamma}_1,\boldsymbol{\gamma}_2,\boldsymbol{\gamma}_3$ 就给出了曲面对称轴的方向.

第六节　惯性定律与正定二次型

一、惯性定律

二次型的化简不仅可以使用正交变换，也可以使用其他一些变换，例如相似变换和本书没有介绍的合同变换等. 不同的变换得到的标准形可能不同，但这些标准形在某种意义下是唯一的，这种唯一性可以用下面的惯性定律描述.

定理 12 （惯性定律）实二次型经过任何满秩线性变换化为标准形式，不但非零项的项数一定（它等于二次型的秩），而且正项、负项的项数也分别相同.

标准形的正项项数称为二次型的**正惯性指数**；负项项数称为**负惯性指数**.

二、正定二次型

有一类特殊的二次型，在代数的理论和数值计算的许多领域都有重要意义，这就是正定二次型和半正定二次型.

定义 7 一个二次型 $f(x_1,x_2,\cdots,x_n)$，如果对于变量 $x_1,x_2,\cdots,x_n$ 的任意一组不全为零的数，f 的值总是正的，则称二次型 f 是正定的；如果 f 的值总是非负的，则称二次型 f 是半正定的. 正定二次型的系数矩阵称为正定矩阵，半正定二次型的系数矩阵称为半正定矩阵. 如果二次型 $-f(x_1,x_2,\cdots,x_n)$ 是正定的（或半正定的），则称 $f(x_1,x_2,\cdots,x_n)$ 是负定的（或半负定的），相应的系数矩阵称为负定矩阵（或半负定矩阵）.

定理 13 n 元实二次型 $f(x_1,x_2,\cdots,x_n)$ 为正定的充分必要条件是它的正惯性指数为 n，为半正定的充分必要条件是它的负惯性指数为零.

推论 二次型 $f(x_1,x_2,\cdots,x_n)=\boldsymbol{X}^{\mathrm{T}}A\boldsymbol{X}$ 为正定的充分必要条件是矩阵A 的所有特征值均为正数，为半正定的充分必要条件是矩阵A的所有特征值均大于或等于零（正惯性指数等于矩阵 A 的秩）.

我们看到，判断二次型的正定性，无论是利用惯性指标还是特征值都是比较麻烦的. 为此，再给出另一个判断二次型是否正定的方法. 首先给出矩阵的顺序主子式的定义，应用顺序主子式来判定二次型的正定性.

定义 8 设 $A=(a_{ij})$ 为 n 阶实对称矩阵，沿 A 的主对角线自左上到右下顺序地取A 的前 k 行 k 列元素构成的行列式，称为 A 的 k 阶顺序主子式，记为 Δ_k，即

$$\Delta_k=\begin{vmatrix} a_{11} & a_{12} & \cdots & a_{1k} \\ a_{21} & a_{22} & \cdots & a_{2k} \\ \vdots & \vdots & & \vdots \\ a_{k1} & a_{k2} & \cdots & a_{kk} \end{vmatrix}\quad (k=1,2,\cdots,n)$$

定理 14　(西尔维斯特(Sylvester) 定理) n 阶实对称矩阵 A 正定的充要条件是 A 的各阶顺序主子式都大于零.

二次型 $f(x_1,x_2,\cdots,x_n)=\boldsymbol{X}^{\mathrm{T}}A\boldsymbol{X}$ 是负定的充要条件是:A 的奇数阶顺序主子式为负,偶数阶顺序主子式为正. 即对于 $r=1,2,\cdots,n$,都有

$$(-1)^r\Delta_r=(-1)^r\begin{vmatrix} a_{11} & a_{12} & \cdots & a_{1r} \\ a_{21} & a_{22} & \cdots & a_{2r} \\ \vdots & \vdots & & \vdots \\ a_{r1} & a_{r2} & \cdots & a_{rr} \end{vmatrix}>0$$

例 12　A,B 均为 n 阶正定矩阵,判断 $A+B$ 的正定性.

解　因 A,B 为正定矩阵,故 A,B 都为实对称矩阵,所以

$$(A+B)^{\mathrm{T}}=A^{\mathrm{T}}+B^{\mathrm{T}}=A+B$$

即 $A+B$ 是实对称矩阵.

对于任意的 n 维非零向量 $\boldsymbol{X}$,由于 A,B 均正定,则$\boldsymbol{X}^{\mathrm{T}}A\boldsymbol{X}>0$,$\boldsymbol{X}^{\mathrm{T}}B\boldsymbol{X}>0$,于是

$$\boldsymbol{X}^{\mathrm{T}}(A+B)\boldsymbol{X}=\boldsymbol{X}^{\mathrm{T}}A\boldsymbol{X}+\boldsymbol{X}^{\mathrm{T}}B\boldsymbol{X}>0$$

即二次型$\boldsymbol{X}^{\mathrm{T}}(A+B)\boldsymbol{X}$ 正定,所以 $A+B$ 正定.

例 13　已知 $A,A-E$ 都是 n 阶正定矩阵,证明:$E-A^{-1}$ 是正定矩阵.

证　因 A 为正定矩阵,则 A 为实对称矩阵,所以

$$(E-A^{-1})^{\mathrm{T}}=E^{\mathrm{T}}-(A^{-1})^{\mathrm{T}}=E-(A^{\mathrm{T}})^{-1}=E-A^{-1}$$

即 $E-A^{-1}$ 是实对称矩阵.

设 A 的特征值为$\lambda_1,\lambda_2,\cdots,\lambda_n$,则 $A-E$ 的特征值为$\lambda_1-1,\lambda_2-1,\cdots,\lambda_n-1$,$E-A^{-1}$ 的特征值为 $1-\dfrac{1}{\lambda_1},1-\dfrac{1}{\lambda_2},\cdots,1-\dfrac{1}{\lambda_n}$.

由于 $A,A-E$ 皆正定,由定理 2,$\lambda_i>0$,$\lambda_i-1>0$,故

$$1-\frac{1}{\lambda_i}=\frac{\lambda_i-1}{\lambda_i}>0\quad(i=1,2,\cdots,n)$$

所以 $E-A^{-1}$ 是正定矩阵.

上面给出的均是二次型正定的有关定理,对负定的二次型$\boldsymbol{X}^{\mathrm{T}}A\boldsymbol{X}$,由于$\boldsymbol{X}^{\mathrm{T}}(-A)\boldsymbol{X}$ 为正定二次型,因此可得到二次型负定的有关定理.

定理 15　n 元实二次型$\boldsymbol{X}^{\mathrm{T}}A\boldsymbol{X}$ 负定的充要条件是下列条件之一:

(1) $\boldsymbol{X}^{\mathrm{T}}A\boldsymbol{X}$ 的负惯性指标等于 n;

(2) $\boldsymbol{X}^{\mathrm{T}}A\boldsymbol{X}$ 的矩阵 A 的 n 个特征值都是负数;

(3) 存在可逆矩阵 U,使 A 合同于 $-E$,即$U^{\mathrm{T}}AU=-E$.

例 14　求 t 的取值范围,使二次型

$$f(x_1,x_2,x_3)=x_1^2+x_2^2+5x_3^2+2tx_1x_2-2x_1x_3+4x_2x_3$$

为正定二次型.

解　二次型 f 的系数矩阵为 $A=\begin{pmatrix} 1 & t & -1 \\ t & 1 & 2 \\ -1 & 2 & 5 \end{pmatrix}$,

由定理 14,二次型 f 正定的充要条件是它的 3 个顺序主子式都大于零,即

$$\Delta_1 = |1| = 1 > 0,\quad \Delta_2 = \begin{vmatrix} 1 & t \\ t & 1 \end{vmatrix} = 1 - t^2 > 0,\quad \Delta_3 = |A| = -5t^2 - 4t > 0$$

解联立不等式

$$\begin{cases} t^2 - 1 < 0 \\ t(5t+4) < 0 \end{cases}$$

得

$$-\frac{4}{5} < t < 0$$

即当 $-\frac{4}{5} < t < 0$ 时,f 正定.

阅读与思考　李氏恒等式

中华民族是一个具有灿烂文化和悠久历史的民族,在灿烂的文化瑰宝中数学在世界也同样具有许多耀眼的光环. 中国古代算术的许多研究成果里面就早已孕育了后来西方数学才涉及的思想方法,近代也有不少世界领先的数学研究成果就是以华人数学家命名的.

数学家李善兰在级数求和方面的研究成果,在国际上被命名为"李氏恒等式".

中国清代数学家、天文学家、翻译家和教育家,近代科学的先驱者. 原名心兰,字竞芳,号秋纫,别号壬叔,浙江海宁县硖石镇人,生于嘉庆十六年(1811),卒于光绪八年(1882).

李善兰自幼酷爱数学. 10 岁时学习《九章算术》. 15 岁时读明末徐光启、利玛窦合译的欧几里得《几何原本》前六卷,尽解其意. 后来,他到杭州应试,买回元代李冶的《测圆海镜》、清代戴震(1724 ~ 1777) 的《勾股割圆记》等算书,认真研读;又在嘉兴等地与数学家顾观光(1799 ~ 1862)、张文虎(1808 ~ 1888)、汪曰桢(1813 ~ 1881) 以及戴煦、罗士琳(1774 ~ 1853)、徐有壬(1800 ~ 1860) 等人相识,经常在学术上相互切磋. 自此数学造诣日臻精深,时有心得,辄复著书,1845 年前后就得到并发表了具有解析几何思想和微积分方法的数学研究成果 ——"尖锥术".

1852 ~ 1859 年,李善兰在上海墨海书馆与英国传教士、汉学家伟烈亚力等人合作翻译出版了《几何原本》后九卷,以及《代数学》、《代微积拾级》、《谈天》、《重学》、《圆锥曲线说》、《植物学》等西方近代科学著作,又译《奈端数理》(即牛顿《自然哲学的数学原理》) 四册(未刊),这是解析几何、微积分、哥白尼日心说、牛顿力学、近代植物学传入中国的开端. 李善兰的翻译工作是有独创性的,他创译了许多科学名词,如"代数"、"函数"、"方程式"、"微分"、"积分"、"级数"、"植物"、"细胞" 等,匠心独运,切贴恰当,不仅在中国流传,而且东渡日本,沿用至今. 李善兰为近代科学在中国的传播和发展作出了开创性的贡献.

1860 年起,他先后在徐有壬、曾国藩军中作幕僚,与化学家徐寿、数学家华蘅芳等人一起,积极参与洋务运动中的科技学术活动. 1867 年他在南京出版《则古昔斋算学》,汇集了 20 多年来在数学、天文学和弹道学等方面的著作,计有《方圆阐幽》、《弧矢启秘》、《对数

探源》、《垛积比类》、《四元解》、《麟德术解》、《椭圆正术解》、《椭圆新术》、《椭圆拾遗》、《火器真诀》、《对数尖锥变法释》、《级数回求》和《天算或问》等13种24卷，共约15万字.

1868年，李善兰被荐任北京同文馆天文算学总教习，直至1882年他逝世为止，从事数学教育十余年，其间审定了《同文馆算学课艺》、《同文馆珠算金》等数学教材，培养了一大批数学人才，是中国近代数学教育的鼻祖.

李善兰生性落拓，潜心科学，淡于利禄.晚年官至三品，授户部正郎、广东司行走、总理各国事务衙门章京等职，但他从来没有离开过同文馆教学岗位，也没有中断过科学研究特别是数学研究工作.他的数学著作，除《则古昔斋算学》外，尚有《考数根法》、《粟布演草》、《测圆海镜解》、《九容图表》，而未刊行者，有《造整数勾股级数法》、《开方古义》、《群经算学考》、《代数难题解》等.

李善兰在数学研究方面的成就，主要有尖锥术、垛积术和素数论三项.尖锥术理论主要见于《方圆阐幽》、《弧矢启秘》、《对数探源》三本著作，成书年代约为1845年，当时解析几何与微积分学尚未传入中国.李善兰创立的“尖锥”概念，是一种处理代数问题的几何模型，他对“尖锥曲线”的描述实质上相当于给出了直线、抛物线、立方抛物线等方程.他创造的“尖锥求积术”，相当于幂函数的定积分公式和逐项积分法则.他用“分离元数法”独立地得出了二项平方根的幂级数展开式、各种三角函数和反三角函数的展开式，以及对数函数的展开式——在使用微积分方法处理数学问题方面取得了创造性的成就.垛积术理论主要见于《垛积比类》，写于1859～1867年间，这是有关高阶等差级数的著作.李善兰从研究中国传统的垛积问题入手，获得了一些相当于现代组合数学中的成果.例如，“三角垛有积求高开方廉隅表”和“乘方垛各廉表”实质上就是组合数学中著名的第一种斯特林数和欧拉数.驰名中外的“李善兰恒等式”——自20世纪30年代以来，受到国际数学界的普遍关注和赞赏.可以认为，《垛积比类》是早期组合论的杰作.

习　题　五

1. 设 A 有一个特征值 2，求 $A^2-2A-2E$ 的一个特征值.

2. 设 A 是 3 阶方阵，已知方阵 $E-A,E+A,3E-A$ 都不可逆，求 A 的全部特征值.

3. 已知矩阵 $A=\begin{pmatrix}7&4&-1\\4&7&-1\\-4&-4&x\end{pmatrix}$ 的特征值为 $\lambda_1=\lambda_2=3,\lambda_3=12$，求 x.

4. 求下列矩阵的特征值及对应的线性无关的特征向量.若可以对角化，求出可逆矩阵 P，使 $P^{-1}AP$ 为对角矩阵.

(1) $\begin{pmatrix}-1&4&-2\\-3&4&0\\-3&1&3\end{pmatrix}$　(2) $\begin{pmatrix}4&-5&2\\5&-7&3\\6&-9&4\end{pmatrix}$　(3) $\begin{pmatrix}7&-12&6\\10&-19&10\\12&-24&13\end{pmatrix}$

5. 判断下列矩阵是否为正交矩阵.

(1) $\begin{pmatrix}1&-\frac{1}{2}&\frac{1}{3}\\-\frac{1}{2}&1&\frac{1}{2}\\\frac{1}{3}&\frac{1}{2}&-1\end{pmatrix}$　(2) $\begin{pmatrix}\frac{1}{9}&-\frac{8}{9}&-\frac{4}{9}\\-\frac{8}{9}&\frac{1}{9}&-\frac{4}{9}\\-\frac{4}{9}&-\frac{4}{9}&\frac{7}{9}\end{pmatrix}$

6. 求正交矩阵 P,使 $P^{-1}AP$ 为对角形矩阵.

(1) $A=\begin{pmatrix}2&2&-2\\2&5&-4\\-2&-4&5\end{pmatrix}$ (2) $A=\begin{pmatrix}1&1&0&-1\\1&1&-1&0\\0&-1&1&1\\-1&0&1&1\end{pmatrix}$

7. 用正交变换化下列二次型为标准形式.

(1) $f=2x_1^2+x_2^2-4x_1x_2-4x_2x_3$

(2) $f=8x_1x_3+2x_1x_4+2x_2x_3+8x_2x_4$

(3) $f=17x_1^2+14x_2^2+14x_3^2-4x_1x_2-4x_1x_3+8x_2x_3$

8. 试证:如果 A 为正定矩阵,则 A^{-1} 也是正定矩阵.

9. 判别下列二次型是否正定或负定.

(1) $f=5x_1^2+x_2^2+5x_3^2+4x_1x_2-8x_1x_3-4x_2x_3$

(2) $f=-5x_1^2-6x_2^2-4x_3^2+4x_1x_2+4x_1x_3$

(3) $f=x_1^2+x_2^2+14x_3^2+7x_4^2+6x_1x_3+4x_1x_4-4x_2x_3+2x_2x_4$

(4) $f=x_1^2+3x_2^2+9x_3^2+19x_4^2-2x_1x_2+4x_1x_3-6x_2x_4$

(5) $f=-2x_1^2-6x_2^2-4x_3^2+2x_1x_2+2x_1x_3$

10. 求 t 的值,使二次型

$$f(x,y,z,w)=t(x^2+y^2+z^2)+2xy-2yz+2zx+w^2$$

是正定的.

补 充 题

1. 设方阵 A 满足 $A^2=A$,证明:A 的特征值只能是 0 或 1.

2. 证明:对称的正交矩阵 A 的特征根为 1 或 -1.

3. 设方阵 A 与方阵 $B=\begin{pmatrix}1&3&0\\1&-1&0\\0&0&2\end{pmatrix}$相似,求 A 的特征值.

4. 设 $A=\begin{pmatrix}2&0&0\\0&0&1\\0&1&x\end{pmatrix}$与 $B=\begin{pmatrix}2&&\\&y&\\&&-1\end{pmatrix}$相似,求 x,y.

5. 设 $H=E-2\boldsymbol{X}\boldsymbol{X}^{\mathrm{T}}$,其中 E 为 n 阶单位矩阵,$\boldsymbol{X}$ 为 n 维列向量,且 $\boldsymbol{X}^{\mathrm{T}}\boldsymbol{X}=1$,试证:

(1) H 为对称矩阵;

(2) H 为正交矩阵.

6. 如果 U 是满秩矩阵,则 $A=U^{\mathrm{T}}U$ 是正定矩阵.

7. 如果 A 是正定矩阵,则存在满秩矩阵 U,使 $A=U^{\mathrm{T}}U$.

8. 设 M 为满秩矩阵,A 为对称矩阵. 证明:如果 A 为正定矩阵,则 $M^{\mathrm{T}}AM$ 是正定矩阵.

9. 如果 A 为正定矩阵,证明 A^{-1},A^* 都是正定矩阵.

10. 设 n 阶实对称矩阵 A 为正定的,$b_1,b_2,\cdots,b_n$ 为任意 n 个非零的实数,证明:$B=(a_{ij}b_ib_j)_{n\times n}$ 是正定的.

11. 设 J 是表示元素全为1的 n 阶方阵,设 $f(x)=ax+b$ 是实系数多项式,令 $A=f(J)$.

求 A 的全部特征值和特征向量.

12. 设 A 与 B 为同阶方阵,

(1) 若 A 与 B 相似,证明:A 与 B 有相同的特征值;

(2) 举例说明,上述命题的逆命题不成立;

(3) 若 A 与 B 均为实对称矩阵,则(1) 的逆命题成立.

13. 若 n 阶方阵 A 满足:$A^2+2A+3E=0$.

(1) 证明:对任意实数 a,$A+aE$ 可逆;

(2) 求 $A+4E$ 的逆矩阵.

14. 设矩阵 $A=\begin{pmatrix}1&1&a\\1&a&1\\a&1&1\end{pmatrix}$,$\boldsymbol{\beta}=\begin{pmatrix}1\\1\\-2\end{pmatrix}$,已知线性方程组 $A\boldsymbol{x}=\boldsymbol{\beta}$ 有解,但不唯一,试求:

(1) a 的值;

(2) 正交矩阵 Q,使 $Q^{\mathrm{T}}AQ$ 为对角阵.

15. 设三阶实对称阵 A 的特征值为 $\lambda_1=1,\lambda_2=2,\lambda_3=-2$,且 $\boldsymbol{\alpha}_1=(1,-1,1)^{\mathrm{T}}$ 是 A 的属于特征值 λ_1 的一个特征向量,记 $B=A^5-4A^3+E$,E 为三阶单位矩阵.

(1) 验证 $\boldsymbol{\alpha}_1$ 是 B 的特征向量,并求 B 的全部特征值与特征向量;

(2) 求矩阵 B.

16. 设矩阵 $A=\begin{pmatrix}1&1&a\\1&a&1\\a&1&1\end{pmatrix}$,矩阵 $B=(kE+A)^2$,其中 k 为实数,E 为单位矩阵. 求对角阵 Λ,使 B 与 Λ 相似,并求 k 为何值时,B 为正定矩阵.

17. 设 A 为 n 阶实对称阵,秩 $A=n$,A_{ij} 是 $A=(a_{ij})_{n\times n}$ 中 a_{ij} 的代数余子式($i,j=1,2,\cdots,n$),二次型 $f(x_1,\cdots,x_n)=\sum\limits_{i=1}^{n}\sum\limits_{j=1}^{n}\frac{A_{ij}}{|A|}x_ix_j$.

记 $\boldsymbol{X}=(x_1,\cdots x_n)^{\mathrm{T}}$,把 $f(x_1,\cdots,x_n)$ 写成矩阵形式,并证明二次型 $f(\boldsymbol{X})$ 的矩阵为 A^{-1}.

第六章　线性规划问题

线性规划(linear programming,简称LP)是运筹学的一个重要分支,是现代科学管理中的一种数学方法,在农林经济和土地资源管理等问题中应用广泛.本章将以线性代数理论为基础,紧密结合LINGO软件,讨论线性规划问题的求解和应用.

第一节　线性规划问题简介

一、线性规划问题举例

例1(生产计划问题)　某工厂在计划期内生产 A,B 两种产品,需甲、乙两种原料.其中生产产品 A 和 B 每件所需两种原料的数量、可获得的利润以及工厂现有原料的数量如表6-1所示.

表6-1

每件产品所需原料(kg) 产品 / 原料	A	B	现有原料(kg)
甲	2	3	100
乙	4	2	120
每件产品可得利润(百元)	6	4	

问在现有条件下,如何安排生产,才能使总利润最大?

解　设生产 A,B 两种产品分别为 x_1,x_2 件,欲使总利润最大就是使

$$f = 6x_1 + 4x_2$$

最大;同时,生产受到甲、乙两种原料的限制,即

$$2x_1 + 3x_2 \leqslant 100,\quad 4x_1 + 2x_2 \leqslant 120$$

另外,还有非负限制:$x_1 \geqslant 0$,$x_2 \geqslant 0$.综合可得这个问题的数学模型

$$\max f = 6x_1 + 4x_2$$

$$\text{s.t.} \begin{cases} 2x_1 + 3x_2 \leqslant 100 \\ 4x_1 + 2x_2 \leqslant 120 \\ x_1 \geqslant 0,\ x_2 \geqslant 0 \end{cases}$$

其中,$\max f$ 表示求函数 f 的最大值,s.t.意为满足于(subject to 的缩写).

例2(运输问题)　设有 A_1,A_2,A_3 三个生产地,B_1,B_2,B_3 三个需求地.3个生产地的供应量和3个需求地的需求量以及各生产地至各个需求地的单位运价如表6-2和表6-3所示,试作出运费最省的调运计划方案.

表 6-2　　(单位:吨)

需求地 / 生产地	B_1	B_2	B_3	供应量
A_1				20
A_2				30
A_3				50
需求量	25	50	25	100

表 6-3　　(单位:10 元)

需求地 / 生产地	B_1	B_2	B_3	
A_1	12	8	9	
A_2	7	4	3	
A_3	6	5	2	

解　设第 i 个生产地运至第 j 个需求地的货物量为 x_{ij} 吨,则该问题的货物运量运价表如表 6-4 所示.

表 6-4

需求地 / 生产地	B_1		B_2		B_3		供应量
A_1	12	x_{11}	8	x_{12}	9	x_{13}	20
A_2	7	x_{21}	4	x_{22}	3	x_{23}	30
A_3	6	x_{31}	5	x_{32}	2	x_{33}	50
需 求 量	25		50		25		100

运费最省即为

$$f = 12x_{11} + 8x_{12} + 9x_{13} + 7x_{21} + 4x_{22} + 3x_{23} + 6x_{31} + 5x_{32} + 2x_{33}$$

最小.

从 A_1,A_2,A_3 三个生产地运往 B_1,B_2,B_3 三个需求地的货物数量的总和应该分别等于 20 吨、30 吨和 50 吨,所以 x_{ij} 应满足

$$x_{11} + x_{12} + x_{13} = 20$$
$$x_{21} + x_{22} + x_{23} = 30$$
$$x_{31} + x_{32} + x_{33} = 50$$

运到 B_1,B_2,B_3 三个需求地的货物数量分别为 25 吨、50 吨和 25 吨,所以 x_{ij} 还应满足

$$x_{11} + x_{21} + x_{31} = 25$$
$$x_{12} + x_{22} + x_{32} = 50$$
$$x_{13} + x_{23} + x_{33} = 25$$

x_{ij} 是运量,不能是负数,所以还应满足

$$x_{ij} \geqslant 0 \quad (i,j=1,2,3)$$

从而可得这个问题的数学模型：

$$\min f = 12x_{11} + 8x_{12} + 9x_{13} + 7x_{21} + 4x_{22} + 3x_{23} + 6x_{31} + 5x_{32} + 2x_{33}$$

$$\text{s.t.} \begin{cases} x_{11} + x_{12} + x_{13} = 20 \\ x_{21} + x_{22} + x_{23} = 30 \\ x_{31} + x_{32} + x_{33} = 50 \\ x_{11} + x_{21} + x_{31} = 25 \\ x_{12} + x_{22} + x_{32} = 50 \\ x_{13} + x_{23} + x_{33} = 25 \\ x_{ij} \geqslant 0 \ (i,j=1,2,3) \end{cases}$$

其中，$\min f$ 表示求函数 f 的最小值.

二、线性规划问题的数学模型

从上述两个例子可以看出，虽然两个问题的具体内容和性质不同，但它们都属于优化问题，即在一定条件下，求函数的最大（或最小）值问题，其共同特征为：

（1）每个问题都要求用一组未知数（x_1，x_2，x_3，$\cdots x_n$）表示某一方案，这组未知数称为**决策变量**，它的一组定值代表一个具体方案. 通常要求这些未知数取非负数.

（2）每个问题都存在一定的限制条件，即**约束条件**，这些限制条件可以用一组线性不等式或线性等式来表示.

（3）每个问题都有一个用线性表达式表示的目标函数，既可以是求最大值，也可以是求最小值.

我们把具有这种模型的问题，称为**线性规划问题**. 其一般形式为

$$\max(\min) f = c_1x_1 + c_2x_2 + \cdots + c_nx_n \tag{1}$$

$$\text{s.t.} \begin{cases} a_{11}x_1 + a_{12}x_2 + \cdots + a_{1\,n}x_n \leqslant (=,\ \geqslant) b_1 \\ a_{21}x_1 + a_{22}x_2 + \cdots + a_{2\,n}x_n \leqslant (=,\ \geqslant) b_2 \\ \cdots\cdots \\ a_{m1}x_1 + a_{m2}x_2 + \cdots + a_{m\,n}x_n \leqslant (=,\ \geqslant) b_m \\ x_1 \geqslant 0,\ x_2 \geqslant 0,\ \cdots,\ x_n \geqslant 0 \end{cases} \tag{2}$$

这就是线性规划问题的数学模型. 式(1) 称为**目标函数**；式(2) 称为**约束条件**.

满足约束条件(2) 的变量组 $x_1, x_2, \cdots, x_n$ 的值称为该线性规划问题的**可行解**，可行解的集合称为**可行域**. 满足式(1) 最大(小) 的可行解，称为该线性规划问题的**最优解**，相应的目标函数值称为**最优值**.

三、线性规划问题与 LINGO 软件

LINGO(Linear Interactive and General Optimizer) 软件，由美国 LINDO 系统公司(美国芝加哥大学 Linus Schrage 教授开发，www. lindo. com) 推出，是求解线性规划问题等优化模型的最佳选择.

一般地，使用 LINGO 软件求解线性规划问题分为两步：

（1）根据实际问题，建立线性规划问题的数学模型，即使用数学建模的方法建立优化

模型；

（2）根据数学模型，利用 LINGO 软件来求解模型．主要是利用 LINGO 软件，把数学模型转译成计算机语言，借助于计算机来求解．

LINGO 软件的程序界面和工具栏如图 6-1 所示．

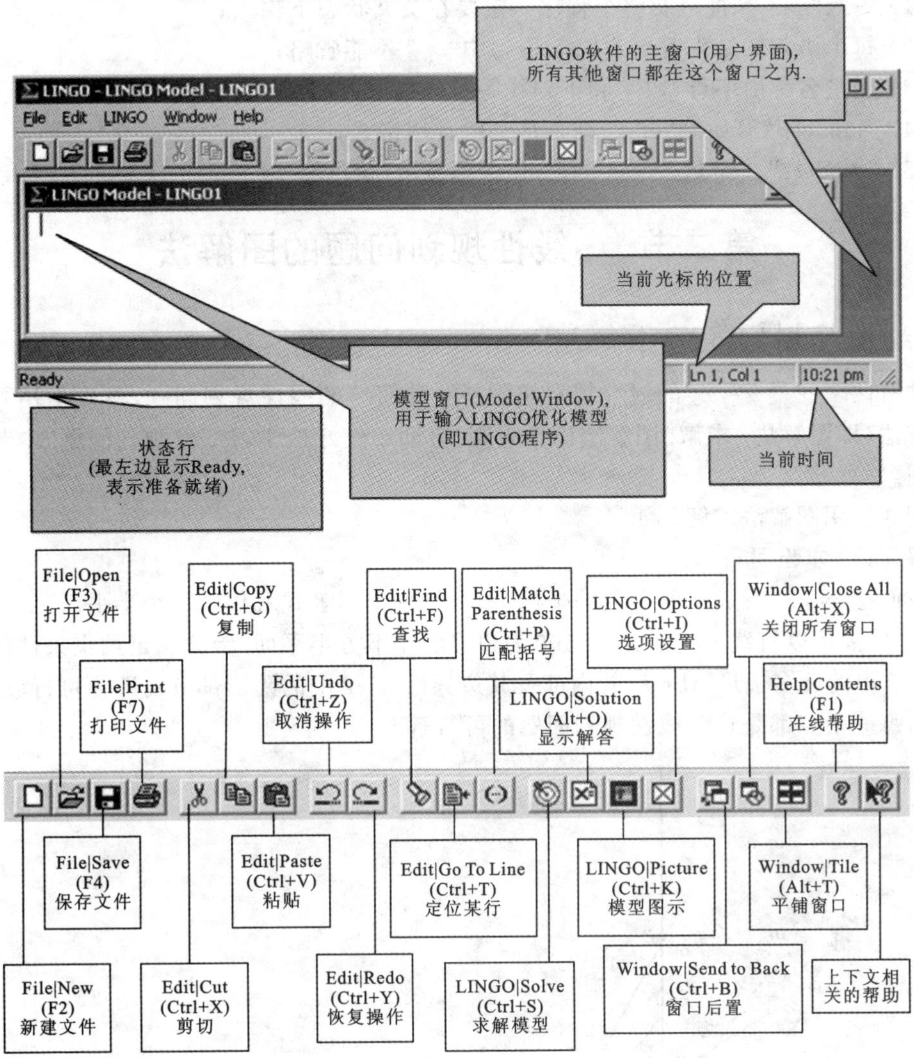

图 6-1

下面，利用 LINGO 软件的傻瓜输入法求解例 1，程序为：

```
Model:
Title example1;
MAX = 6 * X1 + 4 * X2;
2 * X1 + 3 * X2 <= 100;
4 * X1 + 2 * X2 <= 120;
END
```

运行得：最优解 $x_1 = 20, x_2 = 20$，此时，最优值 $f = 200$.

不难发现，利用 LINGO 软件求解线性规划问题既方便、又快捷，希望大家熟练掌握（有兴趣的读者可自行完成例 2）.

LINGO 软件使用的注意事项：

(1) "；"、"[]" 等符号及整个程序一定要在英文状态下输入；

(2) 每个语句的结束都要有"；"，语句中" * "不能省略；

(3) 变量名称由字母、数字和下划线等符号构成，并且默认变量非负；

(4) "model:" 开始到"end" 结束是一般常用格式；

(5) "model:"、"end"、"max" 和"min" 等显示"蓝色".

第二节　线性规划问题的图解法

一、线性规划问题的图解法

含有两个变量 x_1, x_2 的线性规划问题是一种简单的线性规划问题，可以运用几何作图的方法（即图解法）求解. 图解法简单直观，有助于较好地学习线性规划问题，本节将举例说明.

例 3　用图解法求解例 1.

解　(1) 求出可行域.

我们把 x_1, x_2 看成平面上点的坐标，那么每一个不等式就代表一个半平面. 如：$2x_1 + 3x_2 \leqslant 100$ 表示以直线 $2x_1 + 3x_2 = 100$ 为边界的左下方半平面. 因此满足约束条件的区域为图 6-2 中的凸多边形 $ABCD$ 的内部及其边界（图 6-2 中的阴影部分），即为可行域，该区域内的每一个点都是这个线性规划问题的可行解.

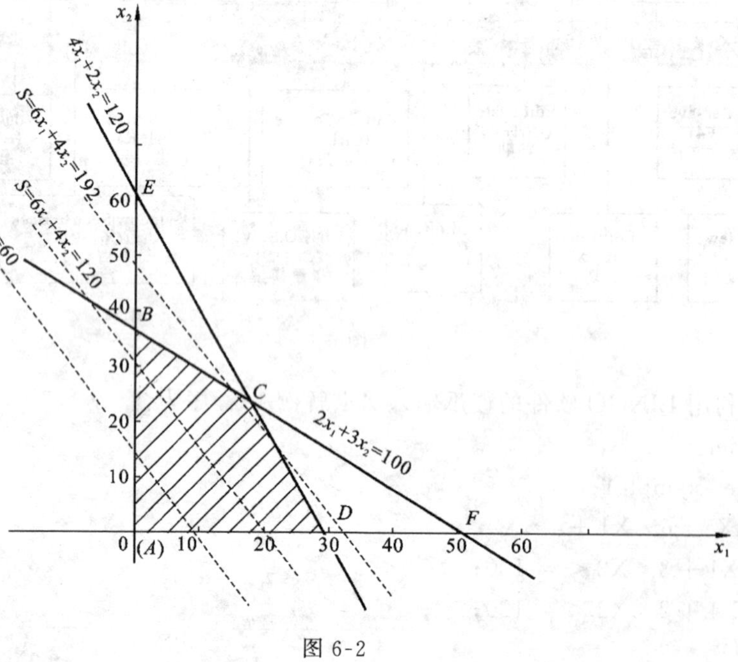

图 6-2

(2) 分析目标函数 f 的几何意义.

目标函数 $f = 6x_1 + 4x_2$ 在坐标平面上，令 $S = f$，则目标函数可表示为 S 为参数 $-3/2$ 为斜率的一簇平行直线(见图 6-2)

$$x_2 = -\frac{3}{2}x_1 + \frac{S}{4}$$

(3) 确定最优解.

为了在可行域中找出最优解，令 f 值由小变大. 比如令 f 分别为 60，120，192，做平行直线族. 由图 6-2 可以看出，随着 f 值的增加，直线 $x_2 = -\frac{3}{2}x_1 + \frac{f}{4}$ 沿其法线方向向右上移动. 该线性规划问题一方面要求 f 尽可能大，另一方面，又要求目标函数 f 确定的等值线上至少有一点位于可行域——凸多边形 $ABCD$ 的内部或边界上. 由图 6-2，C 点是同时满足上述两个要求的唯一点. 而 C 点是直线 $2x_1 + 3x_2 = 100$ 和 $4x_1 + 2x_2 = 120$ 的交点，解方程组

$$\begin{cases} 2x_1 + 3x_2 = 100 \\ 4x_1 + 2x_2 = 120 \end{cases}$$

得 C 点的坐标 $x_1 = 20$，$x_2 = 20$. 目标函数取得最大值

$$f = 6x_1 + 4x_2 = 6 \times 20 + 4 \times 20 = 200$$

这说明该工厂为获得最大利润，应安排生产 A、B 两种产品各 20 件，所得的最大利润为 200 元.

这里，C 点即可行域中使目标函数取得最大值的点，称为**最优点**. 最优点对应的可行解为最优解，最优解对应的目标函数值为最优值.

综上所述，利用图解法求解两个变量线性规划问题，可按以下三个步骤进行：

(1) 在直角坐标系中，求出可行域，即满足约束条件的平面点集；

(2) 作出函数 f 的等值线. 即以 S 为参数的一簇平行直线；

(3) 在等值线中选取数值最大(或最小) 且与可行域有公共交点的一条等值线. 此公共交点的坐标即为该线性规划问题的最优解.

上例中线性规划问题的最优解是唯一的. 但对于一般的线性规划问题来说，求解的结果还可能出现以下几种情况，下面我们举例说明.

例 4　求 $\max f = 4x_1 + 6x_2$

$$\text{s.t.} \begin{cases} 2x_1 + 3x_2 \leqslant 100 \\ 4x_1 + 2x_2 \leqslant 120 \\ x_1, x_2 \geqslant 0 \end{cases}$$

解　由于约束条件与例 3 相同，故可行域仍为凸边形 $ABCD$. 但等值线与边界线 $2x_1 + 3x_2 = 100$ 平行.

令 $S = f$，则当 S 值增大到 200 时，直线 $4x_1 + 6x_2 = 200$ 就和直线 $2x_1 + 3x_2 = 100$ 重合(见图 6-3). 线段 BC 上任一点都使目标函数取得相同的最大值. 称这种情况为**有无穷多个最优解**.(有兴趣的读者可以利用 LINGO 软件求解，注意对比结果)

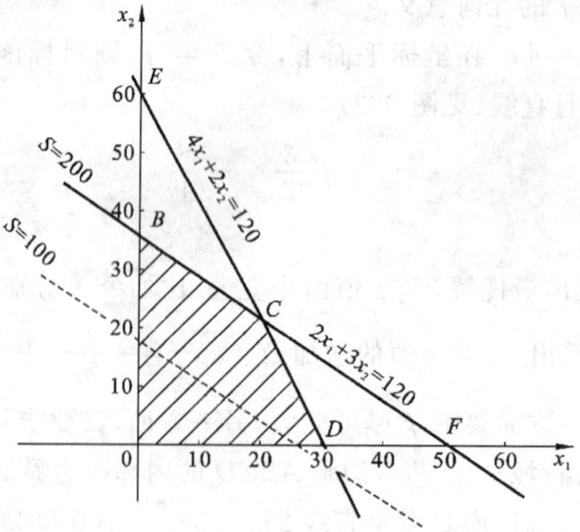

图 6-3

例 5　求$\max f = 2x_1 + 2x_2$

$$\text{s.t.} \begin{cases} x_1 - x_2 \geqslant 1 \\ -x_1 + 3x_2 \leqslant 0 \\ x_1 \geqslant 0, x_2 \geqslant 0 \end{cases}$$

从图中可以看出，该问题的可行域无界，目标函数取值可以增大到无穷大. 称这种情况为**无界解**或**无最优解**.

例 6　若把例 5 改为使目标函数值为最小，当 f 值由大变小时，如令目标函数值为 16,10,6,2 等做平行直线族，显而易见，当直线离原点愈近时，目标函数值愈小. 由图 6-4 可以看出，在 C 点达到 f 的最小值，而 C 点的坐标为(1,0)，所以最优解为 $x_1 = 1, x_2 = 0$，相应的目标函数值为 $f = 2 \times 1 + 0 = 2$.

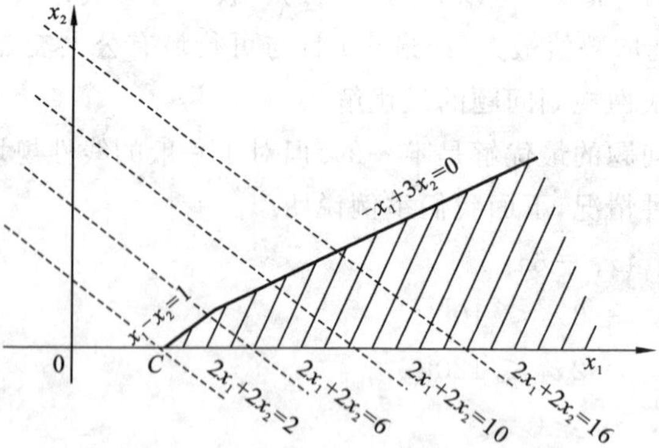

图 6-4

例 5、例 6 说明，可行域无界，并不意味着目标函数无最优值，关键是看求最大值还是求最小值.

例 7　求 $\max f = 3x_1 + 2x_2$

$$\text{s.t.} \begin{cases} x_1 + x_2 \leqslant 10 \\ 2x_1 + x_2 \geqslant 30 \\ x_1, x_2 \geqslant 0 \end{cases}$$

解　由图 6-5 可以看出，约束条件相互矛盾，因此，同时满足所有约束条件的点不存在，即可行域是空集. 显然，此时无可行解，当然没有最优解，所以，该线性规划问题无解.

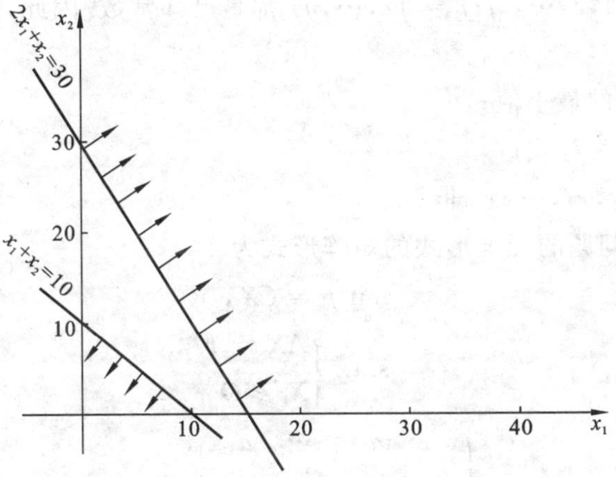

图 6-5

从上面几个例子可以看到，两个变量的线性规划问题的解有三种可能的结果：无解（例 7）、有唯一解（例 3）、有无穷多解（例 4）.

二、线性规划问题解的性质

由以上线性规划问题的图解法例题可得以下重要结论：

(1) 线性规划问题的所有可行解构成的可行域一般是凸多边形（有时可行域是无界的）；

(2) 线性规划问题的任意两个可行解联线上的点都是可行解；

(3) 线性规划问题的任意两个最优解联线上的点都是最优解；

(4) 线性规划问题若有最优解，则最优解在可行域的某个顶点上得到. 若在两个顶点上同时得到最优解，则在这两个顶点连线上的任何一点都取得最优解.

第三节　线性规划问题的基及其典式理论

一、线性规划问题的标准形式

前两节给出的线性规划模型，有各种不同的形式. 约束条件可以是线性方程组，也可以是线性不等式，目标函数可以是求最小值，也可以是求最大值，这不利于运用线性代数理论求解. 为统一起见，规定线性规划问题的标准形式为

$$\min f = c_1x_1 + c_2x_2 + \cdots + c_nx_n$$

$$\text{s. t.} \begin{cases} a_{11}x_1 + a_{12}x_2 + \cdots + a_{1n}x_n = b_1 \\ a_{21}x_1 + a_{22}x_2 + \cdots + a_{2n}x_n = b_2 \\ \cdots\cdots \\ a_{m1}x_1 + a_{m2}x_2 + \cdots + a_{mn}x_n = b_m \\ x_1 \geqslant 0,\ x_2 \geqslant 0, \cdots,\ x_n \geqslant 0 \end{cases}$$

其中，$a_{ij}, b_j, c_j\ (i = 1,2,\cdots,m; j = 12,\cdots,n)$ 都是已知常数. 因此，线性规划的标准形式应满足：

(1) 求目标函数的最小值；

(2) 约束条件均为等式；

(3) 所有变量 $x_1, x_2, \cdots, x_n$ 非负.

于是，线性规划问题的标准形式的矩阵形式为

$$\min f = C\boldsymbol{X},$$

$$\text{s. t.} \begin{cases} A\boldsymbol{X} = \boldsymbol{b} \\ \boldsymbol{X} \geqslant \boldsymbol{O} \end{cases}$$

其中，$C = (c_1, c_2, \cdots, c_n), A = \begin{pmatrix} a_{11} & a_{12} & \cdots & a_{1n} \\ a_{21} & a_{22} & \cdots & a_{2n} \\ \vdots & \vdots & & \vdots \\ a_{m1} & a_{m2} & \cdots & a_{mn} \end{pmatrix}, \boldsymbol{b} = (b_1, b_2, \cdots, b_m)^{\mathrm{T}}$

事实上，任何形式的线性规划问题均可化为标准形式，这将为运用线性代数理论求解奠定基础. 下面介绍将一般形式化成标准形式的方法.

(1) 如果给出的线性规划问题是要求使目标函数达到最大，即 $\max f = C\boldsymbol{X}$，则令 $f' = -f$，于是就得到

$$\min f' = -\max f = -C\boldsymbol{X}$$

(2) 如果某个约束条件为"$\leqslant$"形式的不等式，在不等式的左端加上一个非负**松弛变量** $\boldsymbol{x_j}$；当约束条件为"$\geqslant$"形式的不等式时，在不等式的左端减去一个非负**剩余变量** $\boldsymbol{x_i}$；

(3) 如果某个变量 x_k 无非负限制，可令 $x_k = x_k' - x_k''$，其中 $x_k' \geqslant 0, x_k'' \geqslant 0$.

例 8 如果对例 1 中的问题进一步增加限制条件：产品 A 只需生产 14 件，产品 B 至少生产 22 件. 则相应的线性规划模型为

$$\max f = 6x_1 + 4x_2$$

$$\text{s. t.} \begin{cases} 2x_1 + 3x_2 \leqslant 100 \\ 4x_1 + 2x_2 \leqslant 120 \\ x_1 = 14 \\ x_2 \geqslant 22 \\ x_1 \geqslant 0,\ x_2 \geqslant 0 \end{cases}$$

将其化为标准形式.

解　(1) 对于目标函数，$\min f' = -\max f = -6x_1 - 4x_2$.

(2) 对于约束条件 $2x_1 + 3x_2 \leqslant 100$ 和 $4x_1 + 2x_2 \leqslant 120$，在这两个不等式的左端分别加上一个非负松弛变量 x_3, x_4，使它们成为等式

$$2x_1 + 3x_2 + x_3 = 100$$
$$4x_1 + 2x_2 + x_4 = 120$$

类似地，对于约束条件 $x_2 \geqslant 22$，在不等式左端减去一个非负剩余变量 x_5，使其成为等式

$$x_2 - x_5 = 22$$

综上所述，原线性规划问题的标准形式为

$$\min f' = -6x_1 - 4x_2$$
$$\text{s. t.} \begin{cases} 2x_1 + 3x_2 + x_3 = 100 \\ 4x_1 + 2x_2 + x_4 = 120 \\ x_1 = 14 \\ x_2 - x_5 = 22 \\ x_1, x_2, x_3, x_4, x_5 \geqslant 0 \end{cases}$$

例 9　将下述线性规划问题化为标准形式：

$$\min f = 2x_1 - 3x_2$$
$$\text{s. t.} \begin{cases} 2x_1 + x_2 \geqslant 4 \\ x_1 - 2x_2 \leqslant 6 \\ -x_1 + x_3 \leqslant -5 \\ x_1 \geqslant 0, x_3 \geqslant 0 \end{cases}$$

解　(1) 对于约束条件中的每一个不等式，分别引入松弛变量和剩余变量 $x_4 \geqslant 0$，$x_5 \geqslant 0$，$x_6 \geqslant 0$.

(2) 对于变量 x_2 无非负限制，令 $x_2 = x'_2 - x''_2$，且 $x'_2, x''_2 \geqslant 0$.

综上所述，原线性规划问题的标准形式为

$$\min f = 2x_1 - 3x'_2 + 3x''_2$$
$$\text{s. t.} \begin{cases} 2x_1 + x'_2 - x''_2 - x_4 = 4 \\ x_1 - 2x'_2 + 2x''_2 + x_5 = 6 \\ x_1 - x_3 - x_6 = 5 \\ x_1, x'_2, x''_2, x_3, x_4, x_5, x_6 \geqslant 0 \end{cases}$$

二、基及其典式

定义 1　在线性规划问题的标准形式中，矩阵 A 的列向量组的一个极大无关组 B 称为线性规划问题的一个基 $\boldsymbol{B}$. 对应的列向量称为基向量，与基向量相对应的变量 $x_j (j = 1, 2, \cdots, m)$ 称为基变量(即基本未知量)，其余 $n - m$ 个变量称为非基变量(即自由未知量).

定义 2　此时，线性方程组 $A\boldsymbol{X} = \boldsymbol{b}$ 有一组解的表达式以及将之代入原目标函数化简后由非基变量构成的新的目标函数式，称为线性规划问题对应于基 $\boldsymbol{B}$ 的典式.

事实上,典式就是利用非基变量来表示目标函数和基变量,这对于理解运用线性代数理论求解线性规划问题十分重要,必须熟练掌握.

定义3 令非基变量为0,则线性方程组 $AX=b$ 有唯一一组解,称为对应于基 B 的基解.如果一个基解中,所有分量都是非负的,则称该基解为基可行解.对应于基可行解的基,称为可行基.

显然,线性规划问题的每一个基都对应一个基解.由于基的个数不会超过 C_n^m,所以线性规划问题的基解及基可行解也不会超过 C_n^m 个.

定义4 使目标函数达到最优的基可行解称为**基最优解**.基最优解对应的基称为**最优基**.

图6-6给出了可行解、基解、基可行解之间的关系.

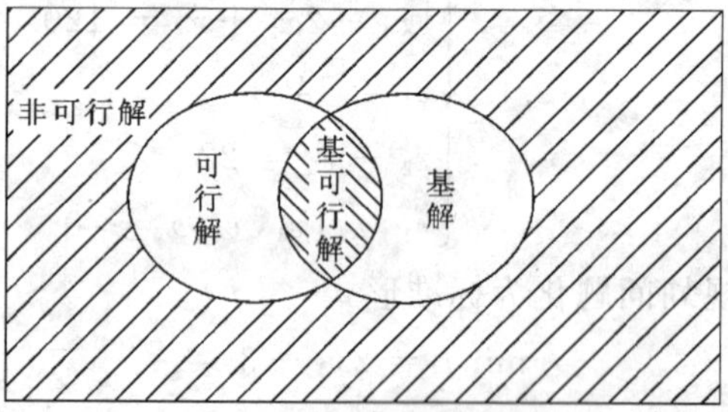

图6-6

例10 已知线性规划问题:

$$\min f = x_1 + 3x_2 + 2x_3$$

$$\text{s.t.}\begin{cases} x_1 + 2x_2 + 3x_3 = 5 \\ x_1 + 3x_2 + 4x_3 = 7 \\ x_1, x_2, x_3 \geqslant 0 \end{cases}$$

求出所有的基及相应的典式和基解,并判断基解是否为基可行解和基最优解.

解 记 $A\begin{pmatrix}1 & 2 & 3\\ 1 & 3 & 4\end{pmatrix}=(\alpha_1,\alpha_2,\alpha_3)$.因为 $r(A)=2$,所以,A 有三个基 (α_1,α_2)、(α_1,α_3)、(α_2,α_3).

(1) 当 $B=(\alpha_1,\alpha_2)$ 时,运用线性代数理论求解线性方程组 $AX=b$,得解的表达式

$$\begin{cases} x_1 = 1 - x_3 \\ x_2 = 2 - x_3 \end{cases}$$

代入目标函数中化简,得

$$f = 7 - 2x_3$$

以上二式即为相应的典式,其基解为 $(1,2,0)^{\mathrm{T}}$.显然,基解 $(1,2,0)^{\mathrm{T}}$ 是基可行解,但不是基最优解.

事实上,当 $x_3 \geqslant 0$ 时,$f=7-2x_3 \leqslant 7$,不符合目标函数求最小值的要求.

(2) 当 $B=(\alpha_1,\alpha_3)$ 时,同理可得典式

$$f = 3 + 2x_2$$

$$\begin{cases} x_1 = x_2 - 1 \\ x_3 = 2 - x_2 \end{cases}$$

此时,基解为$(-1,0,2)^{\mathrm{T}}$,不满足所有分量非负的条件,所以它不是基可行解,更不是基最优解.

(3) 当$\boldsymbol{B}=(\alpha_2,\alpha_3)$时,同理可得典式

$$f = 5 + 2x_1$$

$$\begin{cases} x_2 = 1 + x_1 \\ x_3 = 1 - x_1 \end{cases}$$

此时,基解为$(0,1,1)^{\mathrm{T}}$,满足所有分量非负的条件,所以它是基可行解.

同时,当$x_1 \geqslant 0$时,$f = 5 + 2x_1 \geqslant 5$,所以它也是基最优解,最优值为5.

三、单纯形法简介

例10表明,运用线性代数理论求解线性规划问题的实质就是求解线性方程组.在此过程中,所有的变换都是针对线性方程组的增广矩阵和目标函数的系数进行的,因而,可以将解题的全过程都统一在表格上进行,这样的表称为**单纯形表**,从一个基到另一个基的迭代称为**换基迭代**,这一方法称为**单纯形法**.下面以例10为例说明.

例11　利用单纯形法求解例10.

解　根据例10的求解过程,首先由基$\boldsymbol{B}=(a_1,a_2)$的典式得出相应的单纯形表如下:

f	0	0	2	7
x_1	1	0	1	1
x_2	0	1	1	2

因为其基解不是基最优解,所以,接下来通过换基迭代到基$\boldsymbol{B}=(a_1,a_3)$,同理可得相应的单纯形表如下:

f	0	-2	0	3
x_1	1	-1	0	-1
x_3	0	1	1	2

因为其基解不是基可行解、更不是基最优解,所以,接下来继续通过换基迭代到基$\boldsymbol{B}=(a_2,a_3)$,同理可得单纯形表如下:

f	-2	0	0	5
x_2	-1	1	0	1
x_3	1	0	1	1

此时,基解为$(0,1,1)^{\mathrm{T}}$为基最优解,最优值为5.

单纯形法是求解线性规划问题的通用方法，有兴趣的读者可以参考相关书籍.

第四节　线性规划在土方调配中的应用

一、土方调配问题介绍

土方调配指的是在建筑设计和施工中，经济合理地进行土方的运输的作业，包括土方运出及回填. 在土地资源管理的土地平整工程中，为了减少项目开支，就必须尽量缩短挖填区的运输距离，即进行土方调配，目的是在土方的运输量或土方的运输成本最低的条件下，确定填、挖方区土方的调配方向和数量，从而达到缩短工期和提高经济效益的目的. 因此，土方调配问题实质上属于运筹学中的运输问题，分为平衡和不平衡两类，本节主要针对前者进行讲解，即：不同的挖方区运送土方过程中恰好填平不同的填方区.

解决土方调配问题的传统方法是表上作业法，其理论基础是单纯形法，基本计算过程如下：

(1) 通过西北角法、最小元素法、元素差额法中的一种方法找出初始基可行解；

(2) 运用闭回路法或位势法判别基可行解是否最优，当全部检验数非负时取得最优解；

(3) 在表上用闭回路调整法进行调整，确定换入变量和换出变量，重复以上步骤直至找出新的基，直至获得最优方案.

实践表明，表上作业法在土方调配计算中存在着过程繁杂、计算量大、容易出错和效率低下等缺点. 为此，本节主要结合专业实践，将线性代数中线性方程组的理论融合于线性规划模型，形成一套创新的土方调配问题的解法和教法，旨在提升数学基础水平和应用数学知识解决实际问题的能力.

二、土方调配的线性规划模型

如果在土方调配中，已知挖方区 W_i 的挖方量为 w_i，填方区 T_j 的填方量为 t_j，平均运距为 $c_1, c_2, \cdots, c_n$，假设相应的运方量为 $x_1, x_2, \cdots, x_n$，则在挖填平衡的条件下，土方调配的线性规划模型为

$$\text{目标函数}\qquad \min f = c_1x_1 + c_2x_2 + \cdots + c_nx_n$$

$$\text{约束条件}\qquad \text{s.t.}\begin{cases}\sum\limits_{\text{部分}i} x_i = w_i & (1)\\ \sum\limits_{\text{部分}j} x_j = t_j & (2)\\ x_1, x_2, \cdots, x_n \geqslant 0\end{cases}$$

以上模型中，式(1) 表示由挖方条件形成的一系列方程；式(2) 表示由填方条件形成的一系列方程. 同时，为了便于理解，模型中采用 x_i 的单下标而非常用的 x_{ij} 双下标.

定理 1　目标函数化简后由某个变量表示，即：$f(x_1, x_2, \cdots, x_n) = f(x_i)$.

证　记由约束条件中的式(1) 和式(2) 构成的线性方程组为 $\boldsymbol{AX} = \boldsymbol{b}$，则分别将式(1) 的左右两边和式(2) 的左右两边可得

$$\begin{cases} x_1+x_2+\cdots+x_n=\sum w_i \\ x_1+x_2+\cdots+x_n=\sum t_j \end{cases}$$

在挖填平衡的条件下

$$\sum w_i=\sum t_j$$

所以，线性方程组 $AX=b$ 多于一个方程，同时，观察式(1)和式(2)中变量的系数可得，系数矩阵 A 由 0 和 1 构成，

因此，根据线性方程组的理论

$$r(A)=r(A \mid b)=n-1$$

这说明，线性方程组 $AX=b$ 解的表达式为仅由某个 x_i 作为自由未知量（即：非基变量）表示其余的基本未知量（即：基变量），代入目标函数化简，可得

$$f(x_1,x_2,\cdots,x_n)=f(x_i)$$

三、线性规划在土方调配中的应用实例

综上所述，土方调配的求解过程分为以下三个步骤：

(1) 划分挖填区域，确定平均运距；

(2) 假设相应的运方量，建立土方调配的线性规划模型；

(3) 根据线性规划方法，制定最优方案.

例 12　求解图 6-7 所示的土方调配问题，其中，挖方量：5 和 7，填方量：3 和 9，平均运距：1，2，3，2.

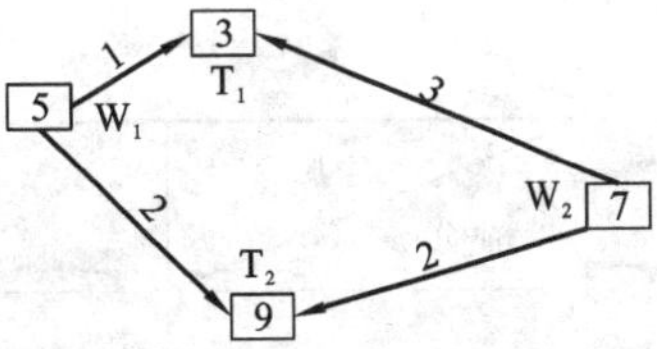

图 6-7

解　假设相应的运方量 x_1,x_2,x_3,x_4，则有土方调配的线性规划模型：

$$\min f=x_1+2x_2+3x_3+2x_4$$

$$\text{s. t.} \begin{cases} x_1+x_2=5 \\ x_3+x_4=7 \\ x_1+x_3=3 \\ x_2+x_4=9 \\ x_1,x_2,x_3,x_4 \geqslant 0 \end{cases}$$

根据线性方程组的理论求出典式，即以 x_3 为自由未知量，可得解的表达式

$$\begin{cases} x_1=3-x_3 \\ x_2=2+x_3 \\ x_4=7-x_3 \end{cases}$$

代入目标函数化简有：$f=21+2x_3$.

根据基及其典式理论易知：

当 $x_3=0$ 时，$x_1=3$，$x_2=2$，$x_4=7$，此时，$\min f=21$. 由此制定土地调配最优方案.

注：以 x_1,x_2,x_4 为自由未知量的情况，由读者自行完成.

习 题 六

1. 建立的数学模型.

(1) 某企业生产 I、II 两种产品,需用 A,B,C 三种原料. 问在现有条件下,如何安排生产,才能使利润最大?生产每种产品需用各种原料的数量、现有原料的数量以及生产各种产品的单位利润如表 6-5 所示.

表 6-5

产品 原料	I	II	现有原料
A	1	2	10
B	2	1	4
C	0	1	4
单位产品利润(10 元)	2	3	

(2) 某农场计划种植某种作物,根据当地气候和土壤情况,这种作物生长全过程中单位面积至少需要氮肥 32 kg,磷肥 24 kg,钾肥 42 kg. 现有甲、乙、丙、丁四种肥料,它们每 kg 的价格及氮、磷、钾含量如表 6-6 所示. 问应如何配合使用这些肥料,既能满足作物对氮、磷、钾的需要量,又能使施肥成本最低.

表 6-6

肥料 成分	甲	乙	丙	丁
氮	0.03	0.3	0	0.15
磷	0.05	0	0.2	0.1
钾	0.14	0	0	0.07
单价(元)	4	15	10	13

(3) 设有仓库 A_1, A_2 分别存有钢材 21 吨和 29 吨,分别供应 B_1, B_2, B_3 三个销售地. 3 个销售地的需求量分别为 15 吨、16 吨和 19 吨,而从各仓库到各销售地的运价如表 6-7 所示. 问如何组织调运,才能使运费最省.

表 6-7

销售地 运价(元/吨) 仓库	B_1	B_2	B_3
A_1	35	65	70
A_2	50	80	110

2. 分别利用图解法和 LINGO 软件求解下列线性规划问题.

(1) $\min f = 6x_1 + 4x_2$

$$\text{s.t.}\begin{cases}2x_1 + x_2 \geqslant 1\\3x_1 + 4x_2 \geqslant 1.5\\x_1, x_2 \geqslant 0\end{cases}$$

(2) $\max f = -x_1 + 2x_2$

$$\text{s.t.}\begin{cases}x_1 - x_2 \geqslant 2\\x_1 + 2x_2 \leqslant 6\\x_1, x_2 \geqslant 0\end{cases}$$

(3) $\min f = 4x_1 - 2x_2$

$$\text{s.t.}\begin{cases}x_1 + x_2 \leqslant 1\\x_1 + 2x_2 \geqslant 4\\x_1, x_2 \geqslant 0\end{cases}$$

3. 将下列线性规划问题化为标准型.

(1) $\min f = -2x_1 + x_2$

$$\text{s.t.}\begin{cases}3x_1 - 2x_2 \geqslant 2\\-x_1 - x_2 \geqslant -1\\x_1, x_2 \geqslant 0\end{cases}$$

(2) $\max f = 6x_1 - 4x_2 + x_3$

$$\text{s.t.}\begin{cases}x_1 - 2x_2 + x_3 = -4\\3x_1 + x_2 - 4x_3 = 6\\x_1, x_2 \geqslant 0\end{cases}$$

4. 已知线性规划问题

$$\max f = x_1 + x_2 + 2x_3$$

$$\text{s.t.}\begin{cases}x_1 + x_3 = 5\\2x_1 + x_2 = 7\\x_1, x_2, x_3 \geqslant 0\end{cases}$$

(1) 求出所有的基及相应的典式和基解,并判断基解是否为基可行解和基最优解;

(2) 根据(1)利用单纯形表表示该求解过程.

5. 某农药厂生产 A_1, A_2 两种产品,已知制造产品 A_1 一万瓶要用原料 B_1 5 kg,原料 B_2 300 kg,原料 B_3 12 kg,可得利润 8000 元,制造产品 A_2 一万瓶,要用原料 B_1 3 kg,原料 B_2 80 kg,原料 B_3 4 kg,可得利润 3000 元,该厂现有原料 B_1 500 kg,原料 B_2 20 000 kg,原料 B_3 900 kg. 问在现有条件下,生产 A_1, A_2 各多少,才能使利润最大.

第七章　线性规划问题的进一步讨论

第六章的线性规划模型中，系数 a_{ij}，b_i，c_j 都视为已知常数. 然而，在实际的经济管理活动中，这些系数不仅具有一定的实际意义，而且会随着情况变化而变化. 那么，这对原线性规划问题的最优基、最优解和最优值有何影响？为此，本章将继续结合 LINGO 软件，进一步讨论线性规划问题.

第一节　灵敏度分析

一、灵敏度分析的引入

在经济分析和管理决策，特别是农林经济管理的研究领域中，线性规划模型是一种实用价值很高的数学模型. 但是，第六章讨论的线性规划模型，是通过数据资料得出系数 a_{ij}，b_i，c_j 并假定其均为常数的静态模型，它不可能完整、准确和客观地反映未来经济的变化情况. 因而，随着有关经济因素的变动（即：a_{ij}，b_i，c_j 的变化），原最优解或者最优基未必仍然最优. 因此，线性规划方法应用于经济管理问题时，仅获得最优解或者最优基是不够的，还必须估计经济因素的变动对模型的影响程度，从而有效地减少决策实施的风险，这就是管理决策中常用的**灵敏度分析**，即：最优解或者最优基在改变原条件多少的情况下仍然不变，换句话说，在保持现有最优解或者最优基不变的前提下，分析相关参数的变化范围.

线性规划问题灵敏度分析的对象一般有三种：一是目标函数系数 c_j，称为**价格系数**；二是约束条件右端常数项 b_i，称为**资源系数**；三是约束条件左端系数 a_{ij}，称为**技术系数**. 本节仅讨论价格系数 c_j 和资源系数 b_i 的灵敏度分析，且只针对一个系数（或条件）变化而其它系数（或条件）不变的情况. 为了方便理解应用，下面举例说明 LINGO 软件求解线性规划问题灵敏度分析的方法.

二、目标函数系数 c_j 的灵敏度分析

例 1　某农产品加工厂计划安排生产 I、II 两种产品，已知每种单位产品的利润，生产单位产品所需的设备台时及 A，B 两种原材料的消耗、现有原材料和设备台时的定额如表 7-1 所示.

表 7-1

	I	II	
设备	1	2	8 台时
原材料 A	4	0	16 吨
原材料 B	0	4	12 吨
每单位产品利润 / 万元	2	3	

问应如何安排生产才能使工厂获利最大？如果产品 I 或 II 的价格有波动，问波动应限制在什么范围内，才能使原最优解不变？

解　设用 x_1, x_2 分别表示计划生产产品 I、II 的单位数量（吨），由题设建立线性规划模型

$$\max f = 2x_1 + 3x_2$$

$$\text{s. t.} \begin{cases} x_1 + 2x_2 \leqslant 8 \\ 4x_1 \leqslant 16 \\ 4x_2 \leqslant 12 \\ x_1, x_2 \geqslant 0 \end{cases}$$

LINGO 软件的程序为：

```
Model:
Title example1;
MAX = 2 * X1 + 3 * X2;
X1 + 2 * X2 <= 8;
4 * X1 <= 16;
4 * X2 <= 12;
END
```

运行得最优生产计划是：生产产品 I 4 吨，产品 II 2 吨，最大利润 14 万元.

接下来继续利用 LINGO 软件进行灵敏度分析.

一般情况下，LINGO 软件的灵敏度分析开关是关闭的. 因此，首先点击窗口中“LINGO”-“Options”，在弹出的界面选项卡面板上选择“General Solver”，然后在“Dual Computation”选择“Prices and Ranges”并保存后点“OK”；其次，再在窗口下点击“LINGO”-“Range”即可得到灵敏度分析界面结果. 如图 7-1 所示：

```
Ranges in Which the basis is unchanged:
                          Objective Coefficient Ranges
                        Current           Allowable          Allowable
        Variable      Coefficient          Increase           Decrease
              X1         2.000000          INFINITY          0.5000000
              X2         3.000000          1.000000           3.000000

                            Righthand Side Ranges
             Row          Current           Allowable          Allowable
                              RHS            Increase           Decrease
               2         8.000000          2.000000           4.000000
               3         16.00000          16.00000           8.000000
               4         12.00000          INFINITY           4.000000
```

图 7-1

观察“X1”和“X2”行分别可得价格系数 c_1 和 c_2 的变化范围

$$2 - 0.5 \leqslant c_1 \leqslant 2 + \infty, \quad 3 - 3 \leqslant c_2 \leqslant 3 + 1$$

化简，得：$1.5 \leqslant c_1 \leqslant +\infty$，$0 \leqslant c_2 \leqslant 4$.

此时，原最优解和最优基不变，但是最优值改变. 即：若保持原生产计划不变，则产品 I

和 II 的价格波动范围分别是

$$[1.5,+\infty],[0,4]$$

三、约束方程右端项的灵敏度分析

假如有某个 b_i 发生变化,可以证明原最优基仍是最优基,即最优基不变.(有兴趣的读者可参考单纯形法的相关资料)

例 2 对例 1 的问题,考虑(1) 资源系数 b_i 在什么样的范围内变化使得最优基不变;(2) 若设备台时增加 4 台时,求这时生产产品的最优方案.

解 (1) 如图 7-1,观察"Row"-"2"、"3"、"4"得资源系数 b_1,b_2,b_3 灵敏度分析结果分别为

$$8-4\leqslant b_1\leqslant 8+2$$
$$16-8\leqslant b_2\leqslant 16+16$$
$$12-4\leqslant b_3\leqslant 12+\infty$$

化简,得

$$4\leqslant b_1\leqslant 10$$
$$8\leqslant b_2\leqslant 32$$
$$8\leqslant b_3\leqslant +\infty$$

即:b_i 在这些范围内变化时,最优基保持不变,而由于约束条件中 b_i 的变化导致最优解改变,相应地,最优值随之变化.

(2) 当增加 4 个设备台时,即:$b_1=12$,由(1) 知,原最优基发生改变. 利用 LINGO 软件可得,新的最优方案为生产 I 产品 4 单位,II 产品 3 单位,获利为 17 万元.

注:事实上,例 1 的线性规划模型可以化为标准形求解灵敏度分析.

$$\min f'=-f=-2x_1-3x_2$$

$$\text{s. t.}\begin{cases}x_1+2x_2+x_3=8\\4x_1+x_4=16\\4x_2+x_5=12\\x_j\geqslant 0\ (j=1,2,3,4,5)\end{cases}$$

此外,资源系数 b_i 的灵敏度分析常常与影子价格求解联系在一起,这一点将在下一节详细讲解.

四、灵敏度分析的几何解释

为了更好地理解线性规划问题的灵敏度分析,下面利用第六章第二节的图解法进行解释.

首先,讨论例 1 中目标函数系数 c_j 的灵敏度分析. 从图 7-2 可以直观地看出,若目标函数的一个系数发生变化,将会改变目标函数 f 的斜率,但是只要 f 的斜率小于等于 $-1/2$(也就是直线 l 夹在 l_1 与 l_2 之间时),最优解都在(4,2) 上取到,也就是说最优解不变,从而原生产计划不变.

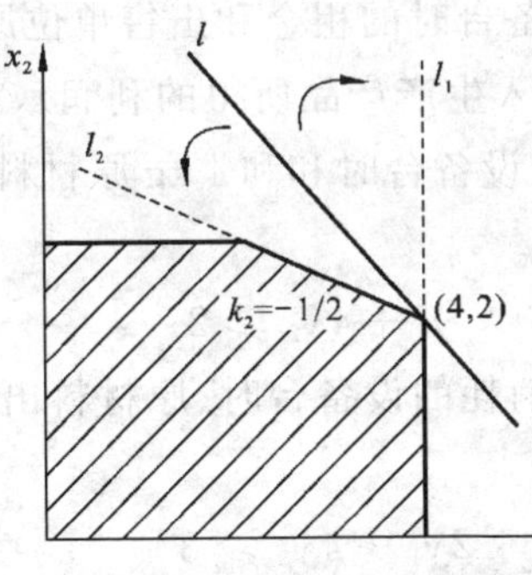

图 7-2

其次，讨论例 2 中约束方程右端项的灵敏度分析. 如图 7-3 所示，直线 l_1 是关于原材料 B 的最大限量约束，就是约束 $4x_1 \leqslant 12$；如果改变原材料 B 的最大量，也就是改变这个约束的右端项"12"，在图形上表现出来就是直线 l_1 向左或者向右平移；显然，只要直线 l_1 在直线 l'_1 的右边与 A 点的左边，最优解就在直线 l_1 与直线 l_2 的交点上，也就意味着最优基不变，但是最优解和最优值会改变.

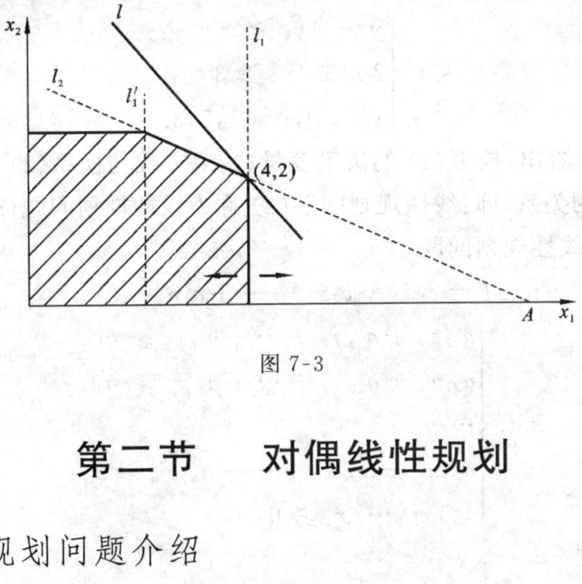

图 7-3

第二节　对偶线性规划

一、对偶线性规划问题介绍

例 1 中，讨论某农产品加工厂的最优生产方案问题，线性规划模型为

$$\max f = 2x_1 + 3x_2$$

$$\text{s. t.} \begin{cases} x_1 + 2x_2 \leqslant 8 \\ 4x_1 \leqslant 16 \\ 4x_2 \leqslant 12 \\ x_1,\ x_2 \geqslant 0 \end{cases} \tag{1}$$

现从另一个角度来讨论这个问题. 假设该加工厂的决策者不生产 I、II 产品，而是计划将其现有资源出租或出售，从而获得利润，这时就要考虑给每种资源如何定价的问题. 设

用 y_1, y_2, y_3 分别表示出租单位设备台时的租金和出售单位原材料 A, B 的利润，工厂为了获得满意的利润（即获得不低于投入生产产品所得的利润），就应做如下的定价决策：将生产一单位产品 I 所消耗的一个单位设备台时和和 4 kg 原材料 A 出租所得的收入不低于生产一单位产品 I 的利润，即

$$y_1 + 4y_2 \geqslant 2$$

同理将生产一单位产品 II 所消耗的设备台时、原材料出租和出售所得收入应不低于生产一单位产品 II 的利润，即

$$2y_1 + 4y_3 \geqslant 3$$

如果把现有资源全部出租和出让，总收入为

$$g = 8y_1 + 16y_2 + 12y_3$$

从加工厂的决策者角度来看当然 g 愈大愈好，但为了增强在市场经济中的竞争能力，定价原则应该是使工厂能获得满意利润的前提下，尽量压低出租和出让资源的价格，即使收入 g 尽可能地少.

因此需解决如下的线性规划问题

$$\min g = 8y_1 + 16y_2 + 12y_3$$
$$\text{s. t.} \begin{cases} y_1 + 4y_2 \geqslant 2 \\ 2y_1 + 4y_3 \geqslant 3 \\ y_i \geqslant 0, i = 1,2,3. \end{cases} \tag{2}$$

从模型(1)、(2) 看出，模型(1) 的决策变量、约束方程与模型(2) 的约束方程、决策变量之间有一种内在的关系，即：线性规划问题(2) 称为线性规划问题(a) 的**对偶问题**.

一般地，我们把线性规划问题

$$\min f = c_1x_1 + c_2x_2 + \cdots + c_nx_n$$
$$\text{s. t.} \begin{cases} a_{11}x_1 + a_{12}x_2 + \cdots + a_{1n}x_n \geqslant b_1 \\ a_{21}x_1 + a_{22}x_2 + \cdots + a_{2n}x_n \geqslant b_2 \\ \cdots\cdots \\ a_{m1}x_1 + a_{m2}x_2 + \cdots + a_{mn}x_n \geqslant b_m \\ x_1, x_2, \cdots, x_n \geqslant 0 \end{cases} \tag{I}$$

与线性规划问题

$$\max g = b_1y_1 + b_2y_2 + \cdots + b_my_m$$
$$\text{s. t.} \begin{cases} a_{11}y_1 + a_{21}y_2 + \cdots + a_{m1}y_m \leqslant c_1 \\ a_{12}y_1 + a_{22}y_2 + \cdots + a_{m2}y_m \leqslant c_2 \\ \cdots\cdots \\ a_{1n}y_1 + a_{2n}y_2 + \cdots + a_{mn}y_m \leqslant c_n \\ y_1, y_2, \cdots, y_m \geqslant 0 \end{cases} \tag{II}$$

称为**对偶的线性规划问题**. 如果把其中一个问题当作原问题，则另一个就是它的对偶问题. 上述给出的是对称型的对偶问题，它们之间的关系可用表 7-2 所示的对偶表表示.

表 7-2

y_i \ x_j	x_1	x_2	…	x_n	原关系	$\min f$
y_1	a_{11}	a_{12}	…	a_{1n}	$\leqslant$	b_1
y_2	a_{21}	a_{22}	…	a_{2n}	$\leqslant$	b_2
$\vdots$	$\vdots$	$\vdots$		$\vdots$	$\vdots$	$\vdots$
y_m	a_{m1}	a_{m2}	…	a_{mn}	$\leqslant$	b_m
对偶关系	$\geqslant$	$\geqslant$	…	$\geqslant$	$\max g = \min f$	
$\max g$	c_1	c_2	…	c_n		

表 7-2 将原问题与其对偶问题汇总于一个表中. 表的横向是原问题，纵向是对偶问题. 由表中可以看到，原问题的每个约束条件都对应着一个对偶变量；而原问题的每个变量，都对应着其对偶问题的一个约束条件.

例 3　写出下列线性规划问题的对偶问题.

$$\min f = x_1 - 3x_2 + 4x_3$$

$$\text{s. t.}\begin{cases} 2x_1 - 4x_2 + x_3 \leqslant 1 \\ -x_1 + 3x_2 + 2x_3 \leqslant -4 \\ -2x_1 + x_3 \leqslant 3 \\ x_1, x_2, x_3 \geqslant 0 \end{cases}$$

解　把问题改写为

$$\min f = x_1 - 3x_2 + 4x_3$$

$$\text{s. t.}\begin{cases} -2x_1 + 4x_2 - x_3 \geqslant -1 \\ x_1 - 3x_2 - 2x_3 \geqslant 4 \\ 2x_1 - x_3 \geqslant -3 \\ x_1, x_2, x_3 \geqslant 0 \end{cases}$$

由对偶表 7-2 得该问题的对偶问题为：

$$\max g = -y_1 + 4y_2 - 3y_3$$

$$\text{s. t.}\begin{cases} -2y_1 + y_2 + 2y_3 \leqslant 1 \\ 4y_1 - 3y_2 \leqslant -3 \\ -y_1 - 2y_2 - y_3 \leqslant 4 \\ y_1, y_2, y_3 \geqslant 0 \end{cases}$$

二、影子价格

以例 1 及其对偶问题为例，如果该加工厂将减少设备台时数并出售全部库存原材料，当加工厂最大限度减少设备台时数以及买方尽可能压低原材料 A，B 价格 y_2，y_3 的时候，加工厂为了使总利润不受损失，必然要坚持这样做的总收益的最小值为

$$\min g = 8y_1 + 16y_2 + 12y_3$$

它至少不能低于利用原生产计划所得利润的最大值

$$\max f = 2x_1 + 3x_2$$

即：$\min g \geqslant \max f$.

由此可得弱对偶性定理：

定理 1 若X_0是原问题(I)的可行解，Y_0是对偶问题(II)的可行解，则必有

$$CX_0 \leqslant Y_0\boldsymbol{b}$$

因此，利用LINGO软件解出7.1节例1的对偶问题(2)，即可得到减少设备台时的最大数量以及出售原材料的起码价格.

通过对例1的分析，可以看到对偶变量y_i的经济意义：对偶问题(II)的最优解y_i^*的值，相当于对第i种资源在实现最大利润时的一种价格估计，这种估计是针对具体企业具体产品而存在的一种特殊价格，称为**影子价格**. 为了进一步说明影子价格的经济意义，下面给出**松紧性定理**.

定理 2 线性规划原问题与对偶问题都取得最优解的充分必要条件是：

$$若\sum_{j=1}^{n} a_{ij}x_j < b_i，则必有\ y_i = 0$$

$$若\ y_i \neq 0，则必有\sum_{j=1}^{n} a_{ij}x_j = b_i$$

证明略.

定理2表明，如果在取得最优解时，某种资源尚未被完全利用，还有一定的剩余，那么与该约束条件相应的影子价格一定为零. 由于得到最优解时，这种资源并不紧缺，这时再买进这种资源也不会带来任何经济效益，所以这种资源的影子价格就是零. 反之，如果某种资源的影子价格大于零，那么多购进这种资源，一定会带来经济效益，这说明该种资源是紧缺且得到充分利用.

一般说来，线性规划问题是求解资源的最优配置问题；而其对偶问题则是求解资源的恰当估价问题. 影子价格的经济意义也就在于资源在最优利用的条件下，对资源所带来的经济效益的一种估计.

三、影子价格的应用

影子价格在资源利用、投资决策方面有重要作用. 在完全市场经济的条件下，当某种资源的市场价格低于影子价格时，企业应买进资源用于扩大再生产；当资源的市场价格高于影子价格时，则企业决策者应把已有资源卖掉. 可见，影子价格对市场有调节作用.

影子价格还可以运用于紧缺资源的管理和分配. 影子价格高的企业，意味着对资源的利用率高，经济效益大，资源的管理者应充分满足企业对这种紧缺资源的需求.

但应注意，影子价格与最优基紧密联系，最优基改变，最优解和最优值就会改变，因而影子价格也会随之变化. 所以，上述一切关系都是在最优基不变的前提条件下才成立的. 以某市场上的原材料A为例，在保证原最优基不变的情况下，若目前市场上原料A的实际价格高于原料A的影子价格，则可以考虑出售部分原料实现多赢利；若市场上原料A的实际价格低于原料A的影子价格，则可以考虑购进原料以扩大生产能力实现多赢利. 为了方便起见，本节将结合LINGO软件求解线性规划问题的影子价格以及相应的灵敏度分析.

例 4　某农产品加工厂可以用 A_1,A_2 两种原材料生产 B_1,B_2,B_3 三种产品(每种产品都同时需要用两种原材料),有关数据如表 7-3 所示.

表 7-3

每吨产品需用原材料		产品			现有原材料/吨
		B_1	B_2	B_3	
原材料	A_1	2	1	2	7
	A_2	1	3	2	11
每吨产品利润/万元		2	3	1	

(1) 若目前市场上原材料 A_1 的实际价格为 0.5 万元/吨,工厂应如何决策;

(2) 若目前市场上原材料 A_1 的实际价格为 0.8 万元/吨,工厂应如何决策.

解　设 x_1,x_2.x_3 分别表示 B_1,B_2,B_3 的生产量(吨),建立线性规划模型为

$$\max f = 2x_1 + 3x_2 + x_3$$

$$\text{s.t.}\begin{cases}2x_1 + x_2 + 2x_3 \leqslant 7\\ x_1 + 3x_2 + 2x_3 \leqslant 11\\ x_1, x_2, x_3 \geqslant 0\end{cases}$$

LINGO 软件的程序为:

```
Model:
Title example2;
MAX = 2* X1 + 3* X2 + x3;
2* X1 + x2 + 2* X3 < = 7;
x1 + 3* x2 + 2* X3 < = 11;
END
```

LINGO 软件的程序结果界面如图 7-4 所示.

```
Global optimal solution found.
Objective value:                                    13.00000
Total solver iterations:                                   2

Model Title:example2
                    Variable           Value        Reduced Cost
                          X1        2.000000            0.000000
                          X2        3.000000            0.000000
                          X3        0.000000            1.800000

                         Row   Slack or Surplus       Dual Price
                           1        13.00000            1.000000
                           2        0.000000           0.6000000
                           3        0.000000           0.8000000
```

图 7-4

由此可得,最优解为 $x_1 = 2, x_2 = 3, x_3 = 0$,对应的目标函数值为 $f = 13$ 万元;原材料 A_1 的影子价格 0.6 万元.

LINGO 软件的灵敏度分析结果界面如图 7-5 所示.

```
Ranges in Which the basis is unchanged:
                                    Objective Coefficient Ranges
                         Current           Allowable          Allowable
        Variable       Coefficient          Increase           Decrease
              X1         2.000000           4.000000           1.000000
              X2         3.000000           3.000000           2.000000
              X3         1.000000           1.800000           INFINITY

                                       Righthand Side Ranges
             Row         Current           Allowable          Allowable
                           RHS              Increase           Decrease
               2         7.000000           15.00000           3.333333
               3         11.00000           10.00000           7.500000
```

图 7-5

由此可得,原材料 A_1 的数量 b_1 在 $\left[\frac{11}{3}, 22\right]$ 内变化时,最优基不变.

(1) 若目前市场上原材料 A_1 的实际价格为 0.5 万元/吨时,它低于原材料 A_1 的影子价格 0.6. 因此,可以考虑购进原材料,以扩大生产能力. 为保证原最优基不变,购进原材料 A_1 的最大数量为 $22 - 7 = 15$ 吨. 此时,目标值为

$$f = 13 + 15 \times 0.6 = 22 \text{ 万元}$$

扣除购进原材料成本 $0.5 \times 15 = 7.5$ 万元,实际赢利为 14.5 万元,比利用现有原材料进行生产多赢利 1.5 万元.

(2) 若目前市场上原材料 A_1 的实际价格为 0.8 万元/吨时,它高于原材料 A_1 的影子价格 0.6. 因此,可以考虑出售部分原材料,其余用于生产. 为保证原最优基不变,出售原材料 A_1 的最大数量为 $7 - \frac{11}{3} = \frac{10}{3}$ 吨. 此时,实际赢利为

$$13 - \frac{10}{3} \times 0.6 + \frac{10}{3} \times 0.8 = 13 + \frac{2}{3} \text{ 万元}$$

比利用现有原材料进行生产多赢利 $\frac{2}{3}$ 万元.

注:事实上,例 2 中原问题的对偶问题的最优解为 $y_1 = 0.6, y_2 = 0.8$,即为原材料 A_1, A_2 的影子价格.

习　题　七

1. 某农产品加工厂利用三种原料能生产五种产品，其有关数据如表 7-4 所示.

表 7-4

每万件产品所用原料数 /kg		产品 A	产品 B	产品 C	产品 D	产品 E	现有原料数 /kg
原料	甲	1	2	1	0	1	10
	乙	1	0	1	3	2	24
	丙	1	2	2	2	2	21
每万件产品利润 / 万元		8	20	10	20	21	

(1) 求最优生产计划；

(2) 对目标函数的系数 c_1, c_4 分别作灵敏度分析；

(3) 对约束条件的常数项 b_1, b_2 分别作灵敏度分析.

2. 写出下列线性规划问题的对偶问题.

(1) $\min f = 2x_1 + 3x_2 + 4x_3$

$$\text{s. t.} \begin{cases} x_1 + 2x_2 + x_3 \geqslant 3 \\ 2x_1 - x_2 + 3x_3 \geqslant 4 \\ x_1, x_2, x_3 \geqslant 0 \end{cases}$$

(2) $\max f = x_1 + x_2$

$$\text{s. t.} \begin{cases} -x_1 + x_2 + x_3 \leqslant 2 \\ -2x_1 + x_2 - x_3 \leqslant 1 \\ x_1, x_2, x_3 \geqslant 0 \end{cases}$$

(3) $\min f = x_1 + 2x_2$

$$\text{s. t.} \begin{cases} x_1 + x_2 \leqslant 6 \\ x_1 - x_2 \geqslant -4 \\ x_1 \geqslant 2 \\ x_2 \leqslant 6 \\ x_1, x_2 \geqslant 0 \end{cases}$$

3. 某文具用品厂用原材料白坯纸生产原稿纸、日记本和练习本 3 种产品. 该厂现有工人 100 人，每月白坯纸供应量为 3 万 kg. 已知工人的劳动生产率为：每人每月可生产原稿纸 30 捆，或生产日记本 30 打，或练习本 30 箱. 已知原材料消耗为：每捆原稿纸用白坯纸 $\frac{10}{3}$ kg，每打日记本用白坯纸 $\frac{40}{3}$ kg，每箱练习本用白坯纸 $\frac{80}{3}$ kg. 又知每生产一捆原稿纸可获利 2 元，生产一打日记本获利 3 元，生产一箱练习本获利 1 元. 试确定：

(1) 现有生产条件下获利最大的方案；

(2) 如白坯纸的供应数量不变，当工人数不足时可招收临时工，临时工工资支出为每人每月 40 元，则该厂要不要招收临时工，招收多少临时工最合适.

第八章　线性代数应用举例

第一节　行列式应用举例

例 1　配料问题.

有甲、乙、丙三种化肥，甲种化肥每千克含氮 70 g、磷 8 g、钾 2 g；乙种化肥每千克含氮 64 g、磷 10 g、钾 0.6 g；丙种化肥每千克含氮 70 g、磷 5 g、钾 1.4 g. 若把此三种化肥混合，要求总重量 23 kg，且含磷 149 kg、钾 30 kg，问 3 种化肥各多少千克.

解　设甲、乙、丙 3 种化肥各需 x_1, x_2, x_3 kg，按题意有

$$\begin{cases} x_1 + x_2 + x_3 = 23 \\ 8x_1 + 10x_2 + 5x_3 = 149 \\ 2x_1 + 0.6x_2 + 1.4x_3 = 30 \end{cases}$$

经计算，得

$$D = \begin{vmatrix} 1 & 1 & 1 \\ 8 & 10 & 5 \\ 2 & 0.6 & 1.4 \end{vmatrix} = -\frac{27}{5}, \quad D_1 = \begin{vmatrix} 23 & 1 & 1 \\ 149 & 10 & 5 \\ 30 & 0.6 & 1.4 \end{vmatrix} = -\frac{81}{5}$$

$$D_2 = \begin{vmatrix} 1 & 23 & 1 \\ 8 & 149 & 5 \\ 2 & 30 & 1.4 \end{vmatrix} = -27, \quad D_3 = \begin{vmatrix} 1 & 1 & 23 \\ 8 & 10 & 149 \\ 2 & 0.6 & 30 \end{vmatrix} = -81$$

由此得 3 种肥料数为 3 kg、5 kg 和 15 kg.

第二节　矩阵应用举例

例 2　产品数量与成本的矩阵表示.

某农场种植 3 种蔬菜，各种蔬菜每斤所需的生产成本由表 8-1 给出，而各季度每种蔬菜的生产数量由表 8-2 给出. 试给出各季度所需各类成本的明细表.

表 8-1

名目 \ 产品	甲	乙	丙
原材料	0.10	0.30	0.15
劳动量	0.30	0.40	0.25
管理费	0.10	0.20	0.15

表 8-2

季度 / 产品	夏	秋	冬	春
甲	4000	4500	4500	4000
乙	2000	2600	2400	2200
丙	5800	6200	6000	6000

解　设 $A=\begin{pmatrix}0.10 & 0.30 & 0.15\\ 0.30 & 0.40 & 0.25\\ 0.10 & 0.20 & 0.15\end{pmatrix}, B=\begin{pmatrix}4000 & 4500 & 4500 & 4000\\ 2000 & 2600 & 2400 & 2200\\ 5800 & 6200 & 6000 & 6000\end{pmatrix}$，则所需明细表可由矩阵 AB 给出，即

$$AB=\begin{pmatrix}1870 & 2160 & 2070 & 1960\\ 3450 & 3940 & 3810 & 3580\\ 1670 & 1900 & 1830 & 1740\end{pmatrix}$$

亦即得到各季度所需各类成本的明细如表 8-3 所示.

表 8-3

季度 / 产品	夏	秋	冬	春
原材料	1870	2160	2070	1960
劳动量	3450	3940	3810	3580
管理费	1670	1900	1830	1740

例 3　在某农业机械制造厂，用矩阵 A 表示一天产量，矩阵 B 表示拖拉机(T)和除草机(S)的单价和单位利润，求该厂 3 个车间一天的总产值和总利润.

解　该厂一天产量、三个车间一天的总产值和总利润；单价和单位利润；总产值和总利润分别由下列矩阵给出

$$A=\begin{array}{c}\begin{matrix}\text{T} & \text{S}\end{matrix}\\ \begin{pmatrix}100 & 200\\ 150 & 180\\ 120 & 210\end{pmatrix}\end{array}\begin{matrix}\text{一车间}\\ \text{二车间}\\ \text{三车间}\end{matrix}\qquad B=\begin{array}{c}\begin{matrix}\text{单价} & \text{单位利润}\end{matrix}\\ \begin{pmatrix}50 & 20\\ 45 & 15\end{pmatrix}\end{array}\begin{matrix}\text{S}\\ \text{T}\end{matrix}$$

$$C=\begin{array}{c}\begin{matrix}\text{总产值(元)} & \qquad\qquad \text{总利润(元)}\end{matrix}\\ \begin{pmatrix}100\times 50+200\times 45 & 100\times 20+200\times 15\\ 150\times 50+180\times 45 & 150\times 20+180\times 15\\ 120\times 50+210\times 45 & 120\times 20+210\times 15\end{pmatrix}\end{array}\begin{matrix}\text{一车间}\\ \text{二车间}\\ \text{三车间}\end{matrix}=\begin{pmatrix}1400 & 5000\\ 15600 & 5700\\ 15450 & 5550\end{pmatrix}=AB$$

第三节　线性方程组应用举例

例 4　投入产出问题.

1. 问题背景

在一个国家或区域的经济系统中，各部门（或企业）既有消耗又有生产，或者说是既有“投入”又有“产出”. 生产的产品供给各部门和系统以满足需求外，同时也消耗系统内各部门所提供的产品（当然，还有其他的诸如人力消耗等），消耗的目的是为了生产；生产的结果必然要创造新价值，以支付工资和获取利润. 显然，对每一个部门来说，物资消耗和新创造的价值等于它生产的总产值. 这就是“投入”和“产出”之间的平衡关系.

俄裔美国经济学家 W. Leontief 于 20 世纪 30 年代首先提出并成功地建立了研究国民经济的投入产出的数学模型，这一方法即投入产出法以其重要的应用价值迅速为世界各国经济学界和决策部门所采纳. W. Leontief 也因此于 1973 年获得了诺贝尔经济学奖.

2. 实际问题

我们以一个城镇的 3 个企业作为经济系统，来说明投入产出法在经济分析中的应用.

某城镇有 3 个主要企业：煤矿、电力和地方铁路作为它的经济系统. 生产价值 1 元的煤，需消耗 0.25 元的电费和 0.35 元的运输费；生产价值 1 元的电，需消耗 0.40 元的煤费、0.05 元的电费和 0.10 元的运输费；而提供价值 1 元的铁路运输服务，则需消耗 0.45 元煤费、0.10 元的电费和 0.10 元的运输费. 在某个星期内，除了这 3 个企业间的彼此需求，煤矿得到 50 000 元的订单，电厂得到 25 000 元的电量供应要求，而地方铁路得到价值 30 000 元的运输需求. 试问：

(1) 这 3 个企业在这星期各应生产多少产值才能满足内外需求；

(2) 除了外部需求，试求这星期各企业之间的消耗需求，同时求出各企业新创造的价值（即产值中除去各企业的消耗所剩的部分）.

3. 模型构成

设煤矿、电力和地方铁路在这星期生产总产值分别为 x_1，x_2 和 x_3（元），则由题意，有

$$\begin{cases} 0x_1+0.40x_2+0.45x_3+50000=x_1 \\ 0.25x_1+0.05x_2+0.10x_3+25000=x_2 \\ 0.35x_1+0.10x_2+0.10x_3+30000=x_3 \end{cases} \tag{1}$$

方程组(1) 的意义是，每个等式以价值形式说明了对每一个企业，有

中间产品（作为系统内各企业的消耗）＋最终产品（外部需求）＝总产品

亦称方程组(1) 为分配平衡方程组.

另一方面，若设 z_1，z_2 和 z_3（元）分别为煤矿、电厂和地方铁路在这星期的新创价值，则由题意，有

$$\begin{cases} 0x_1 + 0.25x_1 + 0.35x_1 + z_1 = x_1 \\ 0.40x_2 + 0.05x_2 + 0.10x_2 + z_2 = x_2 \\ 0.45x_3 + 0.10x_3 + 0.10x_3 + z_3 = x_3 \end{cases} \tag{2}$$

方程组(2) 的意义是，每个等式以价值形式说明了对每一个企业，有

对系统内各企业产品的消耗 + 新创价值 = 总产值

称方程组(1) 为消耗平衡方程组.

4. 模型求解

将方程组(1) 改写成矩阵形式为：$\boldsymbol{AX} + \boldsymbol{Y} = \boldsymbol{X}$，其中

$$A = \begin{pmatrix} 0 & 0.40 & 0.45 \\ 0.25 & 0.05 & 0.10 \\ 0.35 & 0.10 & 0.10 \end{pmatrix}, \quad \boldsymbol{X} = \begin{pmatrix} x_1 \\ x_2 \\ x_3 \end{pmatrix}, \quad \boldsymbol{Y} = \begin{pmatrix} 50000 \\ 25000 \\ 30000 \end{pmatrix}$$

在经济学上称矩阵 A 为直接消耗矩阵，A 中的元素 a_{ij} 称之为直接消耗系数. 向量 $\boldsymbol{X}$ 称为产出向量，向量 $\boldsymbol{Y}$ 称为最后需求向量.

由 $A\boldsymbol{X} + \boldsymbol{Y} = \boldsymbol{X}$，得

$$(E - A)\boldsymbol{X} = \boldsymbol{Y} \tag{3}$$

这是一个关于 x_1、x_2 和 x_3 的线性方程组. 解此方程组，得

$$\boldsymbol{X} = \begin{pmatrix} x_1 \\ x_2 \\ x_3 \end{pmatrix} = \begin{pmatrix} 114458 \\ 65395 \\ 85111 \end{pmatrix}$$

由此可知在该星期中，煤矿、电厂和地方铁路的总产值应分别为：114 458 元、65 395 元和 85 111 元才能满足内外需求.

由于得到了系统各个企业的总产值(即产出向量)，我们就可以利用直接消耗系统矩阵 A 进行每一企业分别用于企业内部和其它企业的消耗计算：

$$A\begin{pmatrix} 114458 & 0 & 0 \\ 0 & 65395 & 0 \\ 0 & 0 & 85111 \end{pmatrix} = \begin{pmatrix} 0 & 26158 & 38300 \\ 28614 & 3270 & 8511 \\ 40060 & 6540 & 8511 \end{pmatrix}$$

上式右端矩阵的每一行给出了每一企业分别用于企业内部和其他企业的消耗(中间产品)，进而利用方程组(2) 可求得各企业新创造的价值

$$z_1 = 45784, \quad z_2 = 29427, \quad z = 29789$$

注：投入产出问题是经济学中的最重要的问题之一，有关投入产出法在经济分析中的更深意义上的应用，可参阅其他书籍.

第四节　特征值与特征向量应用举例

例 5　斐波那契(Fibonacci) 数列的通项.

斐波那契在 13 世纪初提出，一个兔子出生一个月后开始繁殖，每个月出生一对新生兔子，假定兔子只繁殖，没有死亡，问第 k 个月月初会有多少对兔子？

以对为单位，每个月繁殖兔子对数构成一个数列，这便是著名的Fibonacci数列：0，1，2，3，5，8，…，此数列 F_k 满足条件

$$F_0=0,\ F_1=1,\ F_{k+2}=F_{k+1}+F_k \quad (k=0,1,2,\cdots) \tag{1}$$

下面运用矩阵的工具来求出 F_k 的通项.

将关系式 $\begin{cases}F_{k+2}=F_{k+1}+F_k,\\ F_{k+1}=F_{k+1}\end{cases}(k=0,1,2,\cdots)$ 写成矩阵形式

$$\boldsymbol{\alpha}_{k+1}=A\boldsymbol{\alpha}_k \ (k=1,2,3,\cdots) \tag{2}$$

其中，$A=\begin{pmatrix}1&1\\0&1\end{pmatrix}$，$\boldsymbol{\alpha}_k=\begin{pmatrix}F_{k+1}\\F_k\end{pmatrix}$，$\boldsymbol{\alpha}_0=\begin{pmatrix}F_1\\F_0\end{pmatrix}=\begin{pmatrix}1\\1\end{pmatrix}$.

由式(2)递推，可得

$$\boldsymbol{\alpha}_k=A^k\boldsymbol{\alpha}_0 \quad (k=1,2,3,\cdots) \tag{3}$$

于是，求 F_k 的问题归结为求 $\boldsymbol{\alpha}_k$，即 A^k 的问题. 由

$$|\lambda E-A|=\begin{vmatrix}\lambda-1&-1\\-1&\lambda\end{vmatrix}=\lambda^2-\lambda-1$$

得 A 的特征值为 $\lambda_1=\dfrac{1+\sqrt{5}}{2}$，$\lambda_2=\dfrac{1-\sqrt{5}}{2}$.

对应的 λ_1,λ_2 的特征向量分别为 $\boldsymbol{\eta}_1=\begin{pmatrix}\lambda_1\\1\end{pmatrix}$，$\boldsymbol{\eta}_2=\begin{pmatrix}\lambda_2\\1\end{pmatrix}$.

令 $P=\begin{pmatrix}\lambda_1&\lambda_2\\1&1\end{pmatrix}$，求得 $P^{-1}=\dfrac{1}{\lambda_1-\lambda_2}\begin{pmatrix}1&-\lambda_2\\-1&\lambda_1\end{pmatrix}$. 于是

$$A^k=P\Lambda^kP^{-1}=P\begin{pmatrix}\lambda_1^k&\\&\lambda_2^k\end{pmatrix}P^{-1}$$

$$=\frac{1}{\lambda_1-\lambda_2}\begin{pmatrix}\lambda_1^{k+1}-\lambda_2^{k+1}&\lambda_1\lambda_2^{k+1}-\lambda_2\lambda_1^{k+1}\\\lambda_1^k-\lambda_2^k&\lambda_1\lambda_2^k-\lambda_2\lambda_1^k\end{pmatrix}$$

所以

$$\boldsymbol{\alpha}_k=A\boldsymbol{\alpha}_0=\frac{1}{\lambda_1-\lambda_2}\begin{pmatrix}\lambda_1^{k+1}-\lambda_2^{k+1}&\lambda_1\lambda_2^{k+1}-\lambda_2\lambda_1^{k+1}\\\lambda_1^k-\lambda_2^k&\lambda_1\lambda_2^k-\lambda_2\lambda_1^k\end{pmatrix}\begin{pmatrix}1\\0\end{pmatrix}$$

$$=\frac{1}{\lambda_1-\lambda_2}\begin{pmatrix}\lambda_1^{k+1}-\lambda_2^{k+1}\\\lambda_1^k-\lambda_2^k\end{pmatrix}$$

即

$$\begin{pmatrix}F_{k+1}\\F_k\end{pmatrix}=\boldsymbol{\alpha}_k=\frac{1}{\lambda_1-\lambda_2}\begin{pmatrix}\lambda_1^{k+1}-\lambda_2^{k+1}\\\lambda_1^k-\lambda_2^k\end{pmatrix} \tag{4}$$

将 $\lambda_1=\dfrac{1+\sqrt{5}}{2}$，$\lambda_2=\dfrac{1-\sqrt{5}}{2}$ 代入式(4)，得

$$F_k=\frac{1}{\sqrt{5}}\left[\left(\frac{1+\sqrt{5}}{2}\right)^k-\left(\frac{1-\sqrt{5}}{2}\right)^k\right] \tag{5}$$

这就是 Fibonacci 数列的通项公式.

对于任何正整数 k,由式(5)求得 F_k 都是正整数,当 $k=20$ 时,$F_k=6765$,即 20 个月后有 6765 对兔子.

例 6　农业经济发展与环境污染的增长模型.

在第五章引例中,我们已介绍了农业发展与环境污染的增长模型.下面我们作进一步的讨论.

记 x_k 和 y_k 为第 k 个周期后的污染损耗和工业产值,则此增长模型为

$$\begin{cases} x_k = \dfrac{8}{3}x_{k-1} - \dfrac{1}{3}y_{k-1} \\ y_k = -\dfrac{2}{3}x_{k-1} + \dfrac{7}{3}y_{k-1} \end{cases} \quad (k=1,2,\cdots)$$

即 $\begin{pmatrix} x_k \\ y_k \end{pmatrix} = -\dfrac{1}{3}\begin{pmatrix} 8 & -1 \\ -2 & 7 \end{pmatrix}\begin{pmatrix} x_{k-1} \\ y_{k-1} \end{pmatrix}$,或 $\boldsymbol{\alpha}_k = A\boldsymbol{\alpha}_{k-1}\ (k=1,2,\cdots)$.

由此模型及当前的水平 $\boldsymbol{\alpha}_0$,可以预测若干发展周期后的水平

$$\boldsymbol{\alpha}_1 = A\boldsymbol{\alpha}_0,\ \boldsymbol{\alpha}_2 = A\boldsymbol{\alpha}_1 = A^2\boldsymbol{\alpha}_0,\ \cdots,\ \boldsymbol{\alpha}_k = A^k\boldsymbol{\alpha}_0$$

如果直接计算 A 的各次幂,计算将十分复杂,而利用矩阵特征值和特征向量的有关性质不但使计算大大简化,而且模型的结构和性质也更为清晰.为此,先计算 A 的特征值.

A 的特征多项式为

$$|A-\lambda E| = \begin{vmatrix} \dfrac{8}{3}-\lambda & -\dfrac{1}{3} \\ -\dfrac{2}{3} & \dfrac{7}{3}-\lambda \end{vmatrix} = \lambda^2 - 5\lambda + 6$$

所以,A 的特征值为 $\lambda_1 = 2, \lambda_2 = 3$.

对于特征值 $\lambda_1 = 2$,解齐次线性方程组 $(A-2E)\boldsymbol{X} = \boldsymbol{O}$,可得 A 的属于 $\lambda = 2$ 的特征向量 $\boldsymbol{p}_1 = \begin{pmatrix} 1 \\ 2 \end{pmatrix}$.

对于特征值 $\lambda_1 = 3$,解齐次线性方程组 $(A-3E)\boldsymbol{X} = \boldsymbol{O}$,可得 A 的属于 $\lambda = 3$ 的特征向量 $\boldsymbol{p}_2 = \begin{pmatrix} 1 \\ -1 \end{pmatrix}$.

如果当前的水平 $\boldsymbol{\alpha}_n$ 恰好等于 $\boldsymbol{p}_1$,则 $k=n$ 时,

$$\boldsymbol{\alpha}_n = A^n\boldsymbol{\alpha}_0 = A^n\boldsymbol{p}_1 = \lambda_1\boldsymbol{p}_1 = 2^n\begin{pmatrix} 1 \\ 2 \end{pmatrix}$$

即 $x_n = 2^n, y_n = 2^{n+1}$.

这表明,经过 n 个周期后,农业产值达到一个相当高的水平(2^{n+1}),但其中一半被污染损耗(2^n)所抵消,造成资源的严重浪费.

如果当前的水平 $\boldsymbol{\alpha}_0 = \begin{pmatrix} 11 \\ 9 \end{pmatrix}$,则不能直接应用上述方法分析,此时由于 $\boldsymbol{\alpha}_0 = 10\boldsymbol{p}_1 + \boldsymbol{p}_2$,于是

$$\begin{aligned}\boldsymbol{\alpha}_n &= A^n\boldsymbol{\alpha}_0 = 10A^n\boldsymbol{p}_1 + A^n\boldsymbol{p}_2 \\ &= 10 \cdot 2^n\boldsymbol{p}_1 + 3^n\boldsymbol{p}_2 \\ &= \begin{pmatrix} 10\times 2^n + 3^n \\ 20\times 2^n - 3^n \end{pmatrix}\end{aligned}$$

特别地，当 $n=4$ 时，污染损耗为 $x_4=241$，农业产值为 $y_4=239$，损耗已超过了产值，经济将出现负增长.

由上面的分析可以看出：尽管 A 的特征向量 $\boldsymbol{p}_2$ 没有实际意义(因为 $\boldsymbol{p}_2$ 中含有负分量)，但任一具有实际意义的向量 $\boldsymbol{\alpha}_0$ 都可以表示为 $\boldsymbol{p}_1$，$\boldsymbol{p}_2$ 的线性组合，从而在分析过程中仍具有重要意义.

例 7　莱斯利种群模型.

莱斯利(Leslie) 模型是研究动物种群数量增长的重要模型，这一模型研究了种群中雌性动物的年龄分布和数量增长的规律.

在某动物种群中，仅考察雌性动物的年龄和数量. 设雌性动物的最大生存年龄为 L(单位：年或其他时间单位)，把$[0,L]$ 等分为几个年龄组，每一年龄组的长度为 L/n

$$\left[0,\frac{L}{n}\right),\ \left[\frac{L}{n},\frac{2L}{n}\right),\cdots,\left[\frac{(n-1)L}{n},L\right]$$

设第 i 个年龄组的生育率为 a_i，存活率为 b_i $(i=1,2,\cdots,n)$. 应注意 a_i 表示第i 个年龄组的每一雌性动物平均生育的雌性幼体个数；b_i 表示第 i 个年龄组中可存活到第 $i+1$ 年龄组的雌性数与该年龄组总数之比. 在不发生意外事件(灾害等) 的条件下，a_i，b_i 均为常数，且 $a_i \geqslant 0$ $(i=1,2,\cdots,n)$，$0<b_i\leqslant 1$ $(i=1,2,\cdots,n-1)$. 同时，设至少有一个 $a_i>0$ $(1\leqslant i\leqslant n)$，即至少有一个年龄组的雌性动物具有生育能力.

利用统计资料可获得基年($t=0$) 该种群在各年龄组的雌性动物数量，记 $x_i^{(0)}$ $(i=1,2,\cdots,n)$，为 $t=0$ 时第 i 年龄组雌性动物的数量，就得到初始时刻年龄分布向量

$$\boldsymbol{X}^{(0)} = [x_1^{(0)},x_2^{(0)},\cdots,x_n^{(0)}]^{\mathrm{T}}$$

如果以年龄组的间隔 L/n 作为时间单位，记 $t_1=\dfrac{L}{n}$，$t_2=\dfrac{2L}{n}$，$\cdots$，$t_k=\dfrac{kL}{n}$，$\cdots$，并统计在 t_k 时各年龄组雌性动物的数量 $x_i^{(k)}$ $(i=1,2,\cdots,n)$，可得 t_k 时的年龄分布向量

$$\boldsymbol{X}^{(k)} = [x_1^{(k)},x_2^{(k)},\cdots,x_n^{(k)}]^{\mathrm{T}}\quad (k=0,1,2,\cdots)$$

随着时间的变化，由于出生、死亡以及年龄的增长，该种群中每一年龄组的雌性动物数量都将发生变化. 实际上，在 t_k 时，种群中第一年龄组的雌性个数应等于在 t_{k-1} 和 t_k 之间出生的所有雌性幼体的总和，即

$$x_1^{(k)} = a_1x_1^{(k-1)} + a_2x_2^{(k-1)} + \cdots + a_nx_n^{(k-1)} \tag{6}$$

同时，在 t_k 时，第 $i+1$ 年龄组$(i=1,2,\cdots,n-1)$. 中雌性动物的数量应等于在 t_{k-1} 时第 i 年龄组中雌性动物数量 $x_i^{(k-1)}$ 乘以存活率 b_i，即

$$x_{i+1}^{(k)} = b_ix_i^{(k-1)}\quad (i=1,2,\cdots,n-1) \tag{7}$$

综合上述分析，由式(6) 和式(7) 可得到 t_k 和 t_{k-1} 时各年龄组中雌性动物数量间的关系

$$\begin{cases} x_1^{(k)} = a_1x_1^{(k-1)} + a_2x_2^{(k-1)} + \cdots + a_{n-1}x_{n-1}^{(k-1)} + a_nx_n^{(k-1)} \\ x_2^{(k)} = b_1x_1^{(k-1)} \\ x_3^{(k)} = b_2x_2^{(k-1)} \\ \vdots \qquad \ddots \\ x_n^{(k)} = b_{n-1}x_{n-1}^{(k-1)} \end{cases} \tag{8}$$

记矩阵

$$L = \begin{pmatrix} a_1 & a_2 & a_3 & \cdots & a_{n-1} & a_n \\ b_1 & 0 & 0 & \cdots & 0 & 0 \\ 0 & b_2 & 0 & \cdots & 0 & 0 \\ \vdots & \vdots & \vdots & & \vdots & \vdots \\ 0 & 0 & 0 & \cdots & 0 & b_{n-1} \end{pmatrix}$$

则式(8)可写成

$$\boldsymbol{X}^{(k)} = L\boldsymbol{X}^{(k-1)} \quad (k = 0,1,2,\cdots) \tag{9}$$

其中 L 称为**莱斯利矩阵**.

由(9)可得:$\boldsymbol{X}^{(1)} = L\boldsymbol{X}^{(0)}, \boldsymbol{X}^{(2)} = L\boldsymbol{X}^{(1)} = L^2\boldsymbol{X}^{(0)}, \cdots$,一般有

$$\boldsymbol{X}^{(k)} = L\boldsymbol{X}^{(k-1)} = L^k\boldsymbol{X}^{(0)} \quad (k = 0,1,2,\cdots)$$

如果已知初始时年龄分布向量 $\boldsymbol{X}^{(0)}$,则可以推算任一时刻 t_k 时,该种群中雌性的年龄分布向量,并以此对种群的总量进行科学的分析.

例 8　某种动物雌性的最大生存年龄为15年,以5年为一间隔,把这一动物种群分为3个年龄组[0,5),[5,10),[10,15),利用统计资料,已知 $a_1 = 0, a_2 = 4, a_3 = 3; b_1 = \frac{1}{2}$, $b_2 = \frac{1}{4}$. 初始时刻 $t = 0$ 时,3个年龄组的雌性动物个数分别为500,1000,500,则初始年龄分布向量和莱斯利矩阵为

$$\boldsymbol{X}^{(0)} = [500,1000,500]^{\mathrm{T}}, L = \begin{pmatrix} 0 & 4 & 3 \\ \frac{1}{2} & 0 & 0 \\ 0 & \frac{1}{4} & 0 \end{pmatrix}$$

于是

$$\boldsymbol{X}^{(1)} = L\boldsymbol{X}^{(0)} = \begin{pmatrix} 0 & 4 & 3 \\ \frac{1}{2} & 0 & 0 \\ 0 & \frac{1}{4} & 0 \end{pmatrix}\begin{pmatrix} 500 \\ 1000 \\ 500 \end{pmatrix} = \begin{pmatrix} 5500 \\ 250 \\ 250 \end{pmatrix}$$

$$\boldsymbol{X}^{(2)} = L\boldsymbol{X}^{(1)} = \begin{pmatrix} 0 & 4 & 3 \\ \frac{1}{2} & 0 & 0 \\ 0 & \frac{1}{4} & 0 \end{pmatrix}\begin{pmatrix} 5500 \\ 250 \\ 250 \end{pmatrix} = \begin{pmatrix} 1750 \\ 2750 \\ 62.5 \end{pmatrix}$$

$$X^{(3)} = LX^{(2)} = \begin{pmatrix} 0 & 4 & 3 \\ \frac{1}{2} & 0 & 0 \\ 0 & \frac{1}{4} & 0 \end{pmatrix} \begin{pmatrix} 1750 \\ 2750 \\ 62.5 \end{pmatrix} = \begin{pmatrix} 11187.5 \\ 875 \\ 687.5 \end{pmatrix}$$

为了分析 $k \to \infty$ 时，该动物种群年龄分布向量的特点，我们先求出矩阵 L 的特征值和特征向量，为此计算 L 的特征多项式

$$|\lambda E - L| = \begin{vmatrix} \lambda & -4 & -3 \\ -\frac{1}{2} & \lambda & 0 \\ 0 & -\frac{1}{4} & \lambda \end{vmatrix} = \left(\lambda - \frac{3}{2}\right)\left(\lambda^2 + \frac{3}{2}\lambda + \frac{1}{4}\right)$$

由此可得 L 的特征值 $\lambda_1 = \frac{3}{2}, \lambda_2 = \frac{-3+\sqrt{5}}{4}, \lambda_3 = \frac{-3-\sqrt{5}}{4}$，不难看出 λ_1 是矩阵 L 的唯一正特征值，且 $|\lambda_1| > |\lambda_2|, |\lambda_1| > |\lambda_3|$，因此矩阵 L 可与对角矩阵相似.

设矩阵 L 属于特征值 λ_i 的特征向量为 $\boldsymbol{\alpha}_i$ $(i = 1,2,3)$. 不难计算 L 属于特征值 $\lambda_1 = \frac{3}{2}$ 的特征向量为 $\boldsymbol{\alpha}_1 = \left[1, \frac{1}{3}, \frac{1}{18}\right]^{\mathrm{T}}$ 记矩阵 $P = [\boldsymbol{\alpha}_1, \boldsymbol{\alpha}_2, \boldsymbol{\alpha}_3]$，$\boldsymbol{\Lambda} = \operatorname{diag}[\lambda_1, \lambda_2, \lambda_3]$，则

$$P^{-1}LP = \boldsymbol{\Lambda} \quad \text{或} \quad L = P\boldsymbol{\Lambda}P^{-1}$$

从而有：$L^k = P\boldsymbol{\Lambda}^k P^{-1}$. 于是

$$X^{(k)} = L^k \boldsymbol{X}^{(0)} = P\boldsymbol{\Lambda}^k P^{-1}\boldsymbol{X}^{(0)} = \lambda_1^k P \begin{pmatrix} 1 & 0 & 0 \\ 0 & (\lambda_2/\lambda_1)^k & 0 \\ 0 & 0 & (\lambda_3/\lambda_1)^k \end{pmatrix} P^{-1}\boldsymbol{X}^{(0)}$$

即 $\frac{1}{\lambda_1^k}\boldsymbol{X}^{(k)} = P \operatorname{diag}\left(1, \left(\frac{\lambda_2}{\lambda_1}\right)^k, \left(\frac{\lambda_3}{\lambda_1}\right)^k\right) P^{-1}\boldsymbol{X}^{(0)}$

因为 $\left|\frac{\lambda_2}{\lambda_1}\right| < 1, \left|\frac{\lambda_3}{\lambda_1}\right| < 1$，所以

$$\lim_{k\to\infty} \frac{1}{\lambda_1^k}\boldsymbol{X}^{(k)} = P \operatorname{diag}[1,0,0] P^{-1}\boldsymbol{X}^{(0)}$$

记列向量 $P^{-1}\boldsymbol{X}^{(0)}$ 的第一个元素为 c（常数），则上式可化为

$$\lim_{k\to\infty} \frac{1}{\lambda_1^k}\boldsymbol{X}^{(k)} = (\boldsymbol{\alpha}_1, \boldsymbol{\alpha}_2, \boldsymbol{\alpha}_3)\begin{pmatrix} c \\ 0 \\ 0 \end{pmatrix} = c\,\boldsymbol{\alpha}_1$$

于是，当 k 充分大时，近似地成立

$$\boldsymbol{X}^{(k)} = c\lambda_1^k \boldsymbol{\alpha}_1 = c\left(\frac{3}{2}\right)^k \begin{pmatrix} 1 \\ \frac{1}{3} \\ \frac{1}{18} \end{pmatrix} \quad \text{其中 } c \text{ 为常数}$$

这一结果说明，当时间充分长，这种动物中雌性的年龄分布将趋于稳定，即3个年龄组的数量比为 $1:\frac{1}{3}:\frac{1}{18}$. 并由此可近似得到 t_k 时种群中雌性动物的总量，从而对整个种群的总量进行估计.

莱斯利模型在分析动物种群的年龄分布和总量增长方面有广泛应用，这一模型也可应用于人口增长的年龄分布问题.

附录1 线性方程组的加减消元法

许多实际问题的处理往往需要归结为求解线性方程组的问题.线性方程组就是仅包含未知量一次方幂的方程组.中学常采用代入法求解,但当未知量的个数较多的时候,代入计算的方法非常烦琐,且不容易掌握规律.为了解决这个问题以及讨论一般线性方程组的解法,我们通过具体的例子说明线性方程组的加减消元解法.

例1 解线性方程组

$$\begin{cases} x_1+3x_2+x_3+2x_4=4 \\ 3x_1+4x_2+2x_3-3x_4=6 \\ -x_1-5x_2+4x_3+x_4=11 \\ 2x_1+7x_2+x_3-6x_4=-5 \end{cases} \tag{1}$$

解 首先消去第2,3,4个方程中的x_1,为此,可将方程组(1)的第2,3,4个方程分别加上第1个方程的-3,1和-2倍,得

$$\begin{cases} x_1+3x_2+x_3+2x_4=4 \\ -5x_2-x_3-9x_4=-6 \\ -2x_2+5x_3+3x_4=15 \\ x_2-x_3-10x_4=-13 \end{cases}$$

互换上式中第2和第4个方程的位置,得

$$\begin{cases} x_1+3x_2+x_3+2x_4=4 \\ x_2-x_3-10x_4=-13 \\ -2x_2+5x_3+3x_4=15 \\ -5x_2-x_3-9x_4=-6 \end{cases}$$

再将上式中第3、4个方程分别加上第2个方程的2倍和5倍,消去其中的x_2,得

$$\begin{cases} x_1+3x_2+x_3+2x_4=4 \\ x_2-x_3-10x_4=-13 \\ 3x_3-17x_4=-11 \\ -6x_3-59x_4=-71 \end{cases}$$

然后将上式中第3个方程乘以2加到第4个方程消去其中的x_3,得

$$\begin{cases} x_1+3x_2+x_3+2x_4=4 \\ x_2-x_3-10x_4=-13 \\ 3x_3-17x_4=-11 \\ -93x_4=-93 \end{cases} \tag{2}$$

由该方程组的最后一个方程可以解出$x_4=1$,然后将该结果逐次代入上一个方程,则可以

求出

$$\begin{cases} x_1 = 3 \\ x_2 = -1 \\ x_3 = 2 \\ x_4 = 1 \end{cases} \tag{3}$$

显然，方程组(1)、(2)、(3) 都是同解方程组，从而(3) 是原方程组(1) 的解.

从用消元法解线性方程组(1) 到(3) 的整个过程可以看到：我们实质上是对方程组施行下面三种变形：

(i) 互换两个方程的位置；

(ii) 用非零数乘以某一方程；

(iii) 把一方程的若干倍加到另一方程上.

很明显可以看到，当我们对已知方程组进行上面三种变形时，参加运算的只是方程组未知量的系数和常数项.

例 2　解线性方程组 $\begin{cases} x_1 - x_2 + x_3 = 2, \\ 2x_1 - x_2 - x_3 = -2, \\ 3x_1 - x_2 - 3x_3 = -6. \end{cases}$

解　将方程组中第 2,3 个方程分别加上第 1 个方程的 -2 和 -3 倍，得

$$\begin{cases} x_1 - x_2 + x_3 = 2 \\ x_2 - 3x_3 = -6 \\ 2x_2 - 6x_3 = -12 \end{cases}$$

将新方程组中第 3 个方程分别加上第 2 个方程的 -2 倍，得

$$\begin{cases} x_1 - x_2 + x_3 = 2 \\ x_2 - 3x_3 = -6 \\ 0 = 0 \end{cases}$$

由第二个方程得 $x_2 = 3x_3 - 6$，代入第一个方程得 $x_1 = 2x_3 - 4$. 所以，如果令未知量 $x_3 = k$，得到原方程组的解为 $\begin{cases} x_1 = 2k - 4, \\ x_2 = 3k - 6, \\ x_3 = k. \end{cases}$

显然，当 k 取不同数值时，就得到 x_1，x_2 不同的值，这表明原方程组有无穷多组解，这无穷多组解可以用上式给出，其中 k 为任意常数.

例 3　解线性方程组 $\begin{cases} x_1 + x_2 + 2x_3 - 3x_4 = 1, \\ x_2 + x_3 - 4x_4 = 1, \\ x_1 + 2x_2 + 3x_3 - x_4 = 4, \\ 2x_1 + 3x_2 - x_3 - x_4 = -6. \end{cases}$

解　首先消去第 3、4 个方程中的 x_1，为此，可将方程组中第 3,4 个方程分别加上第 1 个方程的 -1 和 -2 倍，得

$$\begin{cases} x_1 + x_2 + 2x_3 + 3x_4 = 1 \\ x_2 + x_3 - 4x_4 = 1 \\ x_2 + x_3 - 4x_4 = 3 \\ x_2 - 5x_3 - 7x_4 = -8 \end{cases}$$

再将得到的方程组中第1,3,4个方程分别加上第2个方程的-1,并互换第3,4个方程后,得

$$\begin{cases} x_1 + x_3 - 7x_4 = 0 \\ x_2 + x_3 - 4x_4 = 1 \\ -6x_3 - 3x_4 = -9 \\ 0 = 2 \end{cases}$$

可以看出最后方程组的第4个方程是不成立的,所以原方程组无解.

从以上例题可以看出,解线性方程组可能会出现三种情况:有唯一解,有无穷多解和无解.是否存在其他情况呢?可以证明线性方程组的解只有以上这三种情况.

附录 2　数学归纳法

1. 第一数学归纳法原理

数学归纳法是用来证明某些与自然数有关的数学命题的一种证明方法. 它是以佩亚诺自然数公理中的归纳公理为大前提,以证明过程中的第一、二步为小前提的三段论形式的演绎法.

归纳公理　任意自然数集合,如果包含 1,并且假设包含 k,则一定包含 k 的后继 $k+1$,那么这个集合包含所有自然数.

第一数学归纳法　设有一个与自然数有关的命题 $P(n)$,如果

(i) 当 $n=n_0$ 时命题 $P(n_0)$ 成立(n_0 为自然数,根据具体问题确定);

(ii) 假设 $n=k$ 时,命题 $P(k)$ 成立,证明当 $n=k+1$ 时命题 $P(k+1)$ 也成立.

则与自然数有关的命题 $P(n)$ 对一切自然数 n 均成立.

例 1　证明:$\begin{pmatrix} a & 1 \\ 0 & a \end{pmatrix}^n = \begin{pmatrix} a^n & na^{n-1} \\ 0 & a^n \end{pmatrix}$.

证　当 $n=1$ 时,等式成立.

假设 $n=k$ 时,等式成立,那么当 $n=k+1$ 时

$$\begin{pmatrix} a & 1 \\ 0 & a \end{pmatrix}^{k+1} = \begin{pmatrix} a & 1 \\ 0 & a \end{pmatrix}^{k}\begin{pmatrix} a & 1 \\ 0 & a \end{pmatrix} = \begin{pmatrix} a^k & ka^{k-1} \\ 0 & a^k \end{pmatrix}$$

$$= \begin{pmatrix} a^k & ka^{k-1} \\ 0 & a^k \end{pmatrix}\begin{pmatrix} a & 1 \\ 0 & a \end{pmatrix} = \begin{pmatrix} a^{k+1} & (k+1)a^k \\ 0 & a^{k+1} \end{pmatrix}$$

所以,当 $n=k+1$ 时等式也成立,由此可知,对于任意自然数 n,等式都成立.

例 2　证明

$$D_n = \begin{vmatrix} x & -1 & 0 & \cdots & 0 \\ 0 & x & -1 & \cdots & 0 \\ \vdots & \vdots & & & \vdots \\ 0 & 0 & \cdots & x & -1 \\ a_n & a_{n-1} & \cdots & a_2 & a_1 \end{vmatrix} = \sum_{i=1}^{n} a_i x^{n-i}$$

证　当 $n=2$ 时,$D_2 = \begin{vmatrix} x & -1 \\ a_2 & a_1 \end{vmatrix} = a_1 x + a_2$,命题成立.

假设当 $n=k$ 时,结论成立,即 $D_k = \sum\limits_{i=1}^{k} a_i x^{k-i}$,那么当 $n=k+1$ 时,

因为

$$D_n = xD_{n-1} + (-1)^{n+1} a_n \begin{vmatrix} -1 & & & \\ x & -1 & & \\ & \ddots & \ddots & \\ & & x & -1 \end{vmatrix} = xD_{n-1} + a_n$$

所以

$$D_{k+1}=xD_k+a_{k+1}=x\Big(\sum_{i=1}^{k}a_ix^{k-i}\Big)+a_{k+1}=\sum_{i=1}^{k}a_ix^{k+1-i}+a_{k+1}=\sum_{i=1}^{k+1}a_ix^{k+1-i}$$

故当 $n=k+1$ 时,结论也成立,命题得证.

2. 第二数学归纳法原理

有时用第一数学归纳法证明命题时,仅用归纳假设"$n=k$ 时,命题 $P(k)$ 成立",难以证明命题对 $n=k+1$ 时也成立,此时可采用更强的归纳假设"$n\leqslant k$ 时命题成立",然后证明命题对 $n=k+1$ 时也成立,这就是**第二数学归纳法**.

第二数学归纳法的理论依据是自然数的良序性,即最小数原理,它与归纳公理是等价的命题.

最小数原理 自然数的任一非空集合中必有最小数.

第二数学归纳法 设有一个与自然数有关的命题 $P(n)$,如果

(i) 当 $n=n_0$ 时命题 $P(n_0)$ 成立(n_0 为自然数,根据具体问题确定);

(ii) 假设 $n\leqslant k$ 时,命题 $P(n)$ 成立,证明当 $n=k+1$ 时命题 $P(k+1)$ 也成立.

则与自然数有关的命题 $P(n)$ 对一切自然数 n 均成立.

例 3 设 $a_1=3,a_2=7$,又 $a_n=3a_{n-1}-2a_{n-2}\ (n\geqslant 3)$,试证对于一切自然数 n 都有

$$a_n=2^{n+1}-1$$

分析 该命题中 a_n 由递推关系式 $a_n=3a_{n-1}-2a_{n-2}\ (n\geqslant 3)$ 确定,因此需要运用第二数学归纳法证明.

证 当 $n=1$ 时,左边 $a_1=3$,右边 $=2^{1+1}-1=3$,等式成立;

当 $n=2$ 时,左边 $a_2=7$,右边 $=2^{2+1}-1=7$,等式成立;

假设 $n\leqslant k\ (k\geqslant 2)$ 时等式成立,即

$$a_{k-1}=2^k-1$$

则当 $n=k+1$ 时,有

$$\begin{aligned}a_{k+1}&=3a_k-2a_{k-1}\\&=3(2^{k+1}-1)-2(2^k-1)=3\cdot 2^{k+1}-3-2^{k+1}+2\\&=2\cdot 2^{k+1}-1=2^{(k+1)+1}-1\end{aligned}$$

故当 $n=k+1$ 时,等式也成立,由归纳原理对一切自然数 n,等式均成立.

例 4 用数学归纳法证明

$$D_n=\begin{vmatrix}\cos\alpha & 1 & 0 & \cdots & 0 & 0\\ 1 & 2\cos\alpha & 1 & \cdots & 0 & 0\\ \vdots & \vdots & \vdots & & \vdots & \vdots\\ 0 & 0 & 0 & \cdots & 2\cos\alpha & 1\\ 0 & 0 & 0 & \cdots & 1 & 2\cos\alpha\end{vmatrix}=\cos n\alpha$$

证 当 $n=2$ 时,

$$D_2=\begin{vmatrix}\cos\alpha & 1\\ 1 & 2\cos\alpha\end{vmatrix}=2\cos^2\alpha-1=\cos 2\alpha$$

结论成立.

因为将行列式按最后一行展开时,有

$$D_n = 1\cdot(-1)^{n+n-1}\begin{vmatrix} \cos\alpha & 1 & \cdots & 0 & 0 \\ 1 & 2\cos\alpha & \cdots & 0 & 0 \\ \vdots & \vdots & & \vdots & \vdots \\ 0 & 0 & \cdots & 2\cos\alpha & 0 \\ 0 & 0 & \cdots & 1 & 1 \end{vmatrix} + 2\cos\alpha\begin{vmatrix} \cos\alpha & 1 & \cdots & 0 & 0 \\ 1 & 2\cos\alpha & \cdots & 0 & 0 \\ \vdots & \vdots & & \vdots & \vdots \\ 0 & 0 & \cdots & 2\cos\alpha & 0 \\ 0 & 0 & \cdots & 1 & 2\cos\alpha \end{vmatrix}$$

$$= 2\cos\alpha\cdot D_{n-1} - D_{n-2}$$

由第二数学归纳法,假设当 $n\leqslant k$ 时,结论成立,即

$$D_{k-1} = \cos(k-1)\alpha,\quad D_k = \cos k\alpha$$

那么当 $n=k+1$ 时,因为

$$\begin{aligned} D_{k+1} &= 2\cos\alpha\cdot D_k - D_{k-1} = 2\cos\alpha\cdot\cos k\alpha - \cos(k-1)\alpha \\ &= 2\cos\alpha\cdot\cos k\alpha - \cos(k\alpha-\alpha) \\ &= 2\cos\alpha\cdot\cos k\alpha - (\cos k\alpha\cdot\cos\alpha + \sin k\alpha\cdot\sin\alpha) \\ &= \cos\alpha\cdot\cos k\alpha - \sin k\alpha\cdot\sin\alpha \\ &= \cos(k+1)\alpha \end{aligned}$$

故当 $n=k+1$ 时,结论也成立,命题得证.

3. 应用数学归纳法应当注意的几个问题

(1) 对于不同的命题,归纳法第一步所验证的不一定是从 $n=1$ 开始,而严格地讲应当从验证使命题有意义的最小正整数 k_0 开始,例如证明 n 边形的内角和为 $(n-2)\pi$,就要从 $n=3$ 开始.

(2) 在应用数学归纳法证题的过程中,尽管第一步"当 $n=1$ 或 $n=n_0$ 时命题成立"容易验证,但这一步却是使命题成立的基础,不能省略,否则会产生错误.例如:"对任意自然数 n 总有 $4\mid n^2+(n+1)^2$"这一命题,若忽视 $n=1$ 时命题成立的证明,而仅从第二步开始:假设 $n=k$ 时,$4\mid k^2+(k+1)^2$ 成立,则对于 $n=k+1$,有

$$\begin{aligned} (k+1)^2+[(k+1)+1]^2 &= (k+1)^2+(k+2)^2 \\ &= (k+1)^2+k^2+4k+4 \\ &= k^2+(k+1)^2+4(k+1) \end{aligned}$$

由归纳假设及 $4\mid 4(k+1)$,可知 $4\mid (k+1)^2+[(k+1)+1]^2$,故命题对任意自然数 n 均成立.这显然是错误的.因为两个相邻的自然数中,必然有一个奇数与一个偶数,因而其平方和 $n^2+(n+1)^2$ 必然为奇数,不可能是 4 的倍数,故原命题不真.产生这一错误的原因是没有验证"当 $n=1$ 时命题成立".

(3) 不完全归纳法是不合理的，但初学者往往习惯于用不完全归纳法.

例如，对错误的命题"$a_n = n^2 + n + 11$ 为素数"，若用不完全归纳法验证，则有：$a_1 = 13, a_2 = 17, a_3 = 23, a_4 = 31, a_5 = 41, a_6 = 53, a_7 = 67, a_8 = 83, a_9 = 101, \cdots\cdots$，依次类推，得出结论：对任意自然数 n，a_n 均为素数. 这显然也是错误的(因为当 $n = 10$ 时，$a_{10} = 121 = 11^2$ 为合数). 由此可见，只靠枚举式的验证是不可靠的.

(4) 数学归纳法原理中的第二步"假设当 $n = k$ 时命题成立(或假设当 $n \leqslant k$ 时命题成立)"称为**归纳假设**，在应用数学归纳法证明命题时，第二步由 $n = k$ 时命题成立(或假设当 $n \leqslant k$ 时命题成立)去推断当 $n = k+1$ 时命题成立，必须利用归纳假设的结论，否则，此时的证明必定是不完整的.

例 5 证明：$1^2 + 2^2 + 3^2 + \cdots + n^2 = \dfrac{1}{6}n(n+1)(2n+1)$.

证 当 $n = 1$ 时，有 $1^2 = \dfrac{1}{6} \cdot 1 \cdot (1+1) \cdot (2+1) = 1$，命题成立；

假设当 $n = k$ 时命题成立，即

$$1^2 + 2^2 + 3^2 + \cdots + k^2 = \frac{1}{6}k(k+1)(2k+1)$$

则当 $n = k+1$ 时，

$$\begin{aligned} 1^2 + 2^2 + 3^2 + \cdots + k^2 + (k+1)^2 &= \frac{1}{6}(k+1)[(k+1)+1][2(k+1)+1] \\ &= \frac{1}{6}(k+1)(k+2)(2(k+3) \end{aligned}$$

故当 $n = k+1$ 时命题成立，即对任意自然数 n 命题均成立.

以上证明表面上看似乎无懈可击，实际上，仔细观察可以发现其证明避开了"归纳假设"，最后一步是利用要证的结果去证明要证的结论，这在逻辑上犯了循环论证的错误，因而等于没有证明.

事实上，第二步正确的证法应该是：

假设当 $n = k$ 时命题成立，即

$$1^2 + 2^2 + 3^2 + \cdots + k^2 = \frac{1}{6}k(k+1)(2k+1)$$

则当 $n = k+1$ 时，利用以上归纳假设，在上式两端同时加上 $(k+1)^2$，得

$$1^2 + 2^2 + 3^2 + \cdots + k^2 + (k+1)^2 = \frac{1}{6}k(k+1)(2k+1) + (k+1)^2$$

整理等式右端可得

$$1^2 + 2^2 + 3^2 + \cdots + k^2 + (k+1)^2 = \frac{1}{6}(k+1)(k+2)(2(k+3)$$

故当 $n = k+1$ 时命题成立，即对任意自然数 n 命题均成立.

附录 3　连加号 $\sum$ 与连乘号 $\prod$

1. 连加号

在数学中常常碰到若干个数连加的式子

$$a_1 + a_2 + \cdots + a_n$$

为了简便起见，我们可用**连加号** $\sum$ 把上式记成 $\sum\limits_{i=1}^{n} a_i$，$a_i$ 表示一般项，而连加号上下的写法表示 i 的取值由 1 到 n. 其中的 i 称为**求和指标**，它只起一个辅助的作用.

例 1　二项式定理

$$(a+b)^n = a^n + C_n^1 a^{n-1} b + C_n^2 a^{n-2} b^2 + \cdots + C_n^{n-1} a b^{n-1} + b^n$$

可以用连加号表示为

$$(a+b)^n = \sum_{i=0}^{n} C_n^i a^{n-i} b^i$$

例 2　n 元一次多项式 $f(x) = a_n x^n + a_{n-1} x^{n-1} + \cdots + a_1 x + a_0$ 可以用连加号表示为

$$f(x) = \sum_{i=0}^{n} a_i x^i$$

容易看出，连加号 $\sum$ 具有以下简单的性质：

性质 1　$\sum\limits_{i=1}^{n} (a_i + b_i) = \sum\limits_{i=1}^{n} a_i + \sum\limits_{i=1}^{n} b_i$

性质 2　$\sum\limits_{i=1}^{n} (k a_i) = k \sum\limits_{i=1}^{n} a_i$，其中 k 是与 i 无关的常数.

性质 3　$\sum\limits_{i=1}^{n} a_i$ 的结果与求和指标所采用的字母无关，即

$$\sum_{i=1}^{n} a_i = \sum_{j=1}^{n} a_j = \sum_{k=1}^{n} a_k$$

有时，连加的数是用两个指标来编号的，例如，求矩阵 $(a_{ij})_{mn}$ 中全部元素的和，这个和可以用双重连加号记为

$$\sum_{i=1}^{m} \sum_{j=1}^{n} a_{ij}$$

可先把第 i 行的 n 个数相加，记为 $S_i = \sum\limits_{j=1}^{n} a_{ij}$（即对列指标 j 求和），再把 m 个行的和数 S_1，S_2，…，S_m 相加，记为

$$S = \sum_{i=1}^{m} S_i = \sum_{i=1}^{m} \sum_{j=1}^{n} a_{ij}$$

同样也可以先对第 j 行的 m 个数相加，记为 $S'_j - \sum_{i=1}^{m} a_{ij}$（即对行指标 i 求和），再把 n 个列的和数 $S'_1, S'_2, \cdots, S'_n$ 相加，记为

$$S = \sum_{j=1}^{n} S'_j = \sum_{j=1}^{n}\sum_{i=1}^{m} a_{ij}$$

这两种顺序的求和结果显然相等，这表明用双重连加号求和时，可以对指标 i,j 的求和次序予以变更. 即

$$\sum_{i=1}^{m}\sum_{j=1}^{n} a_{ij} = \sum_{j=1}^{n}\sum_{i=1}^{m} a_{ij}$$

有时，对用两个指标编号的数求其一部分数的和时，可以在连加号下写出的指标满足的条件，例如

$$\begin{aligned}\sum_{i=1}^{n-1}\sum_{i<j\leqslant n} a_{ij} = a_{12} + a_{13} + \cdots + a_{1n} \\ + a_{23} + \cdots + a_{2n} \\ + \cdots \\ + a_{n-1,n}\end{aligned}$$

又如，对于两个多项式

$$f(x) = a_n x^n + a_{n-1} x^{n-1} + \cdots + a_0$$
$$g(x) = b_m x^m + b_{m-1} x^{m-1} + \cdots + b_0$$

其乘积 $f(x)g(x)$ 中 x^k 的系数就是

$$\sum_{i+j=k} a_i b_j$$

例如，x^4 的系数为

$$\sum_{i+j=4} a_i b_j = a_0 b_4 + a_1 b_3 + a_2 b_2 + a_3 b_1 + a_4 b_0$$

2. 连乘号

n 个数 $a_1, a_2, \cdots, a_n$ 的连乘 $a_1 \times a_2 \times \cdots \times a_n$ 可简记为 $\prod_{i=1}^{n} a_i$，即

$$\prod_{i=1}^{n} a_i = a_1 \times a_2 \times \cdots \times a_n = a_1 a_2 \cdots a_n$$

称符号 $\prod$ 为**连乘号**，a_i 表示一般项，而连乘号上下的数表示 i 的取值范围为由 1 到 n. 其中的 i 称为求积指标. 如

$$\prod_{k=1}^{n} k = 1 \times 2 \times \cdots \times n = k!$$

性质 1 $\prod_{i=1}^{n} (k a_i) = k^n \prod_{i=1}^{n} a_i$

性质 2　$\prod_{i=1}^{n} a_i$ 的结果与求积指标所采用的字母无关，即

$$\prod_{i=1}^{n} a_i = \prod_{j=1}^{n} a_j = \prod_{k=1}^{n} a_k$$

连乘号 $\prod_{i=1}^{n}(a_i + b_i)$ 的含义是指

$$\prod_{i=1}^{n}(a_i + b_i) = (a_1 + b_1)(a_2 + b_2)\cdots(a_n + b_n)$$

连乘号 $\prod_{1 \leqslant i < j \leqslant n}^{n}(a_j - a_i)$ 的含义是指 n 个数 $a_1, a_2, \cdots, a_n$ 在条件 $1 \leqslant i < j \leqslant n$ 下所有可能的差 $(a_j - a_i)$ 的连乘积，即

$$\begin{aligned}\prod_{1 \leqslant i < j \leqslant n}^{n}(a_j - a_i) = &(a_2 - a_1)(a_3 - a_1)\cdots(a_n - a_1)\\ &\cdot(a_3 - a_2)\cdots(a_n - a_2)\\ &\cdots\\ &\cdot(a_n - a_{n-1})\end{aligned}$$

附录 4　多项式理论初步

多项式是代数学中最基本的研究对象之一，它与高次方程的理论有关，也是进一步学习代数及其他数学分支的理论基础. 本附录简要介绍多项式的定义以及多项式有重根的条件.

1. 多项式函数

定义 1　设 F 是一些复数组成的集合，其中包括 0 与 1，如果 F 中任意两个数（这两个数可以相同）的和、差、积、商（除数不为 0）仍然是 F 中的数，那么 F 就称为一个**数域**.

显然，全体有理数组成的集合 Q、全体实数组成的集合 R、全体复数组成的集合 C 都是数域. 而全体整数组成的集合就不是数域.

定义 2　设 n 是一非负整数，形式表达式

$$f(x)=a_nx^n+a_{n-1}x^{n-1}+\cdots+a_0$$

称为数域 F 上的**一元多项式**，其中 $a_0,a_1,\cdots,a_n$ 全属于数域 F. 如果 $a_n\neq 0$，n 称为多项式的**次数**，记为 $\partial(f(x))$，非零常数的次数为 0，规定多项式 0 的次数为 $-\infty$.

两多项式同次项的系数全相等，则称多项式相等. 数域 F 中多项式的全体记为 $F[x]$.

正如中学代数中所学，两个多项式可作加、减和乘法运算.

定义 3　设 $f(x)=a_nx^n+a_{n-1}x^{n-1}+\cdots+a_0\in F[x]$，对任意 $c\in F$，数 $f(c)=a_nc^n+a_{n-1}c^{n-1}+\cdots+a_0\in F$ 称为当 $x=c$ 时 $f(x)$ 的值；若 $f(c)=0$，则称 c 为 $f(x)$ 在 F 中的**根或零点**.

定义 4　设 $f(x)\in F[x]$，对任意 $c\in F$，作映射 $f:c\to f(c)\in F$. 映射 f 确定了数域 F 上的一个函数 $f(x)$，$f(x)$ 称为数域 F 上的多项式函数.

当 $F=R$ 时，$f(x)$ 就是微积分中讨论的多项式函数.

2. 整除的概念

一元多项式可作加、减和乘法运算；乘法的逆运算 —— 除法并不是普遍可以做的. 但是和中学所学代数一样，也能用一个多项式去除另一个多项式，求得商和余式. 例如，设

$$f(x)=3x^3+4x^2-5x+6$$

$$g(x)=x^2-3x+1$$

我们可以按下面的格式来作除法：

$$\begin{array}{r|r|l}
x^2-3x+1 & 3x^3+4x^2-5x+6 & 3x+13 \\
 & 3x^3-9x^2+3x & \\
\cline{2-2}
 & 13x^2-8x+6 & \\
 & 13x^2-39x+13 & \\
\cline{2-2}
 & 31x-7 &
\end{array}$$

于是求得商为 $3x+13$，余式为 $31x-7$. 所得结果可以写成

$$3x^3+4x^2-5x+6=(3x+13)(x^2-3x+1)+(31x-7)$$

下面给出一般的带余除法定理.

定理1(带余除法)　设 $f(x),g(x)\in F[x]$，其中 $g(x)\neq 0$，则一定有 $F[x]$ 中唯一的多项式 $q(x),r(x)$ 存在，使

$$f(x)=q(x)g(x)+r(x)$$

成立，其中 $\partial(r(x))<\partial(g(x))$.

带余除法中所得的 $q(x)$ 通常称为 $g(x)$ 除 $f(x)$ 的商，$r(x)$ 称为 $g(x)$ 除 $f(x)$ 的余式.

(1) 若 $r(x)=0$，则称 $g(x)$ 整除 $f(x)$，记为 $g(x)\mid f(x)$，$g(x)$ 称为 $f(x)$ 的因式，$f(x)$ 称为 $g(x)$ 的倍式；

(2) 若 $r(x)\neq 0$，则称 $g(x)$ 不能整除 $f(x)$，记为 $g(x)\nmid f(x)$.

3. 余式定理

定理2(余式定理)　用一次多项式 $x-c$ 去除多项式 $f(x)$ 所得的余式是 $f(c)$.

证　由带余除法：设

$$f(x)=(x-c)q(x)+r$$

则 $r=f(c)$.

定理3(因式定理)　多项式 $f(x)$ 有一个因式 $x-c$ 的充要条件是 $f(c)=0$.

证　设

$$f(x)=(x-c)q(x)+r$$

若 $f(c)=0$，即 $r=0$，故 $x-c$ 是 $f(x)$ 的一个因式；

若 $f(x)$ 有一个因式 $x-c$，即 $(x-c)\mid f(x)$，故 $r=0$，即 $f(c)=0$.

由定理可知，要判断一个数 c 是不是 $f(x)$ 的根，可以直接代入多项式函数，看 $f(x)$ 是否等于零；也可以利用综合除法来判断其余数是否为零.

4. 重因式

定义5　不可约多项式 $p(x)$ 是 $f(x)$ 的因式，如果 $p^k(x)$ 整除 $f(x)$，而 $p^{k+1}(x)$ 不整除 $f(x)$，则 $p(x)$ 称为 $f(x)$ 的 k (k 是非负) 重因式.

定理4　设不可约多项式 $p(x)$ 是 $f(x)$ 的 k (k 是非负) 重因式，则 $p(x)$ 是 $f(x)$ 的 $k-1$ 重因式.

证明略.

5. 多项式的根

由余式定理及根与一次因式的关系，我们给出多项式 k 重根的定义与根的个数定理.

定义6　若 $x-c$ 是 $f(x)$ 的一个 k 重因式，即有 $(x-c)^k$ 整除 $f(x)$，但 $(x-c)^{k+1}$ 不整除 $f(x)$，则称 $x=c$ 是 $f(x)$ 的一个 k 重根.

定理5(根的个数定理)　数域 F 上 n $(n\geqslant 0)$ 次多项式至多有 n 个根(重根按重数计算).

证　用归纳法.

当 $n=0$ 时结论显然成立；

假设当 $f(x)$ 是 $n-1$ 次多项式时结论成立，则当 $f(x)$ 是 n 次多项式时，设 $c\in F$ 是 $f(x)$ 的一个根，则有

$$f(x)=(x-c)q(x)$$

$q(x)$ 是 $n-1$ 次多项式，由归纳知 $q(x)$ 至多只有 $n-1$ 个根，故 $f(x)$ 至多只有 n 个根.

定理 6 设 $f(x),g(x)\in F(x)$，它们的次数都不超过 n，若在 F 中有 $n+1$ 个不同的数使 $f(x)$ 与 $g(x)$ 的值相等，则 $f(x)=g(x)$.

证 令

$$u(x)=f(x)-g(x)$$

若 $u(x)\neq 0$，又 $\partial(u(x))\leqslant n$，由于 F 中有 $n+1$ 个不同的数，使 $f(x)$ 与 $g(x)$ 的值相等，故 $u(x)$ 有 $n+1$ 个不同的根，这与定理 4 矛盾.

故 $u(x)=0$，即 $f(x)=g(x)$.

6. 复系数与实系数多项式的因式分解

复数域与实数域既然都是数域，因此前面所得的结论对复系数与实系数多项式都成立；但这两个数域又各有它们的特殊性，所以复系数与实系数多项式的某些结论可以进一步具体化.

复数域的最重要性质之一是以下的代数学基本定理.

代数学基本定理 每个 $n\ (n>0)$ 次复系数多项式一定有一复数根.

代数学基本定理的第一个实质性的证明是高斯于 1799 年写的博士论文中作出的. 在现代，这个定理仍然十分重要，基本定理名称的来源是因为在 19 世纪以前解代数方程是代数学的最重要的课题.

代数学基本定理的等价命题是：任何 $n\ (n>0)$ 次复系数多项式在复数域上一定有一个一次因式. 利用数学归纳法可证得如下结论：

复系数多项式的因式分解定理 每个 $n\ (n>0)$ 次复系数多项式在复数域上都可以唯一地分解成一次因式的乘积.

因此，复系数多项式具有标准分解式

$$f(x)=a_n(x-\alpha_1)^{l_1}(x-\alpha_2)^{l_2}\cdots(x-\alpha_s)^{l_s}$$

其中 $\alpha_1,\alpha_2,\cdots,\alpha_s$ 是不同的复数，$l_1,l_2,\cdots,l_s$ 是正整数. 标准分解式说明每个 n 次复系数多项式恰有 n 个复根（重根按重数计算）.

对于实系数多项式，可以证明如果 α 是其复根，那么 α 的共轭数 $\bar{\alpha}$ 也是它的根，基于复系数多项式的因式分解定理，我们有：

实系数多项式的因式分解定理 每个 $n\ (n>0)$ 次实系数多项式在实数域上都可以唯一地分解成一次因式与二次不可分解的因式的乘积.

因此，实系数多项式具有标准分解式

$$f(x)=a_n(x-c_1)^{l_1}\cdots(x-c_s)^{l_s}(x^2+p_1x+q_1)^{k_1}\cdots(x^2+p_rx+q_r)^{k_r}$$

其中 $a_n,c_1,c_2,\cdots,c_s,p_1,p_2,\cdots,p_r,q_1,q_2,\cdots,q_r$ 全是实数，$l_1,l_2,\cdots,l_s,k_1,k_2,\cdots,k_r$ 是正整数，并且 $x^2+p_ix+q_i\ (i=1,2,\cdots,r)$ 是不可分解的，也就是适合条件 $p_i^2-4q_i<0\ (i=$

$1,2,\cdots,r$).

复系数与实系数多项式的因式分解定理是代数学的基本结论，它肯定了 n 次方程有 n 个复根，但并没有给出根的具体求法. 二次多项式有一个求根公式. 三次和四次多项式的求根公式在 16 世纪被意大利数学家所知，更高次多项式是否有求根公式，许多数学家绞尽脑汁. 直至 19 世纪初才被意大利人鲁菲尼(Paolo Ruffini, 1765—1822) 和挪威人阿贝尔(Niels Henrik Abel, 1802—1829) 证明了五次及更高次多项式没有普遍的求根公式. 一个多项式在什么条件下才有公式解的问题是被伽罗瓦最终解决的. 因此在一般情况下只能求出近似根. 这构成了计算数学的一个分支，在这里就不再讨论了.

7. 两多项式有公根的条件

下面我们利用已经建立起来的线性方程组的理论给出两多项式有公根的条件.

引理　设

$$f(x) = a_0x^n + a_1x^{n-1} + \cdots + a_n$$
$$g(x) = b_0x^m + b_1x^{m-1} + \cdots + b_m$$

是数域 F 上两个非零的多项式，它们的首项系数 a_0, b_0 不全为零. 则 $f(x)$ 与 $g(x)$ 在 $F[x]$ 中有非常数的公因式 $\Leftrightarrow$ 在 $F[x]$ 中存在非零的次数小于 m 的多项式 $u(x)$ 与次数小于 n 的多项式 $v(x)$，使 $u(x)f(x) = v(x)g(x)$.

下面把引理中的条件改变一下. 令

$$u(x) = u_0x^{m-1} + u_1x^{m-2} + \cdots + u_{m-1}$$
$$v(x) = v_0x^{n-1} + v_1x^{n-2} + \cdots + u_{n-1}$$

由多项式相等的定义，等式

$$u(x)f(x) = v(x)g(x) \tag{1}$$

就意味着左右两端对应系数相等，即

$$\begin{cases} a_0u_0 = b_0v_0 \\ a_1u_0 + a_0u_1 = b_1v_0 + b_0v_1 \\ a_2u_0 + a_1u_1 + a_0u_2 = b_2v_0 + b_1v_1 + b_0v_2 \\ \cdots\cdots \\ a_nu_{m-2} + a_{n-1}u_{m-1} = b_mv_{n-2} + b_{m-1}v_{n-1} \\ a_nu_{m-1} = b_mv_{n-1} \end{cases} \tag{2}$$

如果把(2) 看成一个关于未知量的方程组，那么它是一个含有 $m+n$ 个未知量 $m+n$ 个方程的齐次线性方程组. 显然，引理中的条件："在 $F[x]$ 中存在非零的次数小于 m 的多项式 $u(x)$ 与次数小于 n 的多项式 $v(x)$，使(1) 成立"就相当于说，齐次线性方程组(2) 有非零解. 我们知道，齐次线性方程组(2) 有非零解的充要条件为它的系数矩阵的行列式等于零.

把线性方程组(2) 的系数矩阵的行列式的行列互换，再把后边的行反号，取行列式就得

$$\begin{vmatrix} a_0 & a_1 & \cdots & a_n & & & \\ & a_0 & a_1 & \cdots & a_n & & \\ & & \ddots & \ddots & & \ddots & \\ & & & a_0 & a_1 & \cdots & a_n \\ -b_0 & -b_1 & \cdots & -b_m & & & \\ & -b_0 & -b_1 & \cdots & -b_m & & \\ & & \ddots & \ddots & & \ddots & \\ & & & -b_0 & -b_1 & \cdots & -b_m \end{vmatrix}$$

对任意多项式

$$f(x) = a_0x^n + a_1x^{n-1} + \cdots + a_n$$
$$g(x) = b_0x^m + b_1x^{m-1} + \cdots + b_m$$

(它们可以为零多项式),我们称上面的行列式为它们的结式,记为 $R(f,g)$. 综合以上分析,就可以证明:

定理 7 设

$$f(x) = a_0x^n + a_1x^{n-1} + \cdots + a_n$$
$$g(x) = b_0x^m + b_1x^{m-1} + \cdots + b_m$$

式 $F[x]$ 中两个非零的多项式,$m,n > 0$,于是它们的结式 $R(f,g) = 0$ 的充要条件是 $f(x)$ 与 $g(x)$ 在 $F[x]$ 中有非常数的公因式或者它们的第一个系数 a_0,b_0 全为零.

当 F 是复数域时,两个多项式有非常数公因式与有公共根是一致的. 因此对复数域上多项式 $f(x)$ 与 $g(x)$,$R(f,g) = 0$ 的充要条件为 $f(x)$ 与 $g(x)$ 在复数域中有公共根或者它们的第一个系数全为零.

附录5　数的扩充

数学的学习是从数开始的.自然数是人们认识的所有数中最基本的一类,为了使数的系统有严密的逻辑基础,19世纪的数学家建立了自然数的两种等价的理论,自然数的序数理论和基数理论.使自然数的概念、运算和有关性质得到严格的论述.1889年,意大利数学家佩亚诺(Peano)在他的《算术原理新方法》一书中,用公理方法给出了自然数理论,从而完成了整数逻辑化工作.佩亚诺在《算术原理方法》一书中,使用了一系列符号,如用$\in$,$\subset$,N^0和$a+$分别表示属于、包含、自然数类和a的下一个自然数等.给出了4个不加定义的原始概念:集合,自然数,后继数和属于,还提出了自然数的5个公理:

(i) 1是自然数;

(ii) 1不是任何自然数的后继数;

(iii) 每个自然数a都有一个后继数$a+$;

(iv) 如果$a+=b+$则$a=b$;

(v) 如果S是一个含有1的自然数集合,且当S含有a时,也含有$a+$,则S含有全部自然数.

这个公理是数学归纳法的逻辑基础.("0"是否包括在自然数之内存在争议,有人认为自然数为正整数,即从1开始算起;而也有人认为自然数为非负整数,即从0开始算起.目前关于这个问题尚无一致意见.不过,在数论中,多采用前者;在集合论中,则多采用后者.目前,我国中小学教材将0归为自然数!)

为了表示各种具有相反意义的量以及满足记数法的需要,人类引进了负数.负数概念最早产生于我国,东汉初期的《九章算术》中就有负数的说法.公元3世纪,刘徽在注解《九章算术》时,明确定义了正负数:"两算得失相反,要令正负以名之"大意是说:意义相反的两个数,应分别称为正数与负数.不仅如此,刘徽还给出了正负数的加减法运算法则.千年之后,负数概念才经由阿拉伯传入欧洲.那时,欧洲的数学相当进步,但普遍认可负数还是经历了百年之久.据考证,分数产生于四千多年前,而负数则迟到了两千多年,可见负数概念难以理解.

负数的引进,是中国古代数学家对数学的又一巨大贡献.负数的概念引进后,由佩亚诺根据自然数定义整数:设a,b为自然数,则数对(a,b)即"$a-b$"定义为整数.不论是$a>b$或$a<b$都是成立的.有了整数概念,再通过有序对定义有理数:若n,m为整数,则当有序对$(n,m)=1$ (n,m互质,其中$m\neq 0$)时,则$\frac{n}{m}$定义一个有理数.这样,佩亚诺应用数学符号和公理方法,在自然数公理的基础上,简明扼要地建立起自然数系、整数系和有理数系.在整数集中,解决了自然数不够减的矛盾,有理数集中,解决了整数集中不能整除的矛盾,但它们同样都满足加法、乘法的运算律.这样就把数集扩充到有理数集Q.

在2500年前,毕达哥拉斯(Pythagoras)学派认为一切线段都由原子组成,而原子有一个固定长度.比如假定单位线段由 q 个原子组成,被测量的线段由 p 个原子组成,则线段之长为 $\frac{p}{q}$,即有理数可以度量一切长度.但毕达哥拉斯学派弟子希帕索斯(Hippasus)发现正五角形的边长为1时,对角线长不能由有理数表示,希帕索斯因此受到迫害.但后来发现有很多长度不能用有理数表示,如简单地取正方形边长为1,由勾股定理,它的对角线长度的平方应为2,我们记之为 $\sqrt{2}$.如果它是有理数,就应该有 $\sqrt{2}=\frac{n}{m}$,$(n,m)=1$,$m\neq 0$.两边平方,得 $2m^2=n^2$,因为 n,m 都是整数,表明 n^2 中含2因子,即 n 中含2因子,设 $n=2p$,则 $m^2=2p^2$,同样推理表明 m 中也含2因子,与 $(n,m)=1$ 矛盾,所以 $\sqrt{2}$ 不是有理数.这表明只有有理数是不够的,必须引入新的数,即无理数,它们合在一起称为实数.这个发现,震撼了世界科学界,动摇了数学的根基,这就是著名的"数学第一次危机"的产生.从此,人类知道了世间还存在着另一类数,那就是无理数.有理数集与无理数集合并在一起,构成实数集 R.实数理论的核心问题是对无理数的认识,早在19世纪前期,柯西(Cauchy)就已感到定义无理数的重要性.他在《分析教程》中,把无理数定义为收敛的有理数列的极限,设 $\{y_n\}$ 是一列有理数,如果存在一个数 y,使得 $y_n\to y$,那么 y 就是一个无理数.这个定义存在逻辑上的毛病.因为有理数序列 $\{y_n\}$ 不收敛于无理数(即 y 为有理数),则定义不出无理数.不收敛于有理数,那不得不承认 y 是无理数才行,才能定义它是无理数,这就犯了循环定义的错误.

19世纪60年代末以后,出现了几种不同的无理数定义,分别出自魏尔斯特拉斯(Weierstrass)、梅雷(Meray)、康托尔(Cantor)和戴德金(Dedekind)等人之手,但不论他们定义实数的具体方法有何不同,都符合以下三个条件:第一,把有理数当作已知,从有理数出发定义无理数;第二,所定义的数的性质及其运算律,与有理数所具有的相同;第三,这样定义的实数是完备的,即在极限运算下不会再出现新数.在各种不同的实数定义法中,戴德金分割是一个比较标准的方法.直观地看,有理数 Q 在实轴上没有填满,还有很多"孔隙",戴德金分割就是在数轴上割一刀,把现有的有理数 Q 分成两部分,如果这一刀恰好砍在某个有理数上,这一分割对应的就是这个有理数,如果没碰到任何有理数,这个分割就定义出一个无理数.实数解决了开方开不尽的矛盾,在实数集中,满足加法与乘法的运算律.实数理论的建立,谱写了19世纪数学史上辉煌的一章.

数是根据生产和生活的实际需要而逐渐发展的.在前面,我们已经把数的范围从有理数 Q 扩充到实数 R.但是,要解决当今许多自然科学和工程技术方面的问题,实数范围的数已不够用了.例如,在解决方程 $x^2=-1$ 时,就会遇到负数开偶次方的问题,这在实数范围内是不可能的.为了使这类方程也能有解,必须把数的范围进一步加以扩充.首先,给出虚数单位.为使方程 $x^2=-1$ 有确定的解,我们引进一个新的数的单位 i,对这个单位平方,得到 -1,即:$\mathrm{i}^2=-1$,i 称为虚数单位.它也可以按照实数的运算法则进行计算.很明显,引进虚数单位后,有

$$\mathrm{i}^2=-1,\quad \mathrm{i}^2=(-\mathrm{i})^2=-1$$

所以方程 $x^2=-1$ 的解是 $x=\pm\mathrm{i}$.

接下来,我们了解一下这个虚数单位的幂的性质:$\mathrm{i}^{4n}=1$,$\mathrm{i}^{4n+1}=\mathrm{i}$,$\mathrm{i}^{4n+2}=-1$,$\mathrm{i}^{4n+3}=-\mathrm{i}$,

$n \in N$，也称为i的周期性．其次，我们给出纯虚数的概念：i和实数b相乘就得出形式为bi的数，在$b \neq 0$时，它不能与任何实数相等，这时，bi就称为纯虚数．接下来，我们给出复数的概念：如果a，b都是实数，那么形如$a + bi$的数就称为复数．其中，a称为复数的实部，它的单位是1，bi称为复数的虚部，它的单位是i，b称为复数的虚部系数．最后，给出复数的一些性质：当$b = 0$时，$a + bi$表示一个实数(即实数是复数的特例)；当$a = 0$时，$a + bi$表示一个纯虚数；如果两复数的实部和虚部都相等，那么称它们相等，用“=”表示．即当$a = c$，$b = d$时，$a + bi = c + di$；任意两个不相等的复数没有规定大小．例如$-1 + 3i$，$1 - 3i$，我们只能说$-1 + 3i \neq 1 - 3i$而不该规定哪一个较大，哪一个较小；如果两复数的实部相等，虚部系数互为相反数，那么，这两个复数称为共轭复数．共轭复数的乘积是一个实数．同样，复数也满足加法与乘法的运算律，这就把数的范围从实数R扩充到了复数C．

回顾数扩充的历史，似乎给人这样一种印象：数的每一次扩充，都是在旧的数中添加新的元素．如分数添加于整数，负数添加于正数，无理数添加于有理数，复数添加于实数．但是，现代数学的观点认为：数的扩张，并不是在旧的数中添加新元素，而是在旧的数之外去构造一个新的代数系，其元素在形式上与旧的可以完全不同，但是，它包含一个与旧代数系同构的子集，这种同构必然保持新旧代数系之间具有完全相同的代数构造．当人们澄清了复数的概念后，新的问题是：是否还能在保持复数基本性质的条件下对复数进行新的扩张呢？答案是否定的．当哈密顿(Hamilton)试图寻找三维空间复数的类似物时，他发现自己被迫做出两个让步：第一，他的新数含有4个分量；第二，他必须牺牲乘法交换律．这两个特点都是对传统数的革命．他称这新的数为“四元数”．“四元数”的出现意味着传统观念下数的扩张结束．1878年，弗罗贝尼乌斯(Frobenius)证明：具有有限原始单元的、有乘法单位元素的实系数先行结合代数，如果服从结合律，那就只有实数，复数和实四元数的代数．

数学的思想一旦冲破传统模式的藩篱，便会产生无可估量的创造力．哈密顿的四元数的发明，使数学家们认识到既然可以抛弃实数和复数的交换性去构造一个有意义、有作用的新“数系”，那么就可以较为自由地考虑甚至偏离实数和复数的通常性质的代数构造．数的扩张虽然就此终止，但是，通向抽象代数的大门被打开了．

附录6　习题参考答案

习　题　1

1. (1) 34　(2) -4　(3) $1+a+b+c$　(4) -21　(5) $abcd+ab+ad+cd+1$　(6) 1　(7) 0　(8) $(b-a)(c-a)(c-b)$

2. (1) $-2(a^3+b^3)$　(2) $(a+b+c+d)(a+b-c-d)(a-b+c-d)(a-b-c+d)$

3. $\mu=0$ 或 $\lambda=1$

4. (1) 1　(2) $\dfrac{(-1)^{n-1}}{2}(n+1)!$　(3) $\dfrac{1+3^n}{2}$　(4) $[x+(n-2)a](x-2a)^{n-1}$

5. $x^n+(-1)^{n+1}y^n\ (n\geqslant 2)$

6. (1) 0　(2) $(a_1a_4-b_1b_4)(a_2a_3-b_2b_3)$

7. $(-1)^{n-1}\Delta$

9. (1) $x_1=3,\ x_2=-4,\ x_3=-1,\ x_4=1$　(2) $x_1=2,\ x_2=-2,\ x_3=1$

10. $\lambda=\pm 1$

补　充　题

1. $\prod\limits_{j=1}^{n}a_j\left(a_0-\sum\limits_{i=1}^{n}\dfrac{1}{a_i}\right)$

2. $\prod\limits_{i=1}^{n}(x-a_i)$

3. $(-1)^{\frac{n(n+1)}{2}}b_1b_2\cdots b_n$

4. $a_0\prod\limits_{i=1}^{n}(x-a_i)$

5. $[x+(n-1)a](x-2a)^{n-1}$

6. $\dfrac{1}{2}(-1)^{n-1}(n+1)!$

习　题　2

2. (1) $\dfrac{1}{\|\boldsymbol{\alpha}\|}\boldsymbol{\alpha}=\dfrac{1}{2}(1,-1,1,-1)^{\mathrm{T}}$；$\dfrac{1}{\|\boldsymbol{\beta}\|}\boldsymbol{\beta}=\dfrac{1}{\sqrt{10}}(1,2,2,1)^{\mathrm{T}}$　(2) 正交

3. (1) $\begin{pmatrix}0&2&1\\3&0&3\end{pmatrix}$　(2) $\begin{pmatrix}1&7&-3\\-6&-3&4\\-3&4&11\end{pmatrix}$

4. (1) $\begin{pmatrix}35\\-8\\49\end{pmatrix}$　(2) $\begin{pmatrix}6&2&-1\\6&1&1\\8&-1&4\end{pmatrix}$

(3) $\begin{pmatrix} d_1a_{11} & d_1a_{12} & \cdots & d_1a_{1n} \\ d_2a_{21} & d_2a_{22} & \cdots & d_2a_{2n} \\ \vdots & \vdots & & \vdots \\ d_ma_{m1} & d_ma_{m2} & \cdots & d_ma_{mn} \end{pmatrix}$　(4) $\begin{pmatrix} a_{11}d_1 & a_{12}d_2 & \cdots & a_{1n}d_n \\ a_{21}d_1 & a_{22}d_2 & \cdots & a_{2n}d_n \\ \vdots & \vdots & & \vdots \\ a_{m1}d_1 & a_{m2}d_2 & \cdots & a_{mn}d_n \end{pmatrix}$

(5) $a_{11}x_1^2 + a_{22}x_2^2 + a_{33}x_3^2 + 2a_{12}x_1x_2 + 2a_{13}x_1x_3 + 2a_{23}x_2x_3$

5. $AB = (5), A^{\mathrm{T}}B^{\mathrm{T}} = \begin{pmatrix} 4 & -1 & 2 & 1 \\ 4 & -1 & 2 & 1 \\ 0 & 0 & 0 & 0 \\ 8 & -2 & 4 & 2 \end{pmatrix}$

13. (1) 2　(2) 4

14. (1) 线性无关　(2) 线性相关,任何两个向量都是该向量组的极大线性无关组

15. (1) $\frac{1}{4}\begin{pmatrix} 1 & 1 & 1 & 1 \\ 1 & 1 & -1 & -1 \\ 1 & -1 & 1 & -1 \\ 1 & -1 & -1 & 1 \end{pmatrix}$　(2) $\frac{1}{11}\begin{pmatrix} -1 & 6 & -4 & 2 \\ 6 & -3 & 2 & -1 \\ -4 & 2 & 6 & -3 \\ 2 & -1 & -3 & 7 \end{pmatrix}$

16. (1) $X = \begin{pmatrix} -7 & 0 \\ -6 & \frac{3}{2} \end{pmatrix}$　(2) $X = \begin{pmatrix} -2 & 2 & 1 \\ -\frac{8}{3} & 5 & -\frac{2}{3} \\ -\frac{10}{3} & 3 & \frac{5}{3} \end{pmatrix}$

17. $A^{-1}B = \begin{pmatrix} 6 & 4 & 5 \\ 2 & 1 & 2 \\ 3 & 3 & 3 \end{pmatrix}$

18. (1) $\begin{pmatrix} 1 & 0 & 3 & 2 \\ -1 & 2 & 0 & 1 \\ -2 & 4 & 1 & 1 \\ 1 & 1 & 3 & 3 \end{pmatrix}$　(2) $\begin{pmatrix} 5 & -1 & 2 & 3 \\ 5 & 0 & 9 & 1 \\ -2 & -5 & 0 & 0 \\ 0 & -4 & 0 & 0 \end{pmatrix}$.

19. (1) $\begin{pmatrix} 1 & -1 & 0 & 0 \\ -2 & 3 & 0 & 0 \\ 0 & 0 & -1/18 & 5/18 \\ 0 & 0 & 2/9 & -1/9 \end{pmatrix}$　(2) $\begin{pmatrix} \cos\theta & -\sin\theta & 0 & 0 & 0 \\ \sin\theta & \cos\theta & 0 & 0 & 0 \\ 0 & 0 & 1 & -a & a^2-b \\ 0 & 0 & 0 & 1 & -a \\ 0 & 0 & 0 & 0 & 1 \end{pmatrix}$

20. (1) $\boldsymbol{\beta}_1 = (1,1,1)^{\mathrm{T}}, \boldsymbol{\beta}_2 = (-1,0,1)^{\mathrm{T}}, \boldsymbol{\beta}_3 = \frac{1}{3}(1,-2,1)^{\mathrm{T}}$

(2) $\boldsymbol{\beta}_1 = \boldsymbol{\alpha}_1, \boldsymbol{\beta}_2 = \frac{1}{3}(1,-3,2,1)^{\mathrm{T}}, \boldsymbol{\beta}_3 = \frac{1}{5}(-1,3,3,4)^{\mathrm{T}}$

21. (1) $\arccos\frac{\sqrt{6}}{6}$　(2) $\sqrt{39}$

(3) 正交化:$\boldsymbol{\beta}_1 = \boldsymbol{\alpha}_1, \boldsymbol{\beta}_2 = \frac{1}{2}(-1,-2,1,-2)^{\mathrm{T}}, \boldsymbol{\beta}_3 = \frac{1}{5}(-2,1,2,1)^{\mathrm{T}}, \boldsymbol{\beta}_4 = \boldsymbol{\alpha}_4$

单位化：$\gamma_1=\frac{1}{\sqrt{2}}(1,0,1,0)^T$，$\gamma_2=\frac{1}{\sqrt{10}}(-1,-2,1,-2)^T$，$\gamma_3=\frac{1}{\sqrt{10}}(-2,1,2,1)^T$，

$\gamma_4=\frac{1}{\sqrt{2}}(0,1,0,-1)^T$

补 充 题

6. (1) $\begin{pmatrix} 0 & 0 & 0 & \cdots & 0 & \frac{1}{a_n} \\ \frac{1}{a_1} & 0 & 0 & \cdots & 0 & 0 \\ 0 & \frac{1}{a_2} & 0 & \cdots & 0 & 0 \\ \vdots & \vdots & \vdots & & \vdots & \vdots \\ 0 & 0 & 0 & \cdots & 0 & 0 \\ 0 & 0 & 0 & \cdots & \frac{1}{a_{n-1}} & 0 \end{pmatrix}$

(2) $\frac{1}{d}\begin{pmatrix} b_1c_1+d & b_2c_1 & \cdots & b_nc_1 & -c_1 \\ b_1c_2 & b_2c_2+d & \cdots & b_nc_2 & -c_2 \\ \vdots & \vdots & & \vdots & \vdots \\ b_1c_n & b_2c_n & \cdots & b_nc_n+d & -c_n \\ -b_1 & -b_2 & \cdots & -b_n & 1 \end{pmatrix}$，其中 $d=a-b_1c_1-b_2c_2-\cdots-b_nc_n$

习 题 3

1. (1) 否 (2) 是 (3) 否 (4) 是

2. (1) 能 (2) 不能

3. 验证 $L(\boldsymbol{\alpha},\boldsymbol{\beta},\boldsymbol{\gamma})$ 对加法和数乘是封闭的

4. 根据定义验证

5. 验证向量组 $(1,1,0,0)^T,(1,0,1,1)^T$ 和 $(2,-1,3,3)^T,(0,1,-1,-1)^T$ 等价，进而结论成立

6. $(33,-82,154)^T$

7. 证明 W 的基是 V_n 的基

8. 由子空间的充要条件验证

9. (1) 当 $\alpha=0$ 时，是，当 $\alpha\neq 0$ 时不是 (2) 不是 (3) 是

10. $A=\begin{pmatrix} 2 & -1 & 0 \\ 0 & 1 & 1 \\ 1 & 0 & 0 \end{pmatrix}$

习 题 4

1. (1) $k\left(-\frac{11}{2},-\frac{7}{2},1\right)^T$（$k$ 为任意常数）

(2) $k_1(-2,0,1,0,0)^T+k_2(-1,-1,0,1,0)^T$ (k_1,k_2 为任意常数)

(3) $\begin{pmatrix}x_1\\x_2\\x_3\\x_4\\x_5\end{pmatrix}=\begin{pmatrix}\frac{7}{6}k_2-k_1\\\frac{5}{6}k_2+k_1\\k_1\\\frac{1}{3}k_1\\k_2\end{pmatrix}$ (k_1,k_2 为任意常数)

2. $\lambda=0$ 或 $\lambda=-3\pm2\sqrt{21}$

3. (1) $\begin{pmatrix}x_1\\x_2\\x_3\\x_4\end{pmatrix}=\begin{pmatrix}k_1\\k_2\\2k_2-k_1\\1\end{pmatrix}$ (k_1,k_2 为任意常数)

(2) $\begin{pmatrix}x_1\\x_2\\x_3\\x_4\end{pmatrix}=\begin{pmatrix}-8k_1+5k_2-1\\-13k_1+9k_2-3\\k_1\\k_2\end{pmatrix}$ (k_1,k_2 为任意常数)　(3) 无解

4. $\lambda\neq0,\lambda\neq1$ 时有唯一解；$\lambda=0$ 时无解；$\lambda=1$ 时有无穷多解.

补　充　题

1. D　**2.** A　**3.** A

4. 当 $\lambda\neq1,-2$ 时有唯一解：$x=-\frac{1+\lambda}{2+\lambda},y=\frac{1}{2+\lambda},z=\frac{(1+\lambda)^2}{2+\lambda}$；

当 $\lambda=1$ 时，有无穷多个解：$x=1-y-z$，y,z 任意取值；当 $\lambda=-2$ 时，无解

6. $\boldsymbol{\xi}_1+k(\boldsymbol{\xi}_2+\boldsymbol{\xi}_3-2\boldsymbol{\xi}_1)$　k 为任意常数

习　题　5

1. -2　**2.** $1,-1,3$　**3.** 4

4. (1) $\lambda_1=1$，对应的线性无关的特征向量 $\boldsymbol{X}_1=(1,1,1)^T$；$\lambda_2=2$，对应的线性无关的特征向量 $\boldsymbol{X}_2=(2,3,3)^T$；$\lambda_3=3$，对应的线性无关的特征向量 $\boldsymbol{X}_3=(1,3,4)^T$. 矩阵可对角化，令 $P=\begin{pmatrix}1&2&1\\1&3&3\\1&3&4\end{pmatrix}$，则 $P^{-1}AP=\mathrm{diag}(1,2,3)$

(2) $\lambda_1=1$，对应的线性无关的特征向量 $\boldsymbol{X}_1=(1,1,1)^T$；$\lambda_2=\lambda_3=0$，对应的线性无关的特征向量 $\boldsymbol{X}_2=(1,2,3)^T$. 该矩阵不可对角化

(3) $\lambda_1=\lambda_2=1$，对应的线性无关的特征向量 $\boldsymbol{X}_1=(2,1,0)^T$，$\boldsymbol{X}_2=(-1,0,1)^T$；$\lambda_3=-1$，对应的线性无关的特征向量 $X_3=(3,5,6)^T$. 矩阵可对角化，令 $P=\begin{pmatrix}2&-1&3\\1&0&5\\0&1&6\end{pmatrix}$，则

$$P^{-1}AP = \mathrm{diag}(1,1,-1)$$

5. (1) 不是正交阵　(2) 是正交阵

6. (1) $P = \begin{pmatrix} \frac{1}{3} & \frac{2\sqrt{5}}{5} & \frac{2\sqrt{5}}{15} \\ \frac{2}{3} & -\frac{\sqrt{5}}{5} & \frac{4\sqrt{5}}{15} \\ -\frac{2}{3} & 0 & \frac{\sqrt{5}}{3} \end{pmatrix}, P^{-1}AP = \begin{pmatrix} 10 & 0 & 0 \\ 0 & 1 & 0 \\ 0 & 0 & 1 \end{pmatrix}$

(2) $P = \begin{pmatrix} \frac{\sqrt{2}}{2} & 0 & \frac{1}{2} & -\frac{1}{2} \\ 0 & \frac{\sqrt{2}}{2} & \frac{1}{2} & \frac{1}{2} \\ 0 & \frac{\sqrt{2}}{2} & -\frac{1}{2} & \frac{1}{2} \\ \frac{\sqrt{2}}{2} & 0 & -\frac{1}{2} & -\frac{1}{2} \end{pmatrix}, P^{-1}AP = \begin{pmatrix} 1 & 0 & 0 & 0 \\ 0 & 1 & 0 & 0 \\ 0 & 0 & 3 & 0 \\ 0 & 0 & 0 & -1 \end{pmatrix}$

7. (1) 正交变换 $\begin{pmatrix} x_1 \\ x_2 \\ x_3 \end{pmatrix} = \begin{pmatrix} \frac{2}{3} & \frac{2}{3} & \frac{1}{3} \\ -\frac{2}{3} & \frac{1}{3} & \frac{2}{3} \\ \frac{1}{3} & -\frac{2}{3} & \frac{2}{3} \end{pmatrix} \begin{pmatrix} y_1 \\ y_2 \\ y_3 \end{pmatrix}$,标准型

$$f = 4y_1^2 + y_2^2 - 2y_3^2$$

(2) 正交变换 $\begin{pmatrix} x_1 \\ x_2 \\ x_3 \\ x_4 \end{pmatrix} = \begin{pmatrix} \frac{1}{2} & \frac{1}{2} & \frac{1}{2} & \frac{1}{2} \\ \frac{1}{2} & \frac{1}{2} & -\frac{1}{2} & -\frac{1}{2} \\ \frac{1}{2} & -\frac{1}{2} & \frac{1}{2} & -\frac{1}{2} \\ \frac{1}{2} & -\frac{1}{2} & -\frac{1}{2} & \frac{1}{2} \end{pmatrix} \begin{pmatrix} y_1 \\ y_2 \\ y_3 \\ y_4 \end{pmatrix}$,标准型

$$f = 5y_1^2 - 5y_2^2 + 3y_3^2 - 3y_4^2$$

(3) 正交变换 $\begin{pmatrix} x_1 \\ x_2 \\ x_3 \end{pmatrix} = \begin{pmatrix} \frac{1}{3} & -\frac{2}{\sqrt{5}} & -\frac{2}{\sqrt{45}} \\ \frac{2}{3} & \frac{1}{\sqrt{5}} & -\frac{4}{\sqrt{45}} \\ \frac{2}{3} & 0 & \frac{5}{\sqrt{45}} \end{pmatrix} \begin{pmatrix} y_1 \\ y_2 \\ y_3 \end{pmatrix}$,标准型

$$f = 9y_1^2 + 18y_2^2 + 18y_3^2$$

9. (1) 正定　(2) 负定　(3) 不定　(4) 正定　(5) 负定

10. 当 $t > 2$ 时,二次型正定

补 充 题

3. $\lambda_1 = \lambda_2 = 2, \lambda_3 = -2$

4. $x = 0, y = 1$

11. 属于 $\lambda = an + b$($n-1$ 重根)的特征向量 $\boldsymbol{\eta}_1 = (1,1,\cdots,1)^{\mathrm{T}}$,属于 $\lambda = b$ 的特征向量 $\boldsymbol{\eta}_2 = (-1,1,0,\cdots 0)^{\mathrm{T}}, \boldsymbol{\eta}_3 = (-1,0,1,\cdots,0)^{\mathrm{T}}, \cdots, \boldsymbol{\eta}_n = (-1,0,0,\cdots 1)^{\mathrm{T}}$

12. (2) $A = \begin{pmatrix} 1 & 0 \\ 1 & 1 \end{pmatrix}, B = \begin{pmatrix} 1 & 0 \\ 0 & 1 \end{pmatrix}$,$A$ 与 B 有相同的特征值,不相似,因为与 B 相似的矩阵只有 B 自身.

13. (2) $(A+4E)^{-1} = \dfrac{1}{5}(A+2E)$

14. (1) $a = -2$　(2) $Q = \begin{pmatrix} \frac{1}{\sqrt{3}} & \frac{1}{\sqrt{2}} & \frac{1}{\sqrt{6}} \\ \frac{1}{\sqrt{3}} & 0 & \frac{-2}{\sqrt{6}} \\ \frac{1}{\sqrt{3}} & \frac{-1}{\sqrt{2}} & \frac{1}{\sqrt{6}} \end{pmatrix}$, $Q^{\mathrm{T}}AQ = \begin{pmatrix} 0 & & \\ & 3 & \\ & & -3 \end{pmatrix}$

15. (1) B 的特征值为 -2,1(2 重根),属于 $\lambda = -2$ 的特征向量是 $\boldsymbol{\alpha}_1 = (1,-1,1)^{\mathrm{T}}$,属于 $\lambda = 1$ 的特征向量 $\boldsymbol{\alpha}_2 = (1,1,0)^{\mathrm{T}}, \boldsymbol{\alpha}_3 = (-1,0,1)^{\mathrm{T}}$

(2) $B = \begin{pmatrix} 0 & 1 & -1 \\ 1 & 0 & 1 \\ -1 & 1 & 0 \end{pmatrix}$

16. $\boldsymbol{\Lambda} = \begin{pmatrix} (k+2)^2 & & \\ & (k+2)^2 & \\ & & k^2 \end{pmatrix}$,$k \neq 0, k \neq -2$ 时,B 为正定矩阵.

17. 二次型　$f(x_1,\cdots,x_n) = \boldsymbol{X}^{\mathrm{T}}\left(\dfrac{1}{|A|}A^*\right)\boldsymbol{X} = \boldsymbol{X}^{\mathrm{T}}A^{-1}\boldsymbol{X}$

习 题 6

1. 略

2. (1) $x_1 = \dfrac{1}{2}, x_2 = 0, \min f = 3$

(2) $x_1 = \dfrac{2}{3}, x_2 = \dfrac{8}{3}, \max f = \dfrac{14}{3}$

(3) 无可行解,无最优解.

3. (1) $\min f = -2x_1 + x_2$

$$\text{s. t.} \begin{cases} 3x_1 - 2x_2 - x_3 = 2, \\ x_1 + x_2 + x_4 = 1, \\ x_1, x_2, x_3, x_4 \geqslant 0. \end{cases}$$

(2) $\min f' = -6x_1 + 4x_2 - (x'_3 - x''_3)$

$$\text{s. t.}\begin{cases} -x_1 + 2x_2 - (x'_3 - x''_3) = 4 \\ 3x_1 + x_2 - 4(x'_3 - x''_3) = 6 \\ x_1, x_2, x'_3, x''_3 \geqslant 0 \end{cases}$$

4. 提示:最优基 $\boldsymbol{B} = (\alpha_2, \alpha_3)$,最优解 $(0,7,5)^{\mathrm{T}}$,最优解 17.

5. A_1 生产 40 万瓶,A_2 生产 100 万瓶.

习 题 7

1. (1) 生产$\dfrac{1}{2}$万件 D,10 万件 E,可得利润 220 万元

(2) 当 $0 \leqslant c_1 \leqslant 11$ 时,最优解不变;当 $0 \leqslant c_4 \leqslant 20$ 时,最优解不变

(3) 当$\dfrac{15}{2} \leqslant b_1 \leqslant \dfrac{21}{2}$ 时,最优基不变;当 $b_2 \geqslant \dfrac{43}{2}$ 时,最优基不变

2. (1) $\max g = 3y_1 + 2y_2$

$$\text{s. t.}\begin{cases} y_1 - 2y_2 \leqslant 2, \\ y_1 \leqslant 8, \\ -y_1 + y_2 \leqslant 5, \\ y_1 \geqslant 0,\ y_2 \geqslant 0. \end{cases}$$

(2) $\min g = 2y_1 + y_2$,

$$\text{s. t.}\begin{cases} -y_1 - 2y_2 \geqslant 1, \\ y_1 + y_2 \geqslant 1, \\ y_1 - y_2 \geqslant 0, \\ y_1, y_2 \geqslant 0. \end{cases}$$

(3) $\max g = -6y_1 - 4y_2 + 2y_3 - 6y_4$,

$$\text{s. t.}\begin{cases} -y_1 + y_2 + y_3 \leqslant 1, \\ -y_1 - y_2 - y_4 \leqslant 2, \\ y_i \geqslant 0\ (i = 1,2,3,4) \end{cases}$$

3. (1) 设原稿纸、日记本和练习本的每月生产量为 x_1, x_2, x_3,最优解为

$$(x_1, x_2, x_3) = (1000, 2000, 0)$$

(2) 临时工的影子价格高于市场价格,故应招收且招 200 人最适宜.